令和６年度版

ビジネス計算実務検定模擬テスト２級

◆　問題集の構成と学習のすすめかた

①　分野別学習（p.3～57）

【構成】

【内容と学習方法】

ここでは，2級の試験範囲について分野別に学習します。はじめに，その分野の基本的な内容や公式について学習します。その後，例題を学習し，練習問題で理解度を確認します。

電卓のキー操作については，カシオ型，シャープ型それぞれの操作と，どちらにも共通する操作について載せています。電卓のキー操作は，問題によりさまざまなパターンがあります。そのため，解説では，以下のような方法でキー操作を説明しています。

パターン１

【電卓】75200 [÷] 470 [=]

→ カシオ型・シャープ型で共通のキー操作

パターン２

【電卓】670000 [×] 66 [%]　／　670000 [×] .66 [=]

→ カシオ型・シャープ型で共通のキー操作。また，（／）の前後どちらの操作でもよい。

パターン３

【電卓】Ｃ型　1 [+] .23 [÷] [÷] 541200 [=]

Ｓ型　1 [+] .23 [=] 541200 [÷] [GT] [=]

→ Ｃ型はカシオ型電卓の操作方法，Ｓ型はシャープ型電卓の操作方法

パターン４

【電卓】共通　1 [+] .033 [×] 190000 [=]

Ｃ型　190000 [×] 33 [%] [+]

Ｓ型　190000 [×] 33 [%] [+] [=]　／　190000 [+] 33 [%]

→ 共通：カシオ型・シャープ型共通のキー操作

→ カシオ型の場合，1 [+] .033 [×] 190000 [=] と 190000 [×] 33 [%] [+] どちらの操作でもよい。

→ シャープ型の場合，1 [+] .033 [×] 190000 [=] と 190000 [×] 33 [%] [+] [=] と 190000 [+] 33 [%] の3つのうち，どの操作でもよい。

②　例題・練習問題の復習（p.58～87）

ここでは，p.4～59の例題・練習問題と同じ問題を解くことができます。問題は分野ごとに構成されており，名前と正答数の記入欄を設けているため，復習テストとしても活用することができます。

③　ビジネス計算実務検定試験の注意事項（p.88～89）

ここでは，試験を受けるうえでの注意事項やポイントについて確認します。

④　模擬試験問題８回分（p.90～153）

ここでは，本番の試験と同じ形式の模擬試験問題を解くことができます。模擬試験は８回分あります。

⑤　最新過去問題３回分（p.154～177）

最新の過去問題３回分を掲載しています。

電卓の設定

◆　C型電卓

・切り捨て: ラウンドセレクターを**CUT**

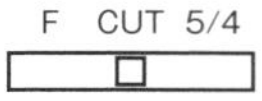

・4捨5入: ラウンドセレクターを**5/4**

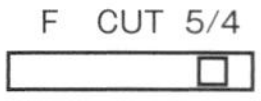

・通常時 : ラウンドセレクターを**F**

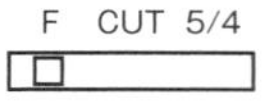

・片落とし : 日数計算条件セレクターを**片落**

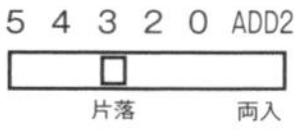

・両端入れ : 日数計算条件セレクターを**両入**

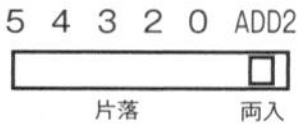

・小数点セレクターを**0**

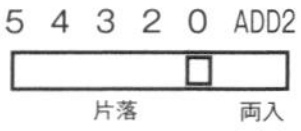

・小数点セレクターを**2**

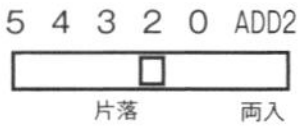

・小数点セレクターを**ADD2**

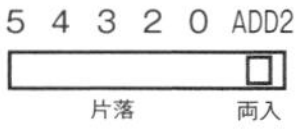

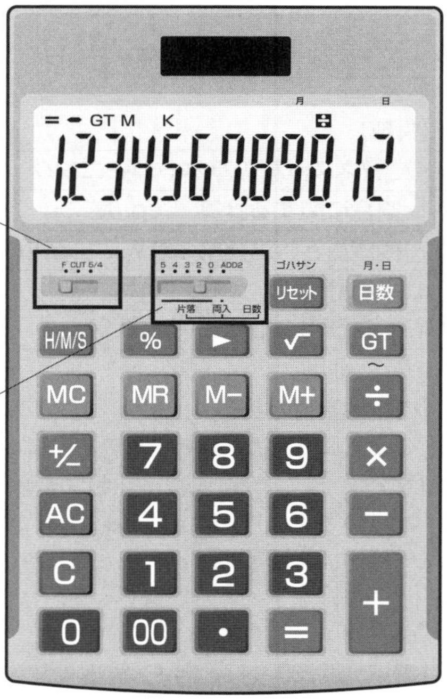

◆　S型電卓

・切り捨て: ラウンドスイッチを↓

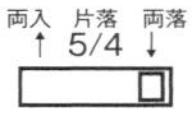

・4捨5入: ラウンドスイッチを**5/4**

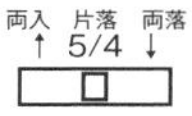

・片落とし : ラウンドスイッチを**片落**

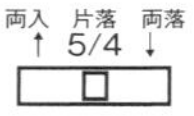

・両端入れ : ラウンドスイッチを**両入**

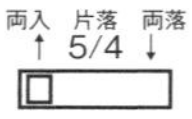

・通 常 時 : 小数部桁数指定スイッチ※を**F**

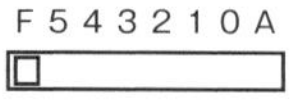

・小数部桁数指定スイッチを**0**

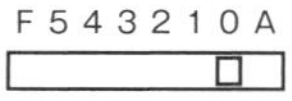

・小数部桁数指定スイッチを**2**

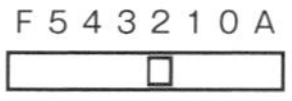

・小数部桁数指定スイッチを**ADD2**

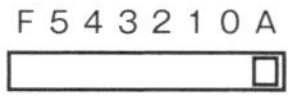

※小数部桁数指定スイッチ…本問題集では「ラウンドセレクター」として表記

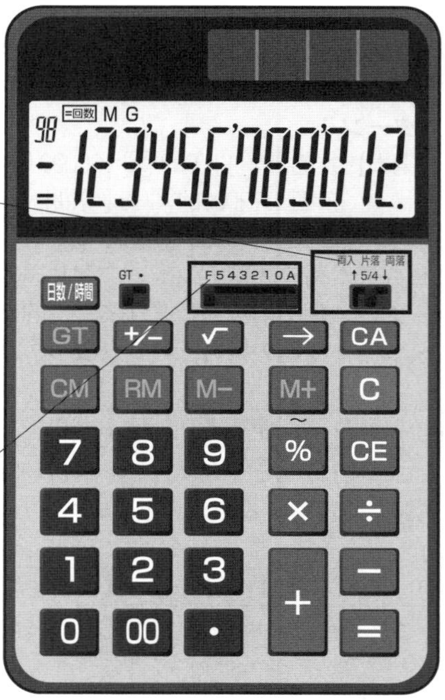

ビジネス計算の基本トレーニング①

1．数字の書き方トレーニング

0～9までの数字の書き方を練習してみよう!

0	1	2	3	4	5	6	7	8	9

0	*1*	*2*	*3*	*4*	*5*	*6*	*7*	*8*	*9*

2. 記号の書き方トレーニング

ビジネス計算でよく用いられる記号の書き方を練習してみよう!

【 通貨単位 】

国・地域	通貨単位	補助通貨単位	記 号	記 号 の 練 習					
日 本	円	1円＝100銭	¥	¥	¥				
アメリカ	ドル	1ドル＝100セント	$	$	$				
E U	ユーロ	1ユーロ＝100セント	€	€	€				
イギリス	ポンド	1ポンド＝100ペンス	£	£	£				

【 長さの単位 】

メートル	1 メートル ＝ 100cm	m	m	m				
ヤード	1 ヤード＝ 0.9144m	yd	yd	yd				
フィート	1 フィート＝ 0.3048m	ft	ft	ft				
インチ	1 インチ＝ 2.54cm	in	in	in				

【 重さの単位 】

リットル	1 リットル＝ 10dL	L	L	L				
キログラム	1 キログラム＝ 1,000g	kg	kg	kg				
ト ン	1 トン＝ 1,000kg	t	t	t				
ポンド	1 ポンド＝ 0.4536kg	lb	lb	lb				

3．端数処理トレーニング

端数処理には，主に「切り捨て」「切り上げ」「4 捨 5 入」の 3 つの方法があるよ。
切り捨て：求める位よりも下位に端数がある場合に，端数を 0 にする。
切り上げ：求める位よりも下位に端数がある場合に，求める位に 1 を足して，端数を 0 にする。
4 捨 5 入：求める位の次の位の数が 4 以下であれば切り捨て，5 以上であれば切り上げる。

円未満切り捨て

① ¥250.3 →（　　）　② ¥345.7 →（　　）
③ ¥1,892.24 →（　　）　④ ¥971.532 →（　　）

円未満切り上げ

① ¥250.3 →（　　）　② ¥345.7 →（　　）
③ ¥1,892.24 →（　　）　④ ¥971.532 →（　　）

円・セント未満 4 捨 5 入

① ¥250.3 →（　　）　② ¥345.7 →（　　）
③ ¥1,892.24 →（　　）　④ ¥971.532 →（　　）
⑤ €21.833 →（　　）　⑥ $125.526 →（　　）
⑦ $350.1348 →（　　）　⑧ €13.2783 →（　　）

4．割合のあらわし方トレーニング

「¥2,500 の 75%はいくらか」のような問題では，「¥2,500 × 0.75 = ¥1,875」のように，割合を小数にして計算するよ。75%や 7 割 5 分などの割合をすばやく小数に直せるように，練習をしてみよう！

	百分率	小　数	歩　合
①	23%		
②		0.35	
③			1 割 3 分
④	4.3%		
⑤		0.021	
⑥	0.1%		
⑦			2 割 4 厘
⑧			5 分
⑨		0.005	
⑩	76.3%		
⑪	40.08%		4 割 8 毛
⑫	3.4%		
⑬			3 割 3 分 3 厘
⑭	0.76%		

（解答→別冊 p.5）

5．補数と割増トレーニング

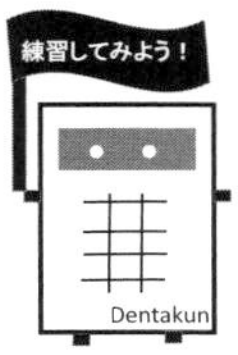

「補数」は，足して 1 になる相手の数のことを言うよ。
たとえば，0.8 の補数 → 0.2
0.23 の補数 → 0.77
0.006 の補数 → 0.994
補数は，ビジネス計算で使う機会が多いので，しっかり練習しておこう！

① 0.3 →（　　）　② 0.4 →（　　）
③ 0.26 →（　　）　④ 0.34 →（　　）
⑤ 0.015 →（　　）　⑥ 0.56 →（　　）
⑦ 0.83 →（　　）　⑧ 0.48 →（　　）
⑨ 0.08 →（　　）　⑩ 0.007 →（　　）

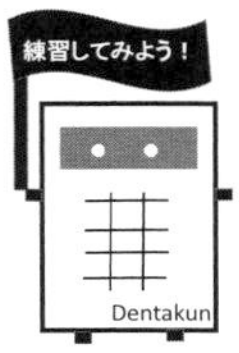

「¥2,500 の 35%増しはいくらか」のような問題では，「¥2,500 ×（1 + 0.35）= ¥3,375」のように，割合を小数に直し，その数に 1 を足した値を使って計算するよ。
「2 割増し → 1.2」「21%増し → 1.21」のように変換する練習をしよう！

① 3 割増し →（　　）　② 3 割 5 分増し →（　　）
③ 5 分増し →（　　）　④ 2 割 3 分増し →（　　）
⑤ 2 割 3 厘増し →（　　）　⑥ 6 分増し →（　　）
⑦ 10%増し →（　　）　⑧ 5%増し →（　　）
⑨ 2.5%増し →（　　）　⑩ 1.3%増し →（　　）
⑪ 4.05%増し →（　　）　⑫ 0.6%増し →（　　）

6．日数計算の基本トレーニング

日数計算には，「片落とし」「両端入れ」「両端落とし」の 3 つの方法があるよ。
片落とし：初日を算入しない方法。
両端入れ：初日も期日も算入する方法。片落としよりも日数計算の結果が 1 日多くなる。
両端落とし：初日も期日も算入しない方法。片落としの場合よりも日数計算の結果が 1 日少なくなる。

① 5 月 9 日 ～ 6 月 24 日（片落とし） →（　　日）
② 7 月 2 日 ～ 10 月 6 日（片落とし） →（　　日）
③ 1 月 19 日 ～ 3 月 13 日（平年，片落とし） →（　　日）
④ 12 月 8 日 ～ 翌年 2 月 17 日（両端入れ） →（　　日）
⑤ 4 月 14 日 ～ 8 月 1 日（両端入れ） →（　　日）
⑥ 9 月 28 日 ～ 12 月 21 日（両端入れ） →（　　日）
⑦ 11 月 5 日 ～ 11 月 26 日（両端落とし） →（　　日）
⑧ 2 月 20 日 ～ 4 月 29 日（うるう年，両端落とし）
→（　　日）
⑨ 3 月 6 日 ～ 7 月 13 日（両端落とし） →（　　日）

1．割合に関する計算

1 割合のあらわしかた

割合とは，ある２つの量を比較して，比較される量とその基準となる量との比率をいう。比較される量を**比《ひ》較《かく》量《りょう》**，基準となる量を**基《き》準《じゅん》量《りょう》**という。**「￥140は￥200の何パーセントか」**という場合，￥200を基準（100％）としたときの割合を問われているため，￥200が「基準量」で￥140が「比較量」となる。

割　合　＝　比較量　÷　基準量

2 割合の計算

割合の計算では，基準量と比較量を正確に把握しなければならない。**「￥200の70％はいくらか」**という場合，￥200が「基準量」であり，これを100％としたときの70％分を問われているため，答えは￥140である。この場合，70％が「割合」で，￥140が「比較量」となる。

比較量　＝　基準量　×　割　合
基準量　＝　比較量　÷　割　合

3 割増に関する計算

基準となる量（基準量）に，一定の割合の量を加えることを**割増《わりまし》**という。この割増する量を**増加量**という。また，増加させる割合を**増加率**という。

増　加　量　＝　基準量　×　増加率
割増の結果　＝　基準量　＋　増加量

↓

割増の結果　＝　基準量　×（1　＋　増加率）

4 割引に関する計算

割増とは逆に，基準となる量（基準量）から一定の割合の量を差し引くことを**割引《わりびき》**という。この割り引く量を**減少量**という。また，減少させる割合を**減少率**という。

減　少　量　＝　基準量　×　減少率
割引の結果　＝　基準量　－　減少量

↓

割引の結果　＝　基準量　×（1　－　減少率）

例 1

¥427,500 は ¥750,000 の何パーセントか。

【解式】¥427,500 ÷ ¥750,000 ＝ 0.57（57%）
比較量 ÷ 基準量 ＝ 割合

【電卓】427500 [÷] 750000 [%]

答 57%

例 2

¥670,000 の 1 割 5 分増しはいくらか。

【解式】¥670,000 ×（1 ＋ 0.15）＝ ¥770,500
基準量 ×（1 ＋ 増加率）＝ 割増の結果

【電卓】共通 670000 [×] 1.15 [=] ／ 670000 [×] 115 [%]
C型 670000 [×] 15 [%] [+]
S型 670000 [×] 15 [%] [+] [=] ／ 670000 [+] 15 [%]

答 ¥770,500

例 3

ある金額の 29%引きが ¥156,200 であった。ある金額はいくらか。

【解式】基準量×（1 － 0.29）＝ ¥156,200
基準量 ×（1 － 減少率）＝ 割引の結果

この式を変形すると，

基準量＝ ¥156,200 ÷（1 － 0.29）
基準量 ＝ 割引の結果 ÷（1 － 減少率）

よって，基準量＝ ¥220,000

【電卓】0.29 の補数は 0.71 なので，
156200 [÷] .71 [=] ／ 156200 [÷] 71 [%]

答 ¥220,000

≪ 練習問題 ≫

(1) ¥414,000 は ¥900,000 の何割何分か。

答 ＿＿＿＿＿＿

(2) ¥380,000 の 37%はいくらか。

答 ＿＿＿＿＿＿

(3) ある金額の 91%が ¥354,900 であった。ある金額はいくらか。

答 ＿＿＿＿＿＿

(4) ¥923,000 は ¥710,000 の何パーセント増しか。

答 ＿＿＿＿＿＿

(5) ¥630,000 の 7 分増しはいくらか。

答 ＿＿＿＿＿＿

(6) ある金額の 1 割 4 分増しが ¥250,800 であった。ある金額はいくらか。

答 ＿＿＿＿＿＿

(7) ¥655,700 は ¥830,000 の何割何分引きか。

答 ＿＿＿＿＿＿

(8) ¥720,000 の 3 割 2 分引きはいくらか。

答 ＿＿＿＿＿＿

(9) ある金額の 23%引きが ¥400,400 であった。ある金額はいくらか。

答 ＿＿＿＿＿＿

（解答→別冊 p.6、例題・練習問題復習テスト→ p.58 ）

1．割合に関する計算

例4

ある説明会の今月の参加者数は161,000人で，先月の参加者数は140,000人であった。今月の参加者数は先月に比べて何割何分増加したか。

【解式】（161,000人－140,000人）÷140,000人＝0.15（1割5分）

「21,000人（増加量）は140,000人の何割何分か」という割合の計算と捉えることができる。そのため，比較量（21,000人）÷ 基準量（140,000人）＝ 割合より，上記の式となる。

【電卓】 161000 [－] 140000 [÷] 140000 [%]（15%＝1割5分）

答　1割5分（増加）

例5

ある製品の昨年の出荷台数は490,000台で，今年の出荷台数は昨年より11%減少した。今年の出荷台数は何台であったか。

【解式】 490,000台×（1－0.11）＝436,100台

基準量 ×（1 － 減少率）＝ 割引の結果

【電卓】 0.11の補数は0.89なので，

共通　490000 [×] .89 [＝] ／ 490000 [×] 89 [%]

C型　490000 [×] 11 [%] [－]

S型　490000 [×] 11 [%] [－] [＝] ／ 490000 [－] 11 [%]

答　436,100台

例6

ある施設の今月の電気料金は¥401,200で，先月の電気料金より1割8分増加した。先月の電気料金はいくらであったか。

【解式】 基準量×（1＋0.18）＝¥401,200

基準量 ×（1 ＋ 増加率）＝ 割増の結果

この式を変形すると，

基準量＝¥401,200÷（1＋0.18）

基準量 ＝ 割増の結果 ÷（1 ＋ 増加率）

よって，基準量＝¥340,000

【電卓】 401200 [÷] 1.18 [＝] ／ 401200 [÷] 118 [%]

答　¥340,000

≪ 練習問題 ≫

(1) A商品の先月の売上高は¥625,000で，今月の売上高は¥775,000であった。今月の売上高は先月に比べて何割何分増加したか。

答 ＿＿＿＿＿＿＿＿

(2) 今月の契約件数は119,600件で，先月の契約件数は130,000件であった。今月の契約件数は先月に比べて何パーセント減少したか。

答 ＿＿＿＿＿＿＿＿

(3) ある検定試験の昨年度の受験者数は245,000人で，今年度の受験者数は昨年度より2割8分増加した。今年度の受験者数は何人であったか。

答 ＿＿＿＿＿＿＿＿

(4) ある食物の7月の収穫量は418,000トンで，8月の収穫量は7月の収穫量に比べて6.5%減少した。8月の収穫量は何トンであったか。

答 ＿＿＿＿＿＿＿＿

(5) ある競技場の今月の入場者数は330,400人で，先月の入場者数より12%増加した。先月の入場者数は何人であったか。

答 ＿＿＿＿＿＿＿＿

(6) ある施設の今月の水道光熱費は¥584,800で，先月の水道光熱費より1割4分減少した。先月の水道光熱費はいくらであったか。

答 ＿＿＿＿＿＿＿＿

（解答→別冊 p.6、例題・練習問題復習テスト→ p.59 ）

MEMO

2．度量衡と外国貨幣の計算①

1　度《ど》量《りょう》衡《こう》の計算

度量衡制度とは，長さ・容積・重さの基本単位の大きさと各単位間の関係を規定したものである。わが国はメートル法を採用しているが，イギリスのようにヤード・ポンド法を採用している国もある。

同じ数量でも，度量衡制度の異なる国では異なった単位や名称で表示されるので，制度の異なる国との取引では，単位を一方の国の単位に合わせて計算する必要がある。これを**換算**という。度量衡の換算では，換算される数を**被換算高**，換算された数を**換算高**といい，被換算高と換算高の割合を**換算率**という。

たとえば，**「100yd は何メートルか。ただし，1yd＝0.9144 mとする」**という場合，100yd が「被換算高」であり，0.9144 mが「換算率」である。また，この場合，答えの 91.44 mは「換算高」である。

換算高　＝　換算率　×　被換算高 **（換算率が被換算高側の単位を 1 として示された場合）** **換算高　＝　被換算高　÷　換算率** **（換算率が換算高側の単位を 1 として示された場合）**

1　度量衡の計算

例 1　**1　度量衡の計算**

5,290lb は何キログラムか。ただし，1lb＝0.4536kgとする。（キログラム未満 4 捨 5 入）

【解式】 0.4536kg × 5,290lb＝2,399.544kg（4 捨 5 入により，2,400kg）
換算率　×　被換算高　＝　換算高

【電卓】 ラウンドセレクターを 5/4，小数点セレクターを 0 に設定
.4536 [×] 5290 [=]

答　2,400kg

例 2　**1　度量衡の計算**

2,050 mは何ヤードか。ただし，1yd＝0.9144 mとする。（ヤード未満 4 捨 5 入）

【解式】 2,050m ÷ 0.9144m＝2,241.9…yd（4 捨 5 入により，2,242yd）
被換算高　÷　換算率　＝　換算高

【電卓】 ラウンドセレクターを 5/4，小数点セレクターを 0 に設定
2050 [÷] .9144 [=]

答　2,242yd

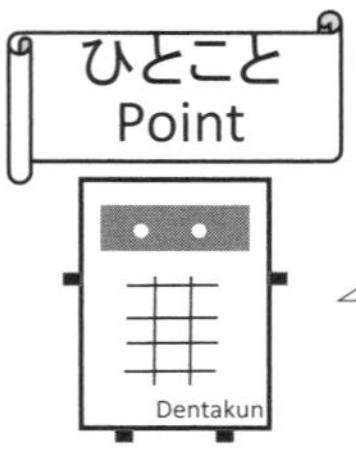

問題文に 4 捨 5 入の指示があるときには，電卓のラウンドセレクターを 5/4 に設定するといいよ！
たとえば…
・円，メートル，ガロン，キログラムなど
　小数点セレクター　0
　ラウンドセレクター　5/4

・セント，ペンスなど
　小数点セレクター　2
　ラウンドセレクター　5/4

≪ 練習問題 ≫

(1) 1,440 英ガロンは何リットルか。ただし，1 英ガロン = 4.546L とする。
(リットル未満 4 捨 5 入)

答 ＿＿＿＿＿＿＿＿

(2) 5,460yd は何メートルか。ただし，1yd = 0.9144 m とする。
(メートル未満 4 捨 5 入)

答 ＿＿＿＿＿＿＿＿

(3) 3,870ft は何メートルか。ただし，1ft = 0.3048 m とする。
(メートル未満 4 捨 5 入)

答 ＿＿＿＿＿＿＿＿

(4) 2,760kg は何ポンドか。ただし，1lb = 0.4536kg とする。
(ポンド未満 4 捨 5 入)

答 ＿＿＿＿＿＿＿＿

(5) 519,000kg は何米トンか。ただし，1 米トン = 907.2kg とする。
(米トン未満 4 捨 5 入)

答 ＿＿＿＿＿＿＿＿

(6) 1,190L は何米ガロンか。ただし，1 米ガロン = 3.785L とする。
(米ガロン未満 4 捨 5 入)

答 ＿＿＿＿＿＿＿＿

(解答→別冊 p.7、例題・練習問題復習テスト→ p.60)

MEMO

2．度量衡と外国貨幣の計算②

2　**外国貨幣の計算**

海外との取引においては，代金の決済などの際に，わが国の通貨「円」を，相手国の通貨におきかえる必要がある。このことは他の国ぐにについても同様で，「ドル」から「ポンド」へという場合もある。

このように，ある国の通貨を別の国の通貨におきかえることを**貨幣の換算**といい，通貨と通貨の交換比率によっておこなっている。ある国の通貨 / 単位を他の国の通貨に交換する場合の比率を**外国為替相場**という。現在，外国為替相場は外国為替市場の需給によって動いており，これを**変動為替相場**という。

日　本	円	¥	1円＝ 100 銭
	(銭)		
アメリカ	ドル	$	1 ドル＝ 100 セント
	セント	¢	
ドイツ・フランスなど	ユーロ	€	1 ユーロ＝ 100 セント
イギリス	ポンド	£	1 ポンド＝ 100 ペンス
	ペンス	p	

2　外国貨幣の計算

例３　2　外国貨幣の計算

$371.28 は円でいくらか。ただし，$1 ＝ ¥107 とする。(円未満 4 捨 5 入)

【解式】 ¥107 × $371.28 ＝ ¥39,726.96（4 捨 5 入により，¥39,727）
換算率　×　被換算高　＝　換算高

【電卓】 ラウンドセレクターを 5/4，小数点セレクターを 0 に設定
107 [×] 371.28 [=]

答　¥39,727

例４　2　外国貨幣の計算

¥67,500 は何ポンド何ペンスか。ただし，£1 ＝ ¥139 とする。(ペンス未満 4 捨 5 入)

【解式】 ¥67,500 ÷ ¥139 ＝ £485.611…（ペンス未満 4 捨 5 入により，£485.61）
被換算高　÷　換算率　＝　換算高

【電卓】 ラウンドセレクターを 5/4，小数点セレクターを 2 に設定
67500 [÷] 139 [=]

答　£485.61

≪ 練習問題 ≫

（1）€716.07 は円でいくらか。ただし，€1 = ¥128 とする。
（円未満4捨5入）

答 ____________

（2）$441.93 は円でいくらか。ただし，$1 = ¥109 とする。
（円未満4捨5入）

答 ____________

（3）£182.83 は円でいくらか。ただし，£1 = ¥140 とする。
（円未満4捨5入）

答 ____________

（4）¥43,300 は何ユーロ何セントか。ただし，€1 = ¥122 とする。
（セント未満4捨5入）

答 ____________

（5）¥29,600 は何ドル何セントか。ただし，$1 = ¥105 とする。
（セント未満4捨5入）

答 ____________

（6）¥72,100 は何ポンド何ペンスか。ただし，£1 = ¥144 とする。
（ペンス未満4捨5入）

答 ____________

（解答→別冊 p.7、例題・練習問題復習テスト→ p.61）

MEMO

３．単利計算

1 利息・元利合計の計算

貸し借りされる元の金額を**元金**《がんきん》（元本《がんぽん》）といい，元金に対して一定の割合（利率）で利息を計算する方法を単利法という。利率には，1年間に対する利息の割合である**年利率**と，1か月間に対する利息の割合である**月利率**がある。また，元金と利息の合計金額を**元利合計**という。

◆年利率による利息の計算

利息　＝　元金　×　年利率　×　期間※

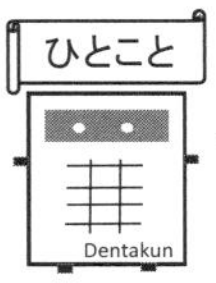

期間が年数のときは「×年数」，

月数のときは「$\times \frac{\text{月数}}{\text{12か月}}$」

日数のときは「$\times \frac{\text{日数}}{\text{365日}}$」

と計算するよ！

また，うるう年の場合でも分母は365で計算するよ！

◆元利合計の計算

まず上記の式で利息を求めてから，元金に足し合わせる。

元利合計　＝　元金　＋　利息

2 元金・年利率・期間の計算

元金・年利率・期間を問われた場合には，すべて利息の計算の公式（**利息＝元金×年利率×期間**）を使って求めることができる。

◆元金の計算

例題　年利率4%で3年間借り入れ，期日に利息¥36,000を支払った。元金はいくらか。

解式　¥36,000＝元金×0.04×３年　→　元金＝¥36,000÷0.04÷３より，¥300,000

ポイント　利息を求める公式を変形することで，元金を簡単に求めることができる。

期間が年数のとき……　元金　＝　利息　÷　年利率　÷　期間
期間が月数のとき……　元金　＝　利息　×　12　÷　月数　÷　年利率
期間が日数のとき……　元金　＝　利息　×　365　÷　日数　÷　年利率

◆年利率の計算

例題　元金¥600,000を2年間借り入れ，期日に利息¥54,000を支払った。利率は年何パーセントか。

解式　¥54,000＝¥600,000×年利率×２年　→　年利率＝¥54,000÷¥600,000÷２より，0.045（4.5%）

ポイント　期間が年数のとき……　年利率　＝　利息　÷　元金　÷　期間
期間が月数のとき……　年利率　＝　利息　×　12　÷　月数　÷　元金
期間が日数のとき……　年利率　＝　利息　×　365　÷　日数　÷　元金

◆期間の計算

例題　元金¥450,000を年利率4.2%で貸し付け，期日に利息¥11,025を受け取った。貸付期間は何か月間であったか。

解式　¥11,025＝¥450,000×0.042×$\frac{\text{月数}}{\text{12か月}}$　→　月数＝¥11,025×12÷0.042÷¥450,000より，７か月

ポイント　期間が年数のとき……　年数　＝　利息　÷　元金　÷　年利率
期間が月数のとき……　月数　＝　利息　×　12　÷　年利率　÷　元金
期間が日数のとき……　日数　＝　利息　×　365　÷　年利率　÷　元金

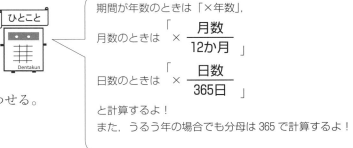

1　利息・元利合計の計算

例 1　1 利息・元利合計の計算

元金¥3,800,000を年利率2.2%で68日間貸し付けると，期日に受け取る利息はいくらか。（円未満切り捨て）

【解式】¥3,800,000 × 0.022 × $\frac{68日}{365日}$ = ¥15,574.7…（切り捨てにより，¥15,574）

元金 × 年利率 × $\frac{日数}{365日}$ = 利息

【電卓】ラウンドセレクターをCUT（S型は↓），小数点セレクターを0に設定

3800000 [×] .022 [×] 68 [÷] 365 [=] ／ 3800000 [×] 2.2 [%] [×] 68 [÷] 365 [=]

答　¥15,574

例 2　1 利息・元利合計の計算

元金¥6,700,000を年利率3.7%で1年7か月間借り入れると，期日に支払う利息はいくらか。（円未満切り捨て）

月数の計算

【解式】1年7か月＝（12か月× 1）＋7か月＝19か月

【電卓】12（[×] 1）[+] 7 [=]

利息の計算

【解式】¥6,700,000 × 0.037 × $\frac{19か月}{12か月}$ = ¥392,508.3…（切り捨てにより，¥392,508）

元金 × 年利率 × $\frac{月数}{12か月}$ = 利息

【電卓】ラウンドセレクターをCUT（S型は↓），小数点セレクターを0に設定

6700000 [×] .037 [×] 19 [÷] 12 [=] ／ 6700000 [×] 3.7 [%] [×] 19 [÷] 12 [=]

答　¥392,508

≪ 練 習 問 題 ≫

（1）元金¥5,420,000を年利率3.35%で219日間借り入れると，期日に支払う利息はいくらか。

答

（2）¥2,740,000を年利率4.52%で43日間貸し付けると，期日に受け取る利息はいくらか。（円未満切り捨て）

答

（3）元金¥2,340,000を年利率3.65%で10か月間借り入れると，期日に支払う利息はいくらか。

答

（4）元金¥1,950,000を年利率6.73%で2年1か月間貸すと，期日に受け取る利息はいくらか。（円未満切り捨て）

答

（5）元金¥7,610,000を年利率1.86%で4月10日から7月16日まで借り入れると，期日に支払う利息はいくらか。（片落とし，円未満切り捨て）

答

（6）¥8,530,000を年利率2.95%で12月17日から翌年2月15日まで貸し付けると，期日に受け取る利息はいくらか。（両端入れ，円未満切り捨て）

答

（解答→別冊 p.8、例題・練習問題復習テスト→ p.62）

3．単利計算

例３　[1] 利息・元利合計の計算

元金￥4,200,000を年利率6.1％で7月24日から10月9日まで貸すと，期日に受け取る元利合計はいくらか。（片落とし，円未満切り捨て）

日数の計算

【解式】(31《7月》 − 24 + 31《8月》 + 30《9月》 + 9《10月》) = 77日（片落とし）

【電卓】31 [−] 24 [+] 31 [+] 30 [+] 9 [=]

または，「日数計算条件セレクター」を「片落とし」に設定し，

C型　7 [日数] 24 [÷] 10 [日数] 9 [=]

S型　7 [日数] 24 [%] 10 [日数] 9 [=]

元利合計の計算

【解式】$￥4,200,000 \times 0.061 \times \frac{77\text{日}}{365\text{日}} = ￥54,047.6\cdots$（切り捨てにより，￥54,047）

元金 × 年利率 × $\frac{\text{日数}}{365\text{日}}$ ＝ 利息

￥4,200,000 + ￥54,047 = ￥4,254,047

元金 ＋ 利息 ＝ 元利合計

【電卓】ラウンドセレクターをCUT（S型は↓），小数点セレクターを0に設定

4200000 [M+] [×] .061 [×] 77 [÷] 365（[=]）[M+] [MR]／

4200000 [M+] [×] 6.1 [%] [×] 77 [÷] 365（[=]）[M+] [MR]

※S型は [MR] の代わりに [RM]

※答案記入後，[MC]（S型は [CM]）

答　￥4,254,047

≪　練習問題　≫

(1) 元金￥4,370,000を年利率5.61％で102日間貸すと，期日に受け取る元利合計はいくらか。（円未満切り捨て）

答 ＿＿＿＿＿＿＿＿

(2) 元金￥2,180,000を年利率4.12％で323日間貸し付けると，期日に受け取る元利合計はいくらか。（円未満切り捨て）

答 ＿＿＿＿＿＿＿＿

(3) 元金￥9,480,000を年利率7.85％で1年1か月間借り入れると，期日に支払う元利合計はいくらか。

答 ＿＿＿＿＿＿＿＿

(4) 元金￥3,450,000を年利率2.46％で3年2か月間借り入れると，支払う元利合計はいくらか。

答 ＿＿＿＿＿＿＿＿

(5) 元金￥5,740,000を年利率5.29％で9月24日から11月11日まで貸し付けると，期日に受け取る元利合計はいくらか。（片落とし，円未満切り捨て）

答 ＿＿＿＿＿＿＿＿

(6) 元金￥8,130,000を年利率6.72％で1月9日から3月20日まで借り入れると，期日に支払う元利合計はいくらか。（うるう年，両端入れ，円未満切り捨て）

答 ＿＿＿＿＿＿＿＿

（解答→別冊 p.9、例題・練習問題復習テスト→ p.63）

2　元金・年利率・期間の計算

例 4　2 元金・年利率・期間の計算

年利率 6.6％で 146 日間貸し付け，期日に利息 ¥76,560 を受け取った。元金はいくらであったか。

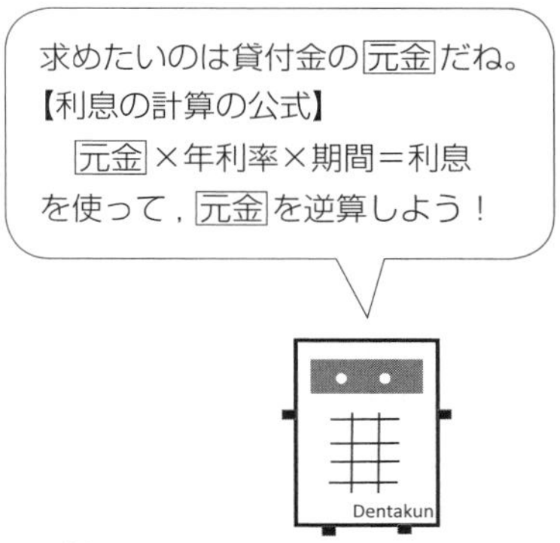
求めたいのは貸付金の元金だね。
【利息の計算の公式】
元金×年利率×期間＝利息
を使って，元金を逆算しよう！
Dentakun

【解式】元金× 0.066 × $\frac{146日}{365日}$ ＝ ¥76,560

元金　×　年利率　×　$\frac{日数}{365日}$　＝　利息

この式を変形すると，

元金＝ ¥76,560 × 365 ÷ 146 ÷ 0.066

元金　＝　利息　×　365　÷　日数　÷　年利率

よって，元金＝ ¥2,900,000

【電卓】76560 [×] 365 [÷] 146 [÷] .066 [＝] ／ 76560 [×] 365 [÷] 146 [÷] 6.6 [%]

答　¥2,900,000

≪　練習問題　≫

(1) 年利率 5.76％で 7 か月間借り入れ，期日に利息 ¥45,360 を支払った。元金はいくらであったか。

答 ＿＿＿＿＿＿＿＿

(2) 年利率 6.95％で 2 年 5 か月間借り入れ，期日に利息 ¥644,960 を支払った。元金はいくらであったか。

答 ＿＿＿＿＿＿＿＿

(3) 年利率 4.15％で 1 年 10 か月間貸し付け，期日に利息 ¥244,684 を受け取った。元金はいくらであったか。

答 ＿＿＿＿＿＿＿＿

(4) 年利率 2.85％で 73 日間貸し付け，期日に利息 ¥49,932 を受け取った。元金はいくらであったか。

答 ＿＿＿＿＿＿＿＿

(5) 年利率 2.46％で 219 日間借り入れ，期日に利息 ¥56,088 を支払った。元金はいくらであったか。

答 ＿＿＿＿＿＿＿＿

(6) 年利率 3.52％で 4 月 18 日から 9 月 11 日まで貸し付け，期日に利息 ¥64,240 を受け取った。元金はいくらであったか。(片落とし)

答 ＿＿＿＿＿＿＿＿

（解答→別冊 p.10、例題・練習問題復習テスト→ p.64 ）

3．単利計算

例5　[2] 元金・年利率・期間の計算

元金¥380,000を1年4か月間貸し付け，期日に利息¥12,160を受け取った。利率は年何パーセントであったか。パーセントの小数第1位まで求めよ。

[月数の計算]

【解式】1年4か月＝（12か月×1）＋4か月＝16か月

【電卓】12（[×] 1）[+] 4 [=]

[年利率の計算]

【解式】$¥380{,}000 \times 年利率 \times \frac{16か月}{12か月} = ¥12{,}160$

$元金 \times 年利率 \times \frac{月数}{12か月} = 利息$

この式を変形すると，

年利率＝¥12,160×12÷16÷¥380,000

年利率 ＝ 利息 × 12 ÷ 月数 ÷ 元金

よって，年利率＝0.024（2.4%）

【電卓】12160 [×] 12 [÷] 16 [÷] 380000 [%]

求めたいのは[年利率]だね。
【利息の計算の公式】
元金×[年利率]×期間＝利息
を使って，[年利率]を逆算しよう！

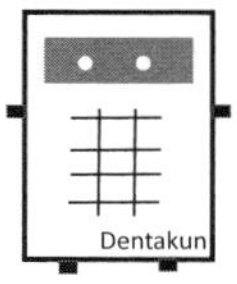
Dentakun

答　2.4%

例6　[2] 元金・年利率・期間の計算

元金¥620,000を年利率3.6%で貸し付け，期日に利息¥59,520を受け取った。貸付期間は何年何か月間であったか。

【解式】$¥620{,}000 \times 0.036 \times \frac{月数}{12か月} = ¥59{,}520$

$元金 \times 年利率 \times \frac{月数}{12か月} = 利息$

この式を変形すると，

月数＝¥59,520×12÷0.036÷¥620,000

月数 ＝ 利息 × 12 ÷ 年利率 ÷ 元金

よって，月数＝32か月（2年8か月）

【電卓】59520 [×] 12 [÷] .036 [÷] 620000 [=]（32か月＝2年8か月）／
59520 [×] 12 [÷] 3.6 [%] [÷] 620000 [=]（32か月＝2年8か月）

求めたいのは[期間]だね。
【利息の計算の公式】
元金×年利率×[期間]＝利息
を使って，[期間]を逆算しよう！

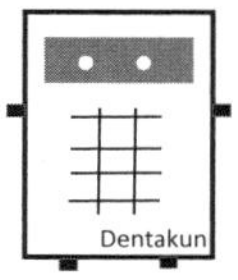
Dentakun

答　2年8か月

32か月は何年何か月？

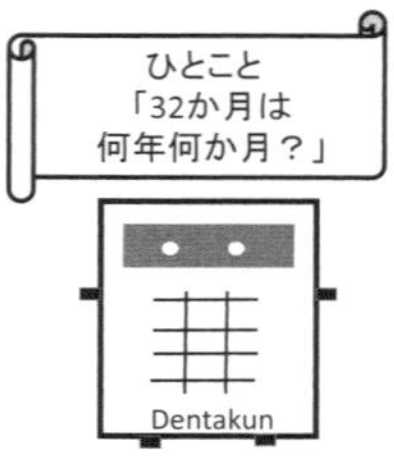
ひとこと
「32か月は
何年何か月？」
Dentakun

「32か月」を「○年○か月」のかたちに変換するには，割り算のあまりの計算を使います。1年は12か月ですから，32か月の中にいくつ12か月が含まれているかを計算します。「32÷12＝2あまり8」となるので，32か月は2年8か月となるのです。

元金・年利率・期間の計算は，
【利息の計算の公式】
元金×年利率×期間＝利息
を覚えておくだけですべて解けるんだ！

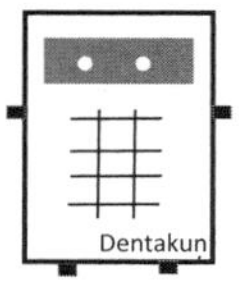
Dentakun

≪ 練習問題 ≫

(1) 元金¥4,320,000を5か月間借り入れ，期日に利息¥76,680を支払った。利率は年何パーセントであったか。パーセントの小数第2位まで求めよ。

答

(2) 元金¥5,280,000を1年3か月間貸し付け，期日に利息¥298,980を受け取った。利率は年何パーセントであったか。パーセントの小数第2位まで求めよ。

答

(3) 元金¥1,200,000を2年6か月間貸し付け，期日に利息¥190,500を受け取った。利率は年何パーセントであったか。パーセントの小数第2位まで求めよ。

答

(4) 元金¥6,270,000を292日間借り入れ，期日に利息¥92,796を支払った。利率は年何パーセントであったか。パーセントの小数第2位まで求めよ。

答

(5) 元金¥7,300,000を83日間借り入れ，期日に利息¥65,404を支払った。利率は年何パーセントであったか。パーセントの小数第2位まで求めよ。

答

(6) 元金¥2,100,000を12月22日から翌年3月4日まで貸し付け，期日に利息¥27,090を受け取った。利率は年何パーセントであったか。パーセントの小数第2位まで求めよ。（平年，両端入れ）

答

(7) 元金¥4,850,000を年利率4.72%で貸し付け，期日に利息¥171,690を受け取った。貸付期間は何か月間であったか。

答

(8) 元金¥1,500,000を年利率6.23%で貸し付け，期日に利息¥62,300を受け取った。貸付期間は何か月間であったか。

答

(9) 元金¥6,120,000を年利率0.62%で借り入れ，期日に利息¥104,346を支払った。借入期間は何年何か月間であったか。

答

(10) 元金¥440,000を年利率2.13%で借り入れ，期日に利息¥10,934を支払った。借入期間は何年何か月間であったか。

答

(11) 元金¥7,300,000を年利率3.21%で借り入れ，期日に利息¥102,078を支払った。借入期間は何日間であったか。

答

(12) 元金¥5,110,000を年利率7.35%で貸し付け，期日に利息¥221,235を受け取った。貸付期間は何日間であったか。

答

（解答→別冊 p.10、例題・練習問題復習テスト→ p.65 ）

4．手形割引の計算

≪手形割引の意味≫

手形（約束手形など）を所持している人は，支払期日になると，手形を振り出した人などから**手形金額**を受け取ることができる。しかし，すぐに資金が必要な場合などには，支払期日を待たずに，銀行などの金融機関に手形を持ち込んで，代金を受け取ることができる。これを**手形割引**という。

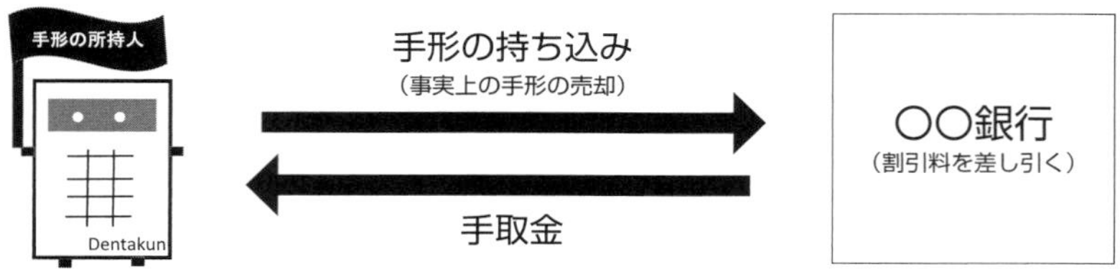

手形割引をおこなった場合には，割引日から支払期日までの利息相当額が手形金額から差し引かれる。この利息を**割引料**という。また，手形割引をおこなった人が実際に受け取る金額（手形金額から割引料が差し引かれた金額）を**手取金**《てどりきん》という。

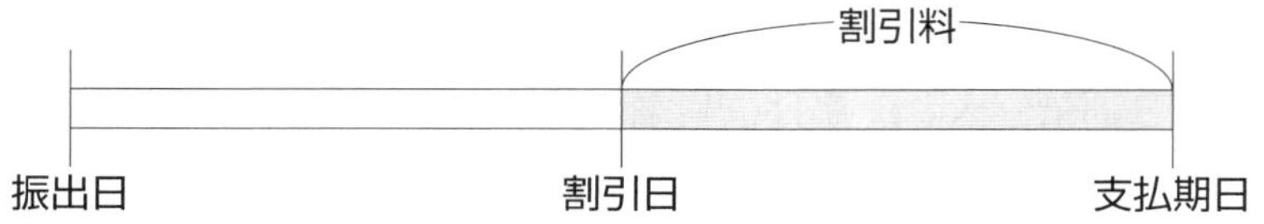

1 割引料の計算

手形割引のさいの割引料は，以下の式で求める。

$$\text{割引料} = \text{手形金額} \times \text{割引率} \times \frac{\text{割引日数}}{365\text{日}}$$

例題　額面 ¥640,000 の約束手形を割引率年 4.65％で割り引くと，割引料はいくらか。ただし，割引日数は 73 日とする。

解式　$\text{割引料} = ¥640{,}000 \times 0.0465 \times \frac{73\text{日}}{365\text{日}} = ¥5{,}952$

2 手取金の計算

手形割引によって受け取る手取金は，以下の式で求める。手取金を求めるさいにも，まず割引料を計算する必要がある。

$$\text{手取金} = \text{手形金額} - \text{割引料}$$

例題　額面 ¥750,000 の約束手形を割引率年 5.45％で割り引くと，手取金はいくらか。ただし，割引日数は 73 日とする。

解式　$\text{割引料} = ¥750{,}000 \times 0.0545 \times \frac{73\text{日}}{365\text{日}} = ¥8{,}175$

$\text{手取金} = ¥750{,}000 - ¥8{,}175 = ¥741{,}825$

1　割引料の計算

例 1　**1　割引料の計算**

額面¥390,000の約束手形を割引率年1.75%で割り引くと，割引料はいくらか。ただし，割引日数は82日とする。（円未満切り捨て）

【解式】 ¥390,000 × 0.0175 × $\frac{82\text{日}}{365\text{日}}$ = ¥1,533.2…（切り捨てにより，¥1,533）

手形金額 × 割引率 × $\frac{\text{割引日数}}{365\text{日}}$ = 割引料

【電卓】 ラウンドセレクターをCUT（S型は↓），小数点セレクターを0に設定

390000 × .0175 × 82 ÷ 365 = ／ 390000 × 1.75 % × 82 ÷ 365 =

答　¥1,533

≪　練習問題　≫

(1) 額面¥6,750,000の約束手形を割引率年4.52%で割り引くと，割引料はいくらか。ただし，割引日数は28日とする。（円未満切り捨て）

答　＿＿＿＿＿＿＿＿

(2) 額面¥7,280,000の手形を割引率年3.95%で割り引くと，割引料はいくらか。ただし，割引日数は45日とする。（円未満切り捨て）

答　＿＿＿＿＿＿＿＿

(3) 額面¥1,130,000の約束手形を割引率年5.85%で割り引くと，割引料はいくらか。ただし，割引日数は62日とする。（円未満切り捨て）

答　＿＿＿＿＿＿＿＿

(4) 5月30日満期，額面¥4,720,000の約束手形を3月14日に割引率年6.38%で割り引くと，割引料はいくらか。（両端入れ，円未満切り捨て）

答　＿＿＿＿＿＿＿＿

(5) 10月26日満期，額面¥3,560,000の約束手形を8月9日に割引率年5.57%で割り引くと，割引料はいくらか。（両端入れ，円未満切り捨て）

答　＿＿＿＿＿＿＿＿

(6) 4月28日満期，額面¥5,710,000の手形を3月31日に割引率年3.49%で割り引くと，割引料はいくらか。（両端入れ，円未満切り捨て）

答　＿＿＿＿＿＿＿＿

（解答→別冊 p.12、例題・練習問題復習テスト→p.66 ）

4．手形割引の計算

[2] 手取金の計算

例２ [2] 手取金の計算

> 額面 ¥460,000 の約束手形を割引率年 3.05％で割り引くと，手取金はいくらか。ただし，割引日数は 50 日とする。（割引料の円未満切り捨て）

【解式】 ¥460,000 × 0.0305 × $\frac{50\text{日}}{365\text{日}}$ ＝ ¥1,921.9…（切り捨てにより，¥1,921）

手形金額 × 割引率 × $\frac{\text{割引日数}}{365\text{日}}$ ＝ 割引料

¥460,000 － ¥1,921 ＝ <u>¥458,079</u>

手形金額 － 割引料 ＝ 手取金

【電卓】 ラウンドセレクターを CUT（S型は↓），小数点セレクターを０に設定

460000 [M+] [×] .0305 [×] 50 [÷] 365 （[＝]） [M−] [MR] ／

460000 [M+] [×] 3.05 [%] [×] 50 [÷] 365 （[＝]） [M−] [MR]

※Ｓ型は [MR] の代わりに [RM]

※答案記入後，[MC]（Ｓ型は [CM]）

答 ¥458,079

例３ [2] 手取金の計算

> 3 月 18 日満期，額面 ¥570,000 の手形を 1 月 11 日に割引率年 2.5％で割り引くと，手取金はいくらか。（平年，両端入れ，割引料の円未満切り捨て）

日数の計算

【解式】（31 － $\overset{\text{1月}}{11}$ ＋ 1 ＋ $\overset{\text{2月}}{28}$ ＋ $\overset{\text{3月}}{18}$）＝ 67 日（両端入れ）

【電卓】 31 [−] 11 [＋] 1 [＋] 28 [＋] 18 [＝]

または，「日数計算条件セレクター」を「両端入れ」に設定し，

Ｃ型　1 [日数] 11 [÷] 3 [日数] 18 [＝]

Ｓ型　1 [日数] 11 [%] 3 [日数] 18 [＝]

手取金の計算

【解式】 ¥570,000 × 0.025 × $\frac{67\text{日}}{365\text{日}}$ ＝ ¥2,615.7…（切り捨てにより，¥2,615）

手形金額 × 割引率 × $\frac{\text{割引日数}}{365\text{日}}$ ＝ 割引料

¥570,000 － ¥2,615 ＝ <u>¥567,385</u>

手形金額 － 割引料 ＝ 手取金

【電卓】 ラウンドセレクターを CUT（S型は↓），小数点セレクターを０に設定

570000 [M+] [×] .025 [×] 67 [÷] 365 （[＝]） [M−] [MR] ／

570000 [M+] [×] 2.5 [%] [×] 67 [÷] 365 （[＝]） [M−] [MR]

※Ｓ型は [MR] の代わりに [RM]

※答案記入後，[MC]（Ｓ型は [CM]）

答 ¥567,385

≪ 練習問題 ≫

(1) 額面￥2,680,000の手形を割引率年6.54%で割り引くと，手取金はいくらか。ただし，割引日数は64日とする。（割引料の円未満切り捨て）

答 ＿＿＿＿＿＿＿＿

(2) 額面￥8,230,000の約束手形を割引率年1.35%で割り引くと，手取金はいくらか。ただし，割引日数は37日とする。（割引料の円未満切り捨て）

答 ＿＿＿＿＿＿＿＿

(3) 額面￥1,040,000の約束手形を割引率年2.45%で割り引くと，手取金はいくらか。ただし，割引日数は51日とする。（割引料の円未満切り捨て）

答 ＿＿＿＿＿＿＿＿

(4) 翌年1月13日満期, 額面￥9,320,000の約束手形を11月26日に割引率年4.46%で割り引くと，手取金はいくらか。（両端入れ，割引料の円未満切り捨て）

答 ＿＿＿＿＿＿＿＿

(5) 7月17日満期，額面￥4,910,000の手形を4月28日に割引率年3.52%で割り引くと，手取金はいくらか。（両端入れ，割引料の円未満切り捨て）

答 ＿＿＿＿＿＿＿＿

(6) 8月12日満期，額面￥1,320,000の約束手形を6月19日に割引率年6.58%で割り引くと，手取金はいくらか。（両端入れ，割引料の円未満切り捨て）

答 ＿＿＿＿＿＿＿＿

（解答→別冊 p.13、例題・練習問題復習テスト→ p.67 ）

MEMO

5．複利終価

1　複利終価とは

複利とは各期の利息を次期の元金に含めて計算する方法である。利息を元金に繰り込むことを転化という。一定の期間後の将来の金額を**複利終価**という。複利終価とは複利利息と元金の合計金額であり，イメージとしては雪だるまが転がり元金に利息がついて増えていくイメージである。

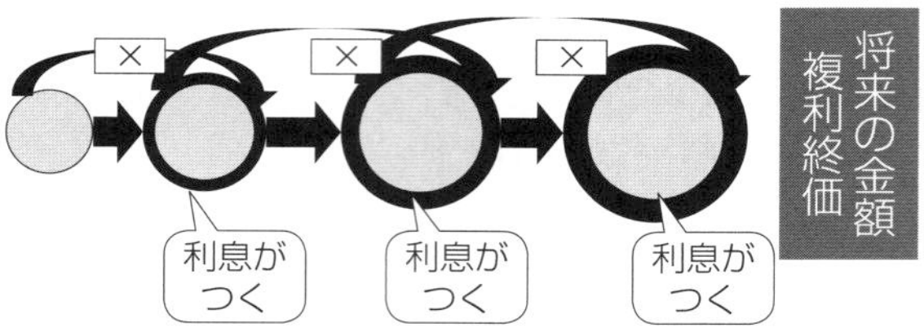

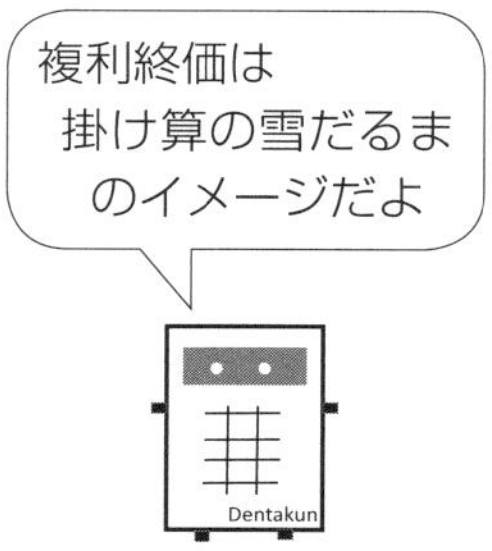

2　複利終価の計算

数式では，「元金×（1＋利率）×（1＋利率）×（1＋利率）・・・・・」

つまり，数学的な公式としては 元金×（1＋利率）^{期間} となる。

また，**複利終価率**は，「複利終価表の率」（表率）を用い，率を「列」，期を「行」として表引きして求められる（表は巻末に収録）。

【 ① 複利終価の基本式 】

複利終価　＝　元金　×　複利終価率（「表率」と呼ぶ）

複利利息　＝　複利終価　－　元金

【ひとこと①】（→ p.24）
複利表は元金1円の表？

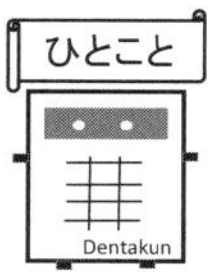

【 ② 半年 1 期の場合 】

年利率を2分の1，期間を2倍にして，表引きして求める。

たとえば，「年利率4%，半年1期で期間が3年間」の場合，利率は2%で期間を6期とする。

【ひとこと②】（→ p.25）
利率は2分の1！

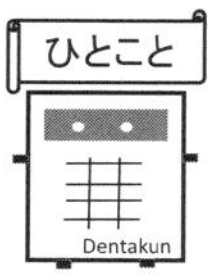

※　補足：複利終価表の見方

次頁 例 1 の4％12期の場合，4％と12期が交差する場所の数値を見る。

複利終価表

n ＼ i	2%	2.5%	3%	3.5%	4%
6	1.1261 6242	1.1596 9342	1.1940 5230	1.2292 5533	1.2653 1902
7	1.1486 8567	1.1886 8575	1.2298 7387	1.2722 7926	1.3159 3178
8	1.1716 5938	1.2184 0290	1.2667 7008	1.3168 0904	1.3685 6905
9	1.1950 9257	1.2488 6297	1.3047 7318	1.3628 9735	1.4233 1181
10	1.2189 9442	1.2800 8454	1.3439 1638	1.4105 9876	1.4802 4428
11	1.2433 7431	1.3120 8666	1.3842 3387	1.4599 6972	1.5394 5406
12	1.2682 4179	1.3448 8882	1.4257 6089	1.5110 6866	1.6010 3222
13	1.2936 0663	1.3785 1104	1.4685 3371	1.5639 5606	1.6650 7351
14	1.3194 7876	1.4129 7382	1.5125 8972	1.6186 9452	1.7316 7645
15	1.3458 6834	1.4482 9817	1.5579 6742	1.6753 4883	1.8009 4351

…4.5%とつづく

アインシュタインと複利計算

20世紀最高の物理学者ともいわれるアインシュタインは，複利計算を指して「人類最大の発明」と呼びました。複利は利子を元本に組み込み，再投資するので，単利と複利を比較してみれば，複利計算のほうが金額が大きく膨らむことに気が付きます。

アインシュタインのこうした指摘は，物理学でいう「フィードバック」（あるシステムの出力結果を再び入力すること）に複利計算をなぞらえたという見方もあります。確かに，利子を元本に再び組み込む過程は物理でいう「フィードバック」そのものといえるでしょう。

例1　① 複利終価の基本式（複利終価）

¥3,560,000を年利率4%，1年1期の複利で12年間借り入れると，複利終価はいくらか。（円未満4捨5入）

【解説】 巻末の複利終価表を見て，利率4%，12期の終価率を求める。
→ 1.60103222

【解式】 ¥3,560,000 × 1.60103222 ＝ ¥5,699,674.7032（¥5,699,675）
元金 × 複利終価率 ＝ 複利終価

【電卓】 ラウンドセレクターを5/4，小数点セレクターを0に設定
3560000 [×] 1.60103222 [＝]

答　¥5,699,675

例2　① 複利終価の基本式（複利利息）

¥3,630,000を年利率2.5%，1年1期の複利で10年間貸すと，複利利息はいくらか。（円未満4捨5入）

【解説】 巻末の複利終価表を見て，利率2.5%，10期の終価率を求める。
→ 1.28008454

【解式】 **複利終価**　¥3,630,000 × 1.28008454 ＝ ¥4,646,706.8802（¥4,646,707）
元金 × 複利終価率 ＝ 複利終価

利　息　¥4,646,707 − ¥3,630,000 ＝ ¥1,016,707
複利終価 − 元金 ＝ 複利利息

【電卓】 ラウンドセレクターを5/4，小数点セレクターを0に設定
3630000 [M−] [×] 1.28008454 [M＋] [MR]

答　¥1,016,707

≪ 練習問題 ≫

(1) ¥3,940,000を年利率3%，1年1期の複利で12年間借り入れると，複利終価はいくらか。（円未満4捨5入）

答 ＿＿＿＿＿＿＿＿

(2) ¥6,870,000を年利率5%，1年1期の複利で8年間貸すと，期日に受け取る元利合計はいくらか。（円未満4捨5入）

答 ＿＿＿＿＿＿＿＿

(3) ¥4,350,000を年利率4.5%，1年1期の複利で10年間貸し付けると，複利利息はいくらか。（円未満4捨5入）

答 ＿＿＿＿＿＿＿＿

(4) ¥5,660,000を年利率7%，1年1期の複利で15年間貸すと，複利利息はいくらか。（円未満4捨5入）

答 ＿＿＿＿＿＿＿＿

(5) ¥4,750,000を年利率3.5%，1年1期の複利で9年間借り入れると，複利利息はいくらか。（円未満4捨5入）

答 ＿＿＿＿＿＿＿＿

（解答→別冊 p.14、例題・練習問題復習テスト→ p.68）

5．複利終価

例3　② **半年1期の場合**

¥4,320,000を年利率7%，半年1期の複利で5年間貸し付けると，期日に受け取る元利合計はいくらになるか。（円未満4捨5入）

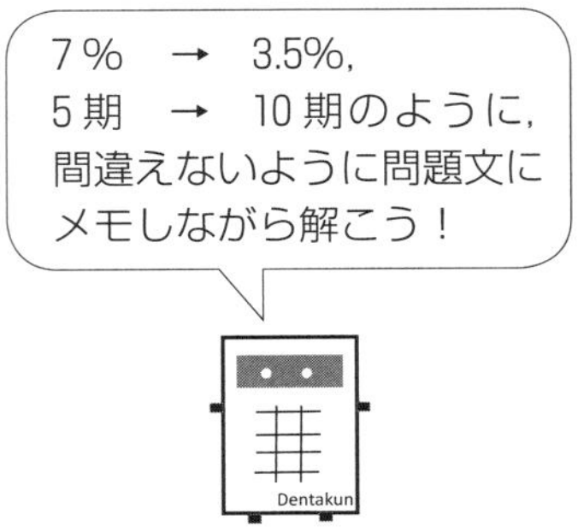
7％　→　3.5%，
5期　→　10期のように，
間違えないように問題文に
メモしながら解こう！
Dentakun

【解説】 半年1期は，年利率を半分に，期間を2倍にする。期間を2倍にするのは，半年6か月を1期とするからである。

7％　→　3.5%
5期　→　10期　となる。

3.5% 10期　→　1.41059876

【解式】 ¥4,320,000　×　1.41059876　＝　¥6,093,786.6432（¥6,093,787）
【電卓】 ラウンドセレクターを5/4，小数点セレクターを0に設定

4320000 [×] 1.41059876 [=]

答　¥6,093,787

例4　② **半年1期の場合**

¥8,870,000を年利率5%，半年1期の複利で4年6か月間借り入れると，複利終価はいくらか。（円未満4捨5入）

【解説】 半年1期は，年利率を半分に，期間を2倍にする。

5％　→　2.5%
4年6か月　→　8＋1＝9期

2.5% 9期　→　1.24886297

【解式】 ¥8,870,000　×　1.24886297　＝　¥11,077,414.5439（¥11,077,415）
【電卓】 ラウンドセレクターを5/4，小数点セレクターを0に設定

8870000 [×] 1.24886297 [=]

答　¥11,077,415

複利表は元金1円の表？

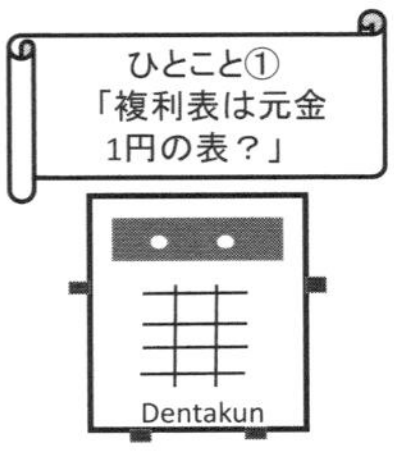
ひとこと①
「複利表は元金
1円の表？」
Dentakun

複利終価率を表から表引きするには，期数(n)は「行」，利率(i)は「列」から求めます。たとえば6期2%は（1.12616242）になります。

この率に元金を掛けることで複利終価の金額が求まります。この複利終価率は，「1円を元金とした表」だと理解すると便利です。元金を掛けるだけで良いです。また，表率から1を引けば，元金1円分の利息分が算出され，6期2%では（0.12616242）となります。これが1円の利息です。また，この表だけでなく他の複利表も元金1円でできている表だと考えると，便利です。

参考までに，電卓で率を作成すると仕組みの理解が深まります。電卓で次のように打つと，2%6期の複利終価を求めることができます。

C型：1.02 [×] [×] 1 [=] [=] [=] [=] [=] [=]（＝を6回）で1.12616242が求まる
S型：1.02 [×] 1 [=] [=] [=] [=] [=] [=]　（＝を6回）

これは元金1円で1.02を6乗したものです。さらに，逆に考えると終価を1.02で割り続けると複利現価（p.28）が算出されます。複利現価を求める場合，

C型：1.02 [÷] [÷] 1 [=] [=] [=] [=] [=] [=]（＝を6回）で0.88797138
S型：1.02 [÷] 1 [=] [=] [=] [=] [=] [=]（＝を6回）

これは，元金1円で1.02を6回割り算したものです。

≪ 練習問題 ≫

(1) ￥4,320,000を年利率6%，半年1期の複利で5年間貸し付けると，期日に受け取る元利合計はいくらになるか。（円未満4捨5入）

答 ＿＿＿＿＿＿＿＿

(2) ￥3,560,000を年利率4%，半年1期の複利で4年間貸すと，複利終価はいくらか。（円未満4捨5入）

答 ＿＿＿＿＿＿＿＿

(3) ￥6,980,000を年利率5%，半年1期の複利で4年間貸すと，複利利息はいくらか。（円未満4捨5入）

答 ＿＿＿＿＿＿＿＿

(4) 元金￥350,000を年利率6%，半年1期の複利で5年6か月間貸し付けると，複利終価はいくらか。（円未満4捨5入）

答 ＿＿＿＿＿＿＿＿

(5) ￥850,000を年利率6%，半年1期の複利で3年6か月間借り入れると，期日に支払う元利合計はいくらになるか。（円未満4捨5入）

答 ＿＿＿＿＿＿＿＿

(6) ￥390,000を年利率7%，半年1期の複利で6年6か月間貸し付けると，期日に受け取る複利利息はいくらか。（円未満4捨5入）

答 ＿＿＿＿＿＿＿＿

（解答→別冊 p.14、例題・練習問題復習テスト→ p.68）

利率は2分の1！

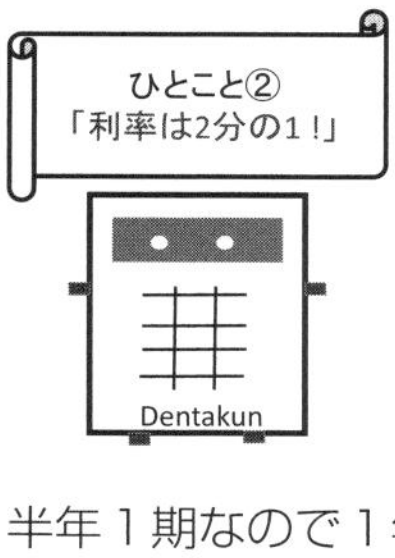
ひとこと②
「利率は2分の1！」
Dentakun

半年1期であると，1年に2期，2年に4期となり，期は2倍になります。年と期を混同しないようにしましょう。また，利率は1年の年利率であるため，半年1期ならば，利率は$\frac{1}{2}$となります。

ところで，利息が元金に転化する複利であるならば，年利率の平方根が利率ではないか？という疑問も生じます。これに関しては，次のように説明できます。複利計算における利率は年利率であらわす習慣です。

年利率を（i），転化（利子を元入れに繰り込むこと）回数を（m），期間を（n）とする。なお，転化は半年1期なので1年で2回になる（m＝2）。

S（複利終価） ＝ P（複利現価）$\left(1+\frac{i}{m}\right)^{mn}$ と定義される。

したがって，$\frac{i}{m}$は「i（利率）÷2（m）」となるので，2で割ることになります。

6．複利現価

1　複利現価とは

複利現価は，将来の金額が分かっており，その金額から現在の金額を求めることである。終価が将来の金額を求めるのに対し，現価は現在の金額を求める。イメージとしては，雪だるまの逆回転のイメージなので，割り算の連続である。

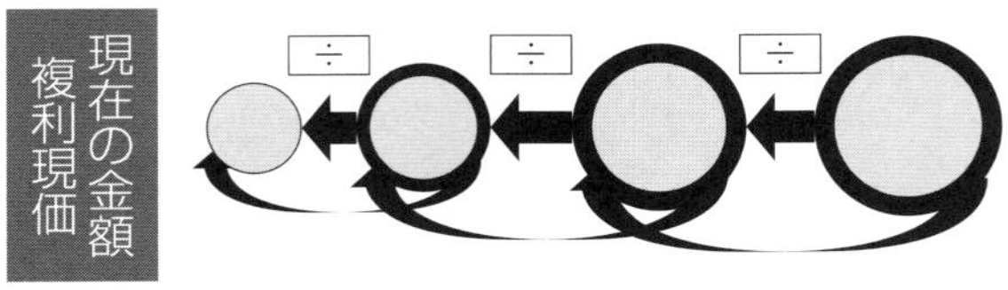

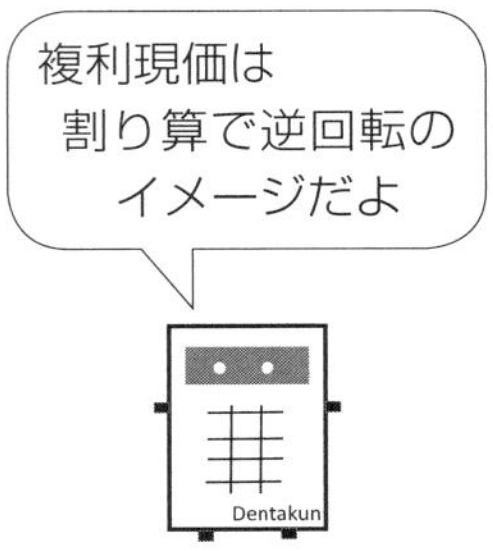

2　複利現価の計算

数式では，元金÷（1＋利率）÷（1＋利率）÷（1＋利率）・・・・

つまり，数学的な公式としては 元金×（1＋利率）$^{-期間}$ である。

また，**複利現価率**は複利終価表と同じように，「複利現価表の率」（表率）で求められる。この率は，将来の終価を1として考えているので，現在に戻る段階で当然1より小さな数値になる。

【 ① 複利現価の基本式 】

複利現価　＝　元金　×　複利現価率（表率）

※イメージは割り算であるが，率は元金に掛けるので注意する。

【 ② 半年1期の場合 】

年利率を2分の1，期間を2倍にして，表引きして求める。

※複利終価と同様の方法である。

例1　① 複利現価の基本式

13年後に支払う負債￥8,260,000の複利現価はいくらか。ただし，年利率4.5%，1年1期の複利とする。（円未満4捨5入）

【解説】 4.5%で13期の複利現価率は0.56427164

【解式】 ￥8,260,000 × 0.56427164 ＝ ￥4,660,883.7464（￥4,660,884）

元金　×　複利現価率　＝　複利現価

【電卓】 ラウンドセレクターを5/4，小数点セレクターを0に設定

8260000 ☒ .56427164 ⊟

答　￥4,660,884

例2 ② 半年1期の場合

6年6か月後に支払う負債¥4,230,000を年利率4%，半年1期の複利で割り引いて，いま支払う❶とすればその金額はいくらか。（¥100未満切り上げ）

❶「いま支払う」とは，将来の金額が分かっていて，現在の価値（複利現価）を求めることである。

【解説】半年1期のため，

4%　→　2%

6年6か月　→　12＋1＝13期

2%13期　→　0.77303253

【解式】¥4,230,000 × 0.77303253 ＝ ¥3,269,927.6019

→¥100未満切り上げのため，¥27を¥100とする。

そのため，¥927が¥1000となり，¥3,269,927は¥3,270,000となる。

【電卓】4230000 ☒ . 77303253 ⊟ （¥100未満切り上げに注意する）

答　¥3,270,000

≪ 練習問題 ≫

(1) 9年後に支払う負債¥9,360,000の複利現価はいくらか。ただし，年利率2.5%，1年1期の複利とする。（円未満4捨5入）

答 ＿＿＿＿＿＿

(2) 14年後に支払う負債¥8,160,000をいま支払うとすればその金額はいくらか。ただし，年利率3.5%，1年1期の複利とする。（¥100未満切り上げ）

答 ＿＿＿＿＿＿

(3) 7年後に支払う負債¥4,510,000を年利率5.5%，1年1期の複利で割り引いて，いま支払うとすればその金額はいくらか。（¥100未満切り上げ）

答 ＿＿＿＿＿＿

(4) 3年6か月後に支払う負債¥6,440,000を年利率5%，半年1期の複利で割り引いて，いま支払うとすればその金額はいくらか。（¥100未満切り上げ）

答 ＿＿＿＿＿＿

(5) 5年6か月後に支払う負債¥2,310,000の複利現価はいくらか。ただし，年利率6%，半年1期の複利とする。（円未満4捨5入）

答 ＿＿＿＿＿＿

(6) 4年6か月後に支払う負債¥8,960,000を年利率7%，半年1期の複利で割り引いて，いま支払うとすればその金額はいくらか。（¥100未満切り上げ）

答 ＿＿＿＿＿＿

（解答→別冊p.15、例題・練習問題復習テスト→p.69）

7．減価償却

建物や備品や機械などの固定資産は，時間の経過や使用により，価値が減少していく。**減価償却**とは，この減少額を各期の費用として計上し，固定資産の帳簿価額から差し引いていくことをいう。

◆ **取得価額** … 固定資産の購入にかかった金額。
◆ **耐用年数** … 固定資産が使用し続けられる期間を推定した年数のこと。この年数により「償却率表」から償却率が表引きされる。
◆ **期首帳簿価額** … その期の償却額を差し引いた残りの金額をいう。1 期の金額は取得価額である。
◆ **償却限度額** … 各期に減価償却として費用化できる限度額。
期首帳簿価額 × 償却率 ＝ 償却限度額 の式で求める。
◆ **減価償却累計額** … 各期の減価償却の金額を足し合わせた金額である。期ごとに累計額は増えていく。

減価償却計算表の形式は以下のようになっている。

期数	期首帳簿価額	償却限度額	減価償却累計額
1			

減価償却には，定額法と定率法という方法があるが，２ 級では**定額法**のみ出題される。償却限度額が一定金額であるので**定額法**と呼ばれる。固定資産の価値が一定額ずつ毎期減少し，一定額が減価償却累計額として毎期足されていく。作表を図解すると，次のようになる。

取得価額 ¥100　耐用年数 10 年の償却率は 0.1 とする。

期数	期首帳簿価額	償却限度額	減価償却累計額
1	100	100 × 0.1 = 10	100 × 0.1 = 10
2		100 × 0.1 = 10	
		100 × 0.1 = 10	
4		100 × 0.1 = 10	

❶取得価額 100 を 1 期の「期首帳簿価額」に記入する

❷期首帳簿価額 × 償却率 ＝ 償却限度額（10）を算出し，その額を全ての「償却限度額」，1 期の「減価償却累計額」に記入する。

期数	期首帳簿価額	償却限度額	減価償却累計額
1	100	10	10
2	90	10	20
3	80	10	30
4	70	10	40

❸ 2 期以降は，期首帳簿価額から一定額の10が引かれ，次期の期首帳簿価額になる。

❹一定額の10が足されて次期の減価償却累計額になる。

【電卓】 100 [×] .1 [=] [M+]

❸ 2 期以降の減価償却累計額

C 型 [MR] 10 [+] [+] [=]（[=] を繰り返す）／ S 型 10 [+] [MR] [=]（[=] を繰り返す）

❹ 2 期以降の期首帳簿価額

C 型 [MR] 10 [−] [−] 100 [=]（[=] を繰り返す）／ S 型 100 [−] [MR] [=]（[=] を繰り返す）

【 ① 求めたい期の減価償却累計額の算出 】

求めたい期の減価償却累計額 ＝ 償却限度額 × 求める期数

累計額は定額法なので期数の掛け算で算出できる。

【 ② 求めたい期の期首帳簿価額の算出 】

求めたい期の期首帳簿価額 ＝ 取得価額 − 1 期前の減価償却累計額

求めたい期の期首帳簿価額は，前期の期末まで減価償却されているので，最初の取得価額から 1 期前の減価償却累計額分が引かれていることになる。

例1 **① 減価償却累計額**

取得価額¥2,320,000　耐用年数30年の固定資産を定額法で減価償却すれば，第13期末減価償却累計額はいくらになるか。ただし，決算は年1回，残存簿価¥1とする。

【解説】 定額法の累計額は減価償却限度額に期数を掛ければ良い。

30年の定額法の償却率は0.034。（巻末の表を参照）

【解式】 ¥2,320,000 × 0.034 × 13 = ¥1,025,440

償却限度額×求める期数＝求めたい期の減価償却累計額

【電卓】 2320000 × .034 × 13 =

答　¥1,025,440

例2 **② 期首帳簿価額**

取得価額¥8,850,000　耐用年数25年の固定資産を定額法で減価償却すれば，第7期首帳簿価額はいくらになるか。ただし，決算は年1回，残存簿価¥1とする。

【解説】 7期の期首帳簿価額は取得価額が6期分の減価償却が終わった状態なので，6期の減価償却累計額を引けば求められる。

25年の定額法の償却率は0.040である。（巻末の表を参照）

【解式】 ¥8,850,000 × 0.040 × 6 = ¥2,124,000

¥8,850,000 − ¥2,124,000 = ¥6,726,000

取得価額－1期前の減価償却累計額＝求めたい期の期首帳簿価額

【電卓】 8850000 M+ × .04 × 6 M− MR

答　¥6,726,000

≪ 練習問題 ≫

(1) 取得価額¥3,250,000　耐用年数38年の固定資産を定額法で減価償却すれば，第12期末減価償却累計額はいくらになるか。ただし，決算は年1回，残存簿価¥1とする。

答　＿＿＿＿＿＿＿＿

(2) 取得価額¥5,630,000　耐用年数22年の固定資産を定額法で減価償却すれば，第14期末減価償却累計額はいくらになるか。ただし，決算は年1回，残存簿価¥1とする。

答　＿＿＿＿＿＿＿＿

(3) 取得価額¥6,320,000　耐用年数14年の固定資産を定額法で減価償却すれば，第9期首帳簿価額はいくらになるか。ただし，決算は年1回，残存簿価¥1とする。

答　＿＿＿＿＿＿＿＿

(4) 取得価額¥3,960,000　耐用年数25年の固定資産を定額法で減価償却すれば，第11期首帳簿価額はいくらになるか。ただし，決算は年1回，残存簿価¥1とする。

答　＿＿＿＿＿＿＿＿

（解答→別冊 p.15、例題・練習問題復習テスト→ p.70）

7．減価償却

例3 ③ 作表

取得価額¥8,850,000　耐用年数15年の固定資産を定額法で減価償却するとき，次の減価償却計算表の第4期末まで記入せよ。ただし，決算は年1回，残存簿価¥1とする。

期数	期首帳簿価額	償却限度額	減価償却累計額
1			
2			
3			
4			

【解説】 15年の定額法の償却率は0.067。（巻末の表を参照）

¥8,850,000 × 0.067 ＝ ¥592,950

1期の期首帳簿価額に取得価額を記入。償却限度額と1期の減価償却累計額に592,950を記入する。

期数	期首帳簿価額	償却限度額	減価償却累計額
1	8,850,000	592,950	592,950
2		592,950	
3		592,950	
4		592,950	

2期の減価償却累計額　¥592,950 ＋ ¥592,950 ＝ ¥1,185,900
3期の減価償却累計額　¥1,185,900 ＋ ¥592,950 ＝ ¥1,778,850
4期の減価償却累計額　¥1,778,850 ＋ ¥592,950 ＝ ¥2,371,800
2期の期首帳簿価額　¥8,850,000 － ¥592,950 ＝ ¥8,257,050
3期の期首帳簿価額　¥8,257,050 － ¥592,950 ＝ ¥7,664,100
4期の期首帳簿価額　¥7,664,100 － ¥592,950 ＝ ¥7,071,150

期数	期首帳簿価額	償却限度額	減価償却累計額
1	8,850,000	592,950	592,950
2	8,257,050	592,950	1,185,900
3	7,664,100	592,950	1,778,850
4	7,071,150	592,950	2,371,800

【電卓】 8850000 [×] .067 [＝] [M＋]　(592,950)

2期以降の減価償却累計額　C型　[MR] 592950 [＋] [＋] [＝]　（[＝]を繰り返す）
　　　　　　　　　　　　　S型　592950 [＋] [MR] [＝]　（[＝]を繰り返す）

2期以降の期首帳簿価額　C型　[MR] 592950 [－] [－] 8850000 [＝]　（[＝]を繰り返す）
　　　　　　　　　　　　　S型　8850000 [－] [MR] [＝]　（[＝]を繰り返す）

≪ 練習問題 ≫

(1) 取得価額￥9,650,000　耐用年数20年の固定資産を定額法で減価償却するとき，次の減価償却計算表の第4期末まで記入せよ。ただし，決算は年1回，残存簿価￥1とする。

期数	期首帳簿価額	償却限度額	減価償却累計額
1			
2			
3			
4			

(2) 取得価額￥7,500,000　耐用年数22年の固定資産を定額法で減価償却するとき，次の減価償却計算表の第4期末まで記入せよ。ただし，決算は年1回，残存簿価￥1とする。

期数	期首帳簿価額	償却限度額	減価償却累計額
1			
2			
3			
4			

(3) 取得価額￥8,520,000　耐用年数35年の固定資産を定額法で減価償却するとき，次の減価償却計算表の第4期末まで記入せよ。ただし，決算は年1回，残存簿価￥1とする。

期数	期首帳簿価額	償却限度額	減価償却累計額
1			
2			
3			
4			

（解答→別冊 p.16、例題・練習問題復習テスト→ p.71）

8．売買・損益の計算①

1　商品の代金と数量

商品の仕入れや販売では，単価に取引数量をかけることで商品の代金を計算する。**単価**は，その商品の種類や商慣習などにより，個数，重量，容積，長さなどを基準としたときの金額であらわされる。このとき，価格を示す基準となる商品の一定数量のことを**建**《たて》といい，建によって示される価格を**建値**《たてね》という。例えば**「小麦粉 1 袋につき ¥300」**といった場合は，1 袋が「建」で，¥300 が「建値」である。

$$\text{商品代金} = \text{建値} \times \frac{\text{取引数量}}{\text{単位数量（建）}}$$

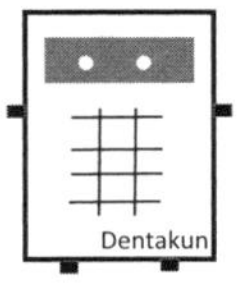

商品の数量のあらわしかた：
個，本，枚，台，冊，着，足，組，箱，袋，俵，房，束，ダース（1 ダース＝ 12 個），グロス（1 グロス＝ 12 ダース），キログラム，ポンド，リットル，メートル，ヤードなど

1　商品の代金と数量

例 1　1－①　商品の代金と数量の計算

10 枚につき ¥3,160 の商品を 850 枚販売した。代金はいくらか。

【解式】 $¥3,160 \times \frac{850\text{枚}}{10\text{枚}} = \underline{¥268,600}$

$\text{建値} \times \frac{\text{取引数量}}{\text{単位数量(建)}} = \text{商品代金}$

【電卓】 3160 ☒ 850 ÷ 10 ＝

答　¥268,600

例 2　1－①　商品の代金と数量の計算

1 個につき ¥335 の商品を 130 ダース仕入れた。仕入代金はいくらか。

取引数量の計算

【解式】 130 ダース＝12 個× 130 ＝ 1,560 個

【電卓】 12 ☒ 130 ＝

商品代金の計算

【解式】 $¥335 \times \frac{1{,}560\text{個}}{1\text{個}} = \underline{¥522,600}$

$\text{建値} \times \frac{\text{取引数量}}{\text{単位数量(建)}} = \text{商品代金}$

【電卓】 335 ☒ 1560 （÷ 1） ＝

「1 ダース＝ 12 個」だよ！
「130 ダース」は何個かな？

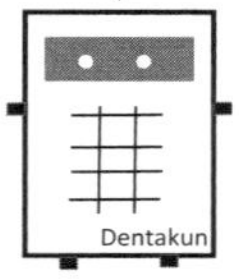

答　¥522,600

例 3　1－①　商品の代金と数量の計算

ある商品を 5 袋につき ¥530 で仕入れ，代価 ¥104,410 を支払った。仕入数量は何袋か。

【解式】 $¥530 \times \frac{\text{取引数量}}{5\text{袋}} = ¥104,410$

$\text{建値} \times \frac{\text{取引数量}}{\text{単位数量(建)}} = \text{商品代金}$

この式を変形すると，

$\text{取引数量} = ¥104,410 \times \frac{5\text{袋}}{¥530}$

$\text{取引数量} = \text{商品代金} \times \frac{\text{単位数量(建)}}{\text{建値}}$

よって，取引数量＝ 985 袋

【電卓】 104410 ☒ 5 ÷ 530 ＝

求めたいのは取引数量だね。
【商品代金の計算の公式】
$\text{建値} \times \frac{\text{取引数量}}{\text{単位数量（建）}} = \text{商品代金}$
を使って，取引数量を逆算しよう！

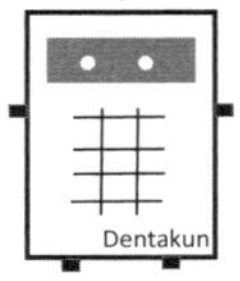

答　985 袋

≪ 練習問題 ≫

(1) 1 冊につき ¥780 の商品を 310 冊販売した。代金はいくらか。

答 ＿＿＿＿＿＿＿＿

(2) 5 本につき ¥1,700 の商品を 560 本販売した。代金はいくらか。

答 ＿＿＿＿＿＿＿＿

(3) 1m につき ¥910 の商品を 940m 仕入れた。仕入代金はいくらか。

答 ＿＿＿＿＿＿＿＿

(4) 20 組につき ¥4,600 の商品を 750 組仕入れた。仕入代金はいくらか。

答 ＿＿＿＿＿＿＿＿

(5) 1 個につき ¥620 の商品を 250 ダース販売した。代金はいくらか。

答 ＿＿＿＿＿＿＿＿

(6) 1 ダースにつき ¥3,600 の商品を 8 グロス仕入れた。仕入代金はいくらか。

答 ＿＿＿＿＿＿＿＿

(7) ある商品を 5 着につき ¥2,300 で販売し，代金 ¥354,200 を受け取った。販売数量は何着か。

答 ＿＿＿＿＿＿＿＿

(8) 1 個につき ¥205 の商品を販売し，代金として ¥639,600 を受け取った。販売数量は何ダースか。

答 ＿＿＿＿＿＿＿＿

(9) ある商品を 10 台につき ¥8,600 で仕入れ，仕入代金 ¥748,200 を支払った。仕入数量は何台か。

答 ＿＿＿＿＿＿＿＿

(10) 30kg につき ¥5,700 の商品を仕入れ，仕入代金として ¥188,100 を支払った。仕入数量は何キログラムか。

答 ＿＿＿＿＿＿＿＿

（解答→別冊 p.16、例題・練習問題復習テスト→ p.72 ）

例４　①－②　外国貨幣の計算を含む代価の計算

/kgにつき€3.19の商品を580kg仕入れた。仕入代金は円でいくらか。ただし，€1 = ¥116とする。（計算の最終で円未満4捨5入）

【解式】€3.19 × $\frac{580\text{kg}}{1\text{kg}}$ = €1,850.2

建値 × $\frac{\text{取引数量}}{\text{単位数量(建)}}$ = 商品代金

¥116 × €1,850.2 = ¥214,623.2（4捨5入により，¥214,623）

換算率 × 被換算高 = 換算高

【電卓】ラウンドセレクターを5/4，小数点セレクターを0に設定

3.19 × 580（÷ 1）× 116 =

答　¥214,623

例５　①－②　外国貨幣の計算を含む代価の計算

10英トンにつき£418.21の商品を120英トン仕入れた。仕入代金は円でいくらか。ただし，£1 = ¥142とする。（計算の最終で円未満4捨5入）

【解式】£418.21 × $\frac{\text{120 英トン}}{\text{10 英トン}}$ = £5,018.52

建値 × $\frac{\text{取引数量}}{\text{単位数量(建)}}$ = 商品代金

¥142 × £5,018.52 = ¥712,629.84（4捨5入により，¥712,630）

換算率 × 被換算高 = 換算高

【電卓】ラウンドセレクターを5/4，小数点セレクターを0に設定

418.21 × 120 ÷ 10 × 142 =

答　¥712,630

例６　①－③　度量衡の計算を含む建値の計算

1ydにつき¥640の商品を20m建にするといくらか。ただし，1yd = 0.9144mとする。（計算の最終で円未満4捨5入）

【解式】¥640 × $\frac{20\text{m} \div 0.9144\text{m}}{1\text{yd}}$ = ¥13,998.2…（4捨5入により，¥13,998）

建値 × $\frac{\text{取引数量}}{\text{単位数量(建)}}$ = 商品代金

【電卓】ラウンドセレクターを5/4，小数点セレクターを0に設定

640 × 20 ÷ .9144（÷ 1）=

取引数量がメートルで示されているので，
単位をヤードに換算しよう！「被換算高÷換算率」だから，
取引数量は「20 m÷ 0.9144 m」となるよ！

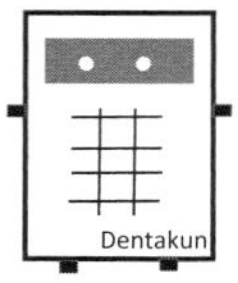

答　¥13,998

例７　①－③　度量衡の計算を含む建値の計算

10lbにつき¥21,700の商品を20kg建にするといくらか。ただし，1lb = 0.4536kgとする。（計算の最終で円未満4捨5入）

【解式】¥21,700 × $\frac{20\text{kg} \div 0.4536\text{kg}}{10\text{lb}}$ = ¥95,679.0…（4捨5入により，¥95,679）

建値 × $\frac{\text{取引数量}}{\text{単位数量(建)}}$ = 商品代金

【電卓】ラウンドセレクターを5/4，小数点セレクターを0に設定

21700 × 20 ÷ .4536 ÷ 10 =

取引数量がキログラムで示されているので，
単位をポンドに換算しよう！「被換算高÷換算率」だから，
取引数量は「20kg÷ 0.4536kg」となるよ！

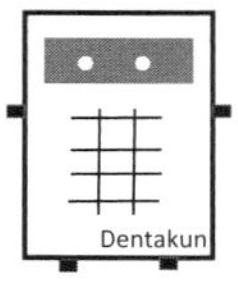

答　¥95,679

≪ 練習問題 ≫

(1) 1英ガロンにつき£10.36の商品を270英ガロン仕入れた。仕入代金は円でいくらか。ただし，£1 = ¥147とする。（計算の最終で円未満4捨5入）

答

(2) 1lbにつき£72.43の商品を50lb仕入れた。仕入代金は円でいくらか。ただし，£1 = ¥145とする。（計算の最終で円未満4捨5入）

答

(3) 1mにつき$38.15の商品を210m仕入れた。仕入代金は円でいくらか。ただし，$1 = ¥109とする。（計算の最終で円未満4捨5入）

答

(4) 50米トンにつき$127.88の商品を1,150米トン仕入れた。仕入代金は円でいくらか。ただし，$1 = ¥108とする。（計算の最終で円未満4捨5入）

答

(5) 10Lにつき€72.30の商品を820L仕入れた。仕入代金は円でいくらか。ただし，€1 = ¥129とする。（計算の最終で円未満4捨5入）

答

(6) 20ydにつき€348.14の商品を300yd仕入れた。仕入代金は円でいくらか。ただし，€1 = ¥121とする。（計算の最終で円未満4捨5入）

答

(7) 1米トンにつき¥590,000の商品を30kg建にするといくらになるか。ただし，1米トン = 907.2kgとする。（計算の最終で円未満4捨5入）

答

(8) 1ydにつき¥530の商品を60m建にするといくらか。ただし，1yd = 0.9144mとする。（計算の最終で円未満4捨5入）

答

(9) 1米ガロンにつき¥9,780の商品を20L建にするといくらになるか。ただし，1米ガロン = 3.785Lとする。（計算の最終で円未満4捨5入）

答

(10) 10英ガロンにつき¥46,800の商品を40L建にするといくらになるか。ただし，1英ガロン = 4.546Lとする。（計算の最終で円未満4捨5入）

答

(11) 100lbにつき¥75,800の商品を50kg建にするといくらか。ただし，1lb = 0.4536kgとする。（計算の最終で円未満4捨5入）

答

(12) 10英トンにつき¥6,100,000の商品を30kg建にするといくらになるか。ただし，1英トン = 1,016kgとする。（計算の最終で円未満4捨5入）

答

（解答→別冊 p.17、例題・練習問題復習テスト→ p.74）

8．売買・損益の計算②

2　仕入原価（諸掛込原価）

商品代金に，その仕入れに要した引取運賃や運送保険料などの**仕《し》入《いれ》諸《しょ》掛《がかり》**（商品の仕入時に発生するさまざまな費用）を加えたものを，**仕入原価**（**諸《しょ》掛《がかり》込《こみ》原価**）という。仕入諸掛を売り主が負担して，売買契約が買い主店頭渡しでおこなわれたときは，商品代金がそのまま仕入原価となる。また，仕入原価を単に**原価**と呼ぶこともある。

仕入原価（諸掛込原価）　＝　商品代金　＋　仕入諸掛

3　見込利益と予定売価

仕入れた商品を販売するにあたっては，仕入原価に一定の利益額を見込んで販売価格を決定する。仕入原価に見込利益額を加えることを**値入れ**といい，また，この見込利益額のことを**利《り》幅《はば》**（粗《あら》利《り》益《えき》）という。仕入原価に対する利幅の比率を**見込利益率**（値入率）という。仕入原価に見込利益額を加えた販売価格は，店頭で買い主に表示される。これを**予定売価**（定価）という。

見込利益額　＝　仕入原価　×　見込利益率（値入率）
予 定 売 価　＝　仕入原価　＋　見込利益額

↓

予 定 売 価　＝　仕入原価　×（1　＋　見込利益率）

2　仕入原価（諸掛込原価）

例8　2　仕入原価（諸掛込原価）の計算

ある商品を¥610,000で仕入れ，引取運賃¥24,000と運送保険料¥5,300を支払った。仕入原価はいくらか。

【解式】¥610,000 ＋（¥24,000 ＋ ¥5,300）＝ ¥639,300
商品代金　＋　仕入諸掛　＝　仕入原価（諸掛込原価）

【電卓】610000 [+] 24000 [+] 5300 [=]

答　¥639,300

例9　2　仕入原価（諸掛込原価）の計算

30箱につき¥15,900の商品を780箱仕入れ，仕入諸掛¥9,200を支払った。諸掛込原価はいくらか。

【解式】¥15,900 × $\frac{780\text{箱}}{30\text{箱}}$ ＋ ¥9,200 ＝ ¥422,600
建値　×　$\frac{\text{取引数量}}{\text{単位数量(建)}}$　＋　仕入諸掛　＝　仕入原価（諸掛込原価）

【電卓】15900 [×] 780 [÷] 30 [+] 9200 [=]

答　¥422,600

≪ 練習問題 ≫

(1) ある商品を¥290,000で仕入れ，仕入諸掛¥11,000を支払った。諸掛込原価はいくらか。

答 ＿＿＿＿＿＿＿＿

(2) ある商品を¥430,000で仕入れ，引取運賃¥19,000を支払った。仕入原価はいくらか。

答 ＿＿＿＿＿＿＿＿

(3) ある商品を¥570,000で仕入れ，引取運賃¥22,300と運送保険料¥6,400を支払った。仕入原価はいくらか。

答 ＿＿＿＿＿＿＿＿

(4) 1足につき¥2,650の商品を310足仕入れ，仕入諸掛¥13,700を支払った。諸掛込原価はいくらか。

答 ＿＿＿＿＿＿＿＿

(5) 40袋につき¥4,960の商品を1,720袋仕入れ，仕入諸掛¥8,000を支払った。諸掛込原価はいくらか。

答 ＿＿＿＿＿＿＿＿

(6) 10ダースにつき¥8,700の商品を580ダース仕入れ，仕入諸掛¥20,400を支払った。仕入原価はいくらか。

答 ＿＿＿＿＿＿＿＿

(7) 50箱につき¥39,000の商品を450箱仕入れ，仕入諸掛¥19,000を支払った。諸掛込原価はいくらか。

答 ＿＿＿＿＿＿＿＿

（解答→別冊 p.18、例題・練習問題復習テスト→ p.76 ）

3 見込利益と予定売価に関する計算

例10 3 見込利益と予定売価に関する計算

ある商品を¥705,000で仕入れ，仕入諸掛¥25,000を支払った。この商品に仕入原価の1割6分の利益を見込むと，利益額はいくらか。

【解式】 ¥705,000 ＋ ¥25,000 ＝ ¥730,000
　商品代金 ＋ 仕入諸掛 ＝ 仕入原価（諸掛込原価）

¥730,000 × 0.16 ＝ ¥116,800
　仕入原価 × 見込利益率 ＝ 見込利益額

【電卓】 705000 [+] 25000 [×] . 16 [=] ／ 705000 [+] 25000 [×] 16 [%]

答　¥116,800

例11 3 見込利益と予定売価に関する計算

ある商品の利益額が¥73,700であり，これは仕入原価の11%にあたるという。仕入原価はいくらか。

【解式】 仕入原価× 0.11 ＝ ¥73,700
　仕入原価 × 見込利益率 ＝ 見込利益額

この式を変形すると，

仕入原価＝ ¥73,700 ÷ 0.11
　仕入原価 ＝ 見込利益額 ÷ 見込利益率

よって，仕入原価＝ ¥670,000

【電卓】 73700 [÷] . 11 [=] ／ 73700 [÷] 11 [%]

答　¥670,000

例12 3 見込利益と予定売価に関する計算

原価¥410,000の商品に¥90,200の利益を見込んだ。利益額は原価の何パーセントか。

【解式】 ¥410,000 ×見込利益率＝ ¥90,200
　仕入原価 × 見込利益率 ＝ 見込利益額

この式を変形すると，

見込利益率＝ ¥90,200 ÷ ¥410,000
　見込利益率 ＝ 見込利益額 ÷ 仕入原価

よって，見込利益率＝ 0.22（22%）

【電卓】 90200 [÷] 410000 [%]

答　22%

《 練習問題 》

(1) 仕入原価が¥230,000の商品に18%の利益を見込んで定価をつけると，利益額はいくらになるか。

答 ________

(2) 10本につき¥3,900の商品を800本仕入れ，この商品に原価の2割4分の利益を見込んで定価をつけた。利益額はいくらか。

答 ________

(3) ある商品を¥489,000で仕入れ，仕入諸掛¥26,000を支払った。この商品に仕入原価の17%の利益を見込むと，利益額はいくらか。

答 ________

(4) ある商品の利益額が¥40,820であり，これは仕入原価の26%にあたるという。仕入原価はいくらか。

答 ________

(5) ある商品の仕入原価に¥59,400の利益を見込んだところ，利益額が仕入原価の2割2分にあたるという。この商品の仕入原価はいくらか。

答 ________

(6) ある商品の利益額が¥133,650であり，これは仕入原価の13.5%にあたるという。仕入原価はいくらか。

答 ________

(7) 仕入原価¥240,000の商品に¥55,200の利益を見込んだ。利益額は仕入原価の何割何分か。

答 ________

(8) 原価¥310,000の商品に¥80,600の利益を見込んだ。利益額は原価の何パーセントにあたるか。

答 ________

(9) ある商品を¥707,000で仕入れ，仕入諸掛¥13,000を支払った。この商品に¥108,000の利益を見込むと，利益額は仕入原価の何割何分にあたるか。

答 ________

(解答→別冊 p.19、例題・練習問題復習テスト→ p.77)

例13　3 見込利益と予定売価に関する計算

原価￥320,000の商品に，原価の21％の利益をみて予定売価（定価）をつけた。予定売価（定価）はいくらか。

【解式】￥320,000 ×（1 ＋ 0.21）＝ ￥387,200
仕入原価 ×（1 ＋ 見込利益率）＝ 予定売価

【電卓】共通　320000 × 1.21 ＝ ／ 320000 × 121 ％
C型　320000 × 21 ％ ＋
S型　320000 × 21 ％ ＋ ＝ ／ 320000 ＋ 21 ％

答　￥387,200

例14　3 見込利益と予定売価に関する計算

ある商品に仕入原価の19％の利益を見込んで￥952,000の予定売価（定価）をつけた。仕入原価はいくらか。

【解式】仕入原価×（1 ＋ 0.19）＝ ￥952,000
仕入原価 ×（1 ＋ 見込利益率）＝ 予定売価

この式を変形すると，

仕入原価＝ ￥952,000 ÷（1 ＋ 0.19）
仕入原価 ＝ 予定売価 ÷（1 ＋ 見込利益率）

よって，仕入原価＝ ￥800,000

【電卓】952000 ÷ 1.19 ＝ ／ 952000 ÷ 119 ％

答　￥800,000

例15　3 見込利益と予定売価に関する計算

仕入原価￥380,000の商品に￥429,400の予定売価（定価）をつけた。利益額は仕入原価の何パーセントか。

【解式】（￥429,400 － ￥380,000）÷ ￥380,000 ＝ 0.13（13％）
「￥49,400（増加量）は￥380,000の何パーセントか」という割合の計算と捉えることができる。そのため，比較量（￥49,400） ÷ 基準量（￥380,000） ＝ 割合より，上記の式となる。

【電卓】429400 － 380000 ÷ 380000 ％

答　13％

≪ 練習問題 ≫

(1) 原価¥830,000の商品に，原価の1割7分の利益を見込んで予定売価（定価）をつけた。予定売価（定価）はいくらか。

答

(2) 仕入原価¥690,000の商品に，仕入原価の20.5％の利益をみて予定売価（定価）をつけた。予定売価（定価）はいくらか。

答

(3) ある商品を¥433,000で仕入れ，引取運賃¥17,000を支払った。この商品に13％の利益を見込んで販売したい。予定売価（定価）をいくらにしたらよいか。

答

(4) ある商品に原価の27％の利益を見込んで¥825,500の予定売価（定価）をつけた。原価はいくらか。

答

(5) ある商品に仕入原価の1割4分の利益を見込んで¥262,200の予定売価（定価）をつけた。仕入原価はいくらか。

答

(6) ある商品に原価の17.5％の利益を見込んで¥470,000の予定売価（定価）をつけた。原価はいくらか。

答

(7) 仕入原価¥760,000の商品に¥950,000の予定売価（定価）をつけた。利益額は仕入原価の何パーセントか。

答

(8) ある商品を¥108,000で仕入れ，仕入諸掛¥7,000を支払った。この商品に¥140,300の予定売価（定価）をつけた。利益額は仕入原価の何割何分にあたるか。

答

(9) 原価¥500,000の商品に¥630,000の予定売価（定価）をつけた。利益額は原価の何パーセントか。

答

（解答→別冊 p.20、例題・練習問題復習テスト→ p.78 ）

例16　③ 見込利益と予定売価に関する計算

> 10kgにつき￥2,400の商品を3,010kg仕入れ，諸掛り￥53,800を支払った。この商品に諸掛込原価の30％の利益を見込んで販売すると，利益の総額はいくらか。

【解式】 ￥2,400 × $\frac{3,010\text{kg}}{10\text{kg}}$ ＋ ￥53,800 ＝ ￥776,200

建値 × $\frac{\text{取引数量}}{\text{単位数量(建)}}$ ＋ 仕入諸掛 ＝ 仕入原価（諸掛込原価）

￥776,200 × 0.30 ＝ ￥232,860

仕入原価 × 見込利益率 ＝ 見込利益額（値引がないので見込利益額＝利益の総額）

【電卓】 2400 [×] 3010 [÷] 10 [＋] 53800 [×] .30 [＝] ／
2400 [×] 3010 [÷] 10 [＋] 53800 [×] 30 [％]

答　￥232,860

例17　③ 見込利益と予定売価に関する計算

> 1束につき￥230の商品を1,690束仕入れ，諸掛り￥12,500を支払った。この商品に諸掛込原価の25％の利益を見込んで販売すると，実売価の総額はいくらか。

【解式】 ￥230 × $\frac{1,690\text{束}}{1\text{束}}$ ＋ ￥12,500 ＝ ￥401,200

建値 × $\frac{\text{取引数量}}{\text{単位数量(建)}}$ ＋ 仕入諸掛 ＝ 仕入原価（諸掛込原価）

￥401,200 ×（1 ＋ 0.25）＝ ￥501,500

仕入原価 ×（1 ＋ 見込利益率）＝ 予定売価（値引がないので予定売価＝実売価の総額）

【電卓】 共通　230 [×] 1690（[÷] 1） [＋] 12500 [×] 1.25 [＝] ／
230 [×] 1690（[÷] 1） [＋] 12500 [×] 125 [％]

C型　230 [×] 1690（[÷] 1） [＋] 12500 [×] 25 [％] [＋]

S型　230 [×] 1690（[÷] 1） [＋] 12500 [×] 25 [％] [＋] [＝] ／
230 [×] 1690（[÷] 1） [＋] 12500 [＋] 25 [％]

答　￥501,500

MEMO

≪ 練習問題 ≫

(1) 1個につき¥650の商品を1,140個仕入れ，仕入原価の18％の利益を見込んで販売すると，利益の総額はいくらか。

答 ＿＿＿＿＿＿＿＿

(2) 100Lにつき¥35,000の商品を2,300L仕入れ，仕入諸掛¥50,000を支払った。この商品に諸掛込原価の27％の利益を見込んで販売すると，利益の総額はいくらか。

答 ＿＿＿＿＿＿＿＿

(3) 40袋につき¥6,000の商品を3,920袋仕入れ，諸掛り¥12,400を支払った。この商品に諸掛込原価の15％の利益を見込んで販売すると，利益の総額はいくらか。

答 ＿＿＿＿＿＿＿＿

(4) 1台につき¥8,800の商品を40台仕入れ，仕入原価の26％の利益を見込んで販売した。実売価の総額はいくらか。

答 ＿＿＿＿＿＿＿＿

(5) 50着につき¥13,250の商品を4,000着仕入れ，諸掛り¥42,000を支払った。この商品に諸掛込原価の33％の利益を見込んで販売すると，実売価の総額はいくらになるか。

答 ＿＿＿＿＿＿＿＿

(6) 1ダースにつき¥960の商品を8,400個仕入れ，仕入諸掛¥18,500を支払った。この商品に諸掛込原価の28％の利益を見込んで販売すると，実売価の総額はいくらか。

答 ＿＿＿＿＿＿＿＿

（解答→別冊 p.20、例題・練習問題復習テスト→ p.79 ）

MEMO

8．売買・損益の計算③

④　値引きと実売価

　商品を相手側に売り渡したときの販売価格を**実売価**（売価）という。予定売価（定価）で販売すれば予定売価と実売価は同じになるが，商品の品質低下や流行遅れ，汚損などの場合には，予定売価から一定の金額を**値引き**して販売することがある。

　値引きの表現は，「**予定売価の20%引き**」のように**値引率**で示す場合と，「**予定売価の8掛**」というように**掛**《かけ》を使用する場合がある。「**予定売価の8掛**」とは，「**予定売価の8割（80%）**」すなわち，予定売価の2割（20%）引きにあたる。

値引額	＝	予定売価	×	値引率
実売価	＝	予定売価	－	値引額

↓

実売価	＝	予定売価	×	（1	－	値引率）

④　値引きと実売価に関する計算

例18　④　値引きと実売価に関する計算

予定売価（定価）¥376,000の商品を，予定売価（定価）の12%引きで販売した。値引額はいくらであったか。

【解式】 ¥376,000 × 0.12 ＝ ¥45,120
予定売価　×　値引率　＝　値引額

【電卓】 376000 × . 12 = ／ 376000 × 12 %

答　¥45,120

例19　④　値引きと実売価に関する計算

予定売価（定価）から7%引きして販売したところ，値引額が¥58,100になった。予定売価（定価）はいくらか。

【解式】 定価× 0.07 ＝ ¥58,100
予定売価　×　値引率　＝　値引額

この式を変形すると，

予定売価＝ ¥58,100 ÷ 0.07
予定売価　＝　値引額　÷　値引率

よって，予定売価＝ ¥830,000

【電卓】 58100 ÷ . 07 = ／ 58100 ÷ 7 %

答　¥830,000

例20　4 値引きと実売価に関する計算

予定売価（定価）¥290,000の商品を¥43,500値引きして販売した。値引額は予定売価（定価）の何割何分か。

【解式】¥290,000 ×値引率＝ ¥43,500
予定売価　×　値引率　＝　値引額

この式を変形すると，
値引率＝ ¥43,500 ÷ ¥290,000
値引率　＝　値引額　÷　予定売価

よって，値引率＝ 0.15（1割5分）
【電卓】43500 ÷ 290000 % （15%＝ 1割5分）

答　1割5分

≪ 練習問題 ≫

(1) 予定売価（定価）¥840,000の商品を，予定売価（定価）の1割6分引きで販売した。値引額はいくらであったか。

答

(2) 予定売価（定価）¥360,000の商品を8掛で売った。値引額はいくらか。

答

(3) 仕入原価¥490,000の商品に¥147,000の利益を見込んで予定売価（定価）をつけ，予定売価（定価）の13%引きで販売した。値引額はいくらか。

答

(4) 原価の3割3分の利益を見込んで予定売価（定価）をつけ，予定売価（定価）の1割7分引きで販売すると，値引額は¥38,437であった。原価はいくらか。

答

(5) 原価に¥123,000の利益をみて予定売価（定価）をつけ，予定売価（定価）の8%引きで販売したところ，値引額は¥75,440であった。原価はいくらか。

答

(6) 予定売価（定価）から17.5%引きして販売したところ，値引額が¥52,500になった。予定売価（定価）はいくらか。

答

(7) 予定売価（定価）から9分引きして販売すると，値引額は¥67,590であった。予定売価（定価）はいくらか。

答

(8) 予定売価（定価）¥570,000の商品を¥74,100値引きして販売した。値引額は予定売価（定価）の何パーセントか。

答

(9) 仕入原価¥760,000の商品に，仕入原価の1割9分の利益を見込んで予定売価（定価）をつけ，予定売価（定価）から¥99,484値引きして販売した。値引額は予定売価（定価）の何割何分か。

答

（解答→別冊 p.21、例題・練習問題復習テスト→ p.80）

例21　④ 値引きと実売価に関する計算

原価 ¥660,000 の商品に原価の 25％の利益を見込んで予定売価（定価）をつけたが，予定売価（定価）の 13％引きで販売した。実売価はいくらか。

【解式】¥660,000 ×（1 ＋ 0.25）＝ ¥825,000
仕入原価 ×（1 ＋ 見込利益率）＝ 予定売価

¥825,000 ×（1 － 0.13）＝ ¥717,750
予定売価 ×（1 － 値引率）＝ 実売価

【電卓】0.13 の補数は 0.87 なので，
共通　660000 [×] 1.25 [×] .87 [=] ／ 660000 [×] 125 [%] [×] 87 [%]
C型　660000 [×] 25 [%] [+] [×] 13 [%] [−]
S型　660000 [×] 25 [%] [+] [=] [×] 13 [%] [−] [=] ／
660000 [+] 25 [%] [−] 13 [%]

答　¥717,750

例22　④ 値引きと実売価に関する計算

ある商品を予定売価（定価）の 9％引きして ¥664,300 で販売した。この商品の予定売価（定価）はいくらであったか。

【解式】定価×（1 － 0.09）＝ ¥664,300
予定売価 ×（1 － 値引率）＝ 実売価

この式を変形すると，
予定売価＝ ¥664,300 ÷（1 － 0.09）
予定売価 ＝ 実売価 ÷（1 － 値引率）

よって，予定売価＝ ¥730,000

【電卓】0.09 の補数は 0.91 なので，
664300 [÷] .91 [=] ／ 664300 [÷] 91 [%]

答　¥730,000

例23　④ 値引きと実売価に関する計算

予定売価（定価）¥450,000 の商品を ¥373,500 で販売した。値引額は予定売価（定価）の何パーセントか。

【解式】（¥450,000 － ¥373,500）÷ ¥450,000 ＝ 0.17（17％）
「¥76,500（減少量）は ¥450,000 の何パーセントか」という割合の計算と捉えることができる。そのため，比較量（¥76,500）÷ 基準量（¥450,000）＝割合より，上記の式となる。

【電卓】450000 [−] 373500 [÷] 450000 [%]

答　17％

例24　④ 値引きと実売価に関する計算

原価 ¥1,320,000 の商品を予定売価（定価）の 1 割 2 分引きで販売しても，なお原価の 2 割 8 分の利益を得るには予定売価（定価）をいくらにすればよいか。

【解式】予定売価が不明のため，予定売価を x とおくと，
実売価＝予定売価×（1 －値引率）より，実売価＝ $0.88x$ となる。
¥1,320,000 × 1.28 ＝ ¥1,689,600（実売価）

よって，$0.88x$ ＝ ¥1,689,600（実売価）
x ＝ ¥1,920,000（予定売価）

【電卓】13200000 [×] 1.28 [÷] .88 [=]

答　¥1,920,000

≪ 練習問題 ≫

(1) 原価¥230,000の商品に原価の3割8分の利益を見込んで予定売価（定価）をつけたが，予定売価（定価）の2割引きで販売した。実売価はいくらか。

答 ＿＿＿＿＿＿＿＿

(2) 予定売価（定価）¥610,000の商品を7掛半で販売した。実売価はいくらか。

答 ＿＿＿＿＿＿＿＿

(3) 原価¥340,000の商品に原価の3割5分の利益を見込んで予定売価（定価）をつけ，予定売価（定価）の1割4分引きで販売した。実売価はいくらか。

答 ＿＿＿＿＿＿＿＿

(4) 原価¥850,000の商品に原価の2割9分の利益を見込んで予定売価（定価）をつけ，予定売価（定価）の1割7分引きで販売した。実売価はいくらか。

答 ＿＿＿＿＿＿＿＿

(5) ある商品を予定売価（定価）の1割8分引きして¥385,400で販売した。この商品の予定売価（定価）はいくらであったか。

答 ＿＿＿＿＿＿＿＿

(6) ある商品を予定売価（定価）の12％引きして¥528,000で販売した。この商品の予定売価（定価）はいくらであったか。

答 ＿＿＿＿＿＿＿＿

(7) 予定売価（定価）¥930,000の商品を¥781,200で販売した。値引額は予定売価（定価）の何割何分か。

答 ＿＿＿＿＿＿＿＿

(8) 予定売価（定価）¥260,000の商品を¥241,800で販売した。値引額は予定売価（定価）の何パーセントか。

答 ＿＿＿＿＿＿＿＿

(9) 仕入原価¥580,000の商品に，仕入原価の24％の利益を見込んで予定売価（定価）をつけ，予定売価（定価）からいくらか値引きして¥676,048で販売した。値引額は予定売価（定価）の何パーセントか。

答 ＿＿＿＿＿＿＿＿

(10) 仕入原価¥370,000の商品に，仕入原価の3割1分の利益を見込んで予定売価（定価）をつけ，予定売価（定価）からいくらか値引きして¥397,454で販売した。値引額は予定売価（定価）の何割何分か。

答 ＿＿＿＿＿＿＿＿

(11) 原価¥680,000の商品を予定売価（定価）の8分引きで売っても，なお原価の1割5分の利益を得るには予定売価（定価）をいくらにすればよいか。

答 ＿＿＿＿＿＿＿＿

(12) 原価¥800,000の商品を予定売価（定価）の2割引きで売っても，なお原価の3割の利益を得るには予定売価（定価）をいくらにすればよいか。

答 ＿＿＿＿＿＿＿＿

（解答→別冊 p.22、例題・練習問題復習テスト→ p.82 ）

5 利益と損失

商品の売買損益は，仕入原価と実売価を比較することによって求められる。実売価が仕入原価を上回っていれば**利益**となり，実売価が仕入原価を下回っていれば**損失**となる。

①実売価＞仕入原価のとき…

利益額 ＝ 実売価 － 仕入原価

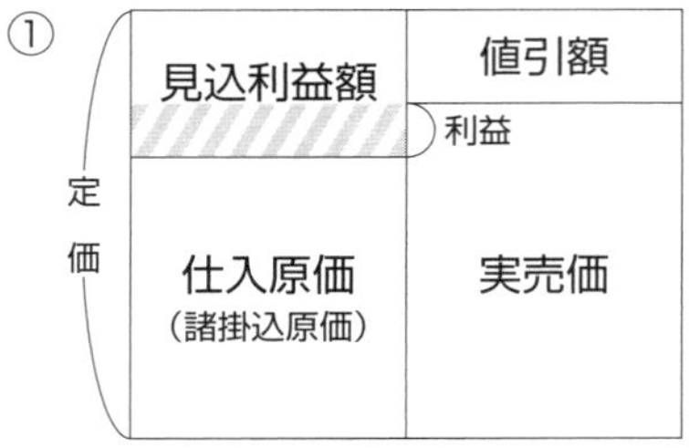

利益額 ＝ 仕入原価 × 利益率 実売価 ＝ 仕入原価 ＋ 利益額

↓

実売価＝仕入原価×（1 ＋利益率）

②実売価＜仕入原価のとき…

損失額 ＝ 仕入原価 － 実売価

損失額 ＝ 仕入原価 × 損失率 実売価 ＝ 仕入原価 － 損失額

↓

実売価＝仕入原価×（1 －損失率）

5 利益と損失に関する計算

例25　5 利益と損失に関する計算

ある商品を¥353,700で販売したところ，原価の31％の利益を得た。この商品の原価はいくらであったか。

【解式】 仕入原価×（1＋0.31）＝¥353,700
仕入原価 × （1 ＋ 利益率） ＝ 実売価

この式を変形すると，

仕入原価＝¥353,700÷（1＋0.31）
仕入原価 ＝ 実売価 ÷ （1 ＋ 利益率）

よって，仕入原価＝¥270,000

【電卓】 353700 ÷ 1.31 ＝ ／ 353700 ÷ 131 ％

答　¥270,000

例26　5 利益と損失に関する計算

ある商品を¥563,200で販売したところ，原価の12％の損失となった。この商品の原価はいくらであったか。

【解式】 仕入原価×（1－0.12）＝¥563,200
仕入原価 × （1 － 損失率） ＝ 実売価

この式を変形すると，

仕入原価＝¥563,200÷（1－0.12）
仕入原価 ＝ 実売価 ÷ （1 － 損失率）

よって，仕入原価＝¥640,000

【電卓】 0.12の補数は0.88なので，
563200 ÷ .88 ＝ ／ 563200 ÷ 88 ％

答　¥640,000

≪ 練習問題 ≫

(1) ある商品を¥967,200で販売したところ，原価の24%の利益を得た。この商品の原価はいくらであったか。

答 ＿＿＿＿＿＿＿＿

(2) ある商品を¥274,680で販売したところ，原価の16%の損失となった。この商品の原価はいくらであったか。

答 ＿＿＿＿＿＿＿＿

(3) 原価¥640,000の商品を販売したところ，原価の28%の利益を得た。この商品をいくらで販売したか。

答 ＿＿＿＿＿＿＿＿

(4) 原価¥530,000の商品を販売したところ，原価の9%の損失となった。この商品をいくらで販売したか。

答 ＿＿＿＿＿＿＿＿

(5) 原価¥220,000の商品を販売したところ，原価の34%の利益を得た。利益額はいくらか。

答 ＿＿＿＿＿＿＿＿

(6) 原価¥850,000の商品を販売したところ，原価の21%の損失となった。損失額はいくらか。

答 ＿＿＿＿＿＿＿＿

（解答→別冊 p.23、例題・練習問題復習テスト→ p.84 ）

MEMO

例27 5 利益と損失に関する計算

ある商品を販売したところ，原価の26％である¥193,700の利益を得た。この商品の原価はいくらであったか。

【解説】仕入原価× 0.26 ＝ ¥193,700
仕入原価×利益率＝利益額

この式を変形すると，

仕入原価＝ ¥193,700 ÷ 0.26
仕入原価＝利益額÷利益率

よって，仕入原価＝ ¥745,000

【電卓】193700 ÷ . 26 ＝ ／ 193700 ÷ 26%

答 ¥745,000

例28 5 利益と損失に関する計算

原価¥650,000の商品を¥747,500で販売した。利益額は原価の何パーセントか。

【解式】（¥747,500 － ¥650,000）÷ ¥650,000 ＝ 0.15（15%）
「¥97,500（増加量）は¥650,000の何パーセントか」という割合の計算と捉えることができる。そのため，比較量（¥97,500） ÷ 基準量（¥650,000） ＝ 割合より，上記の式となる。

【電卓】747500 － 650000 ÷ 650000 %

答 15%

例29 5 利益と損失に関する計算

原価¥400,000の商品を販売したところ，損失額が¥52,000となった。損失額は原価の何割何分か。

【解式】¥400,000 ×損失率＝ ¥52,000
仕入原価 × 損失率 ＝ 損失額

この式を変形すると，

損失率＝ ¥52,000 ÷ ¥400,000
損失率 ＝ 損失額 ÷ 仕入原価

よって，損失率＝ 0.13（1割3分）

【電卓】52000 ÷ 400000 % （13%＝ 1 割 3 分）

答 1割3分

≪ 練習問題 ≫

(1) ある商品を販売したところ，原価の35%である¥296,100の利益を得た。この商品の原価はいくらであったか。

答 ＿＿＿＿＿＿＿＿

(2) ある商品を販売したところ，原価の17%である¥159,800の損失となった。この商品の原価はいくらであったか。

答 ＿＿＿＿＿＿＿＿

(3) 原価¥160,000の商品を¥203,200で販売した。利益額は原価の何割何分か。

答 ＿＿＿＿＿＿＿＿

(4) 原価¥480,000の商品を¥388,800で販売した。損失額は原価の何パーセントか。

答 ＿＿＿＿＿＿＿＿

(5) 原価¥310,000の商品を販売したところ，利益額が¥68,200となった。利益額は原価の何パーセントか。

答 ＿＿＿＿＿＿＿＿

(6) 原価¥790,000の商品を販売したところ，損失額が¥134,300となった。損失額は原価の何割何分か。

答 ＿＿＿＿＿＿＿＿

（解答→別冊 p.24、例題・練習問題復習テスト→ p.85 ）

MEMO

8．売買・損益の計算⑤

≪仲立人の役割≫

商品の売買において，売り主と買い主の間に立って，両者間の売買取引の仲介をおこなう人のことを**仲立人《なかだちにん》**という。仲立人は，売買取引の仲介に対する報酬《ほうしゅう》として，取引金額（商品の売買価額）に対する一定割合の手数料を，当事者から受け取る。

6　売り主の手数料と手取金

売買取引における**売り主**が仲立人に支払う手数料の額は，次のように算定する。

★ 売り主の手数料　＝　売買価額　×　売り主の手数料率 ……①

また，売り主が最終的に受け取る金額（**手取金《てどりきん》**）は，商品の売買価額から売り主の手数料が差し引かれた額であるから，次のような式であらわすことができる。

売り主の手取金　＝　売買価額　－　売り主の手数料 ……②

②式に①式を代入して整理すると，以下の式が導かれる。

★ 売り主の手取金　＝　売買価額　×　（1　－　売り主の手数料率）

7　買い主の手数料と支払総額

売買取引における**買い主**が仲立人に支払う手数料の額は，次のように算定する。

★ 買い主の手数料　＝　売買価額　×　買い主の手数料率 ……③

また，買い主が最終的に支払う金額（**支払総額**）は，商品の売買価額に買い主の手数料が加えられた額であるから，次のような式であらわすことができる。

買い主の支払総額　＝　売買価額　＋　買い主の手数料 ……④

④式に③式を代入して整理すると，以下の式が導かれる。

★ 買い主の支払総額　＝　売買価額　×（1　＋　買い主の手数料率）

8　仲立人の手数料合計

仲立人は，売り主と買い主の手数料の合計を受け取る。

仲立人の手数料合計　＝　売り主の手数料　＋　買い主の手数料

これに，①式と③式を代入して整理すると，以下の式が導かれる。

★ 仲立人の手数料合計＝売買価額×(売り主の手数料率+買い主の手数料率)

6　売り主の手数料と手取金の計算

例30　6 売り主の手数料と手取金の計算

仲立人が売り主・買い主双方から2.2％ずつの手数料を受け取る約束で￥3,120,000の商品の売買を仲介した。売り主の支払った手数料はいくらか。

【解式】 ￥3,120,000 × 0.022 ＝ ￥68,640
売買価額　×　売り主の手数料率　＝　売り主の手数料

【電卓】 3120000 [×] .022 [=] ／ 3120000 [×] 2.2 [%]

答　￥68,640

例31　6 売り主の手数料と手取金の計算

仲立人が売り主から2.3％，買い主から1.8％の手数料を受け取る約束で￥9,260,000の商品の売買を仲介した。売り主の手取金はいくらか。

【解式】 ￥9,260,000 ×（1 － 0.023）＝ ￥9,047,020
売買価額　×（1　－　売り主の手数料率）＝　売り主の手取金

【電卓】 0.023 の補数は 0.977 なので，
共通　9260000 [×] .977 [=] ／ 9260000 [×] 97.7 [%]
C型　9260000 [×] 2.3 [%] [−]
S型　9260000 [×] 2.3 [%] [−] [=] ／ 9260000 [−] 2.3 [%]

答　￥9,047,020

≪　練習問題　≫

(1) 仲立人が売り主・買い主双方から2.6％ずつの手数料を受け取る約束で￥1,320,000の商品の売買を仲介した。売り主の支払った手数料はいくらか。

答　＿＿＿＿＿＿＿＿

(2) 仲立人が売り主から1.9％，買い主から1.7％の手数料を受け取る約束で￥4,180,000の商品の売買を仲介した。売り主の支払った手数料はいくらか。

答　＿＿＿＿＿＿＿＿

(3) 仲立人が売り主・買い主双方から2.5％ずつの手数料を受け取る約束で￥6,860,000の商品の売買を仲介した。売り主の手取金はいくらか。

答　＿＿＿＿＿＿＿＿

(4) 仲立人が売り主から3.2％，買い主から3.1％の手数料を受け取る約束で￥3,750,000の商品の売買を仲介した。売り主の手取金はいくらか。

答　＿＿＿＿＿＿＿＿

（解答→別冊 p.24、例題・練習問題復習テスト→ p.86 ）

7 買い主の手数料と支払総額の計算

例32 7 買い主の手数料と支払総額の計算

仲立人が売り主から1.7%，買い主から1.9%の手数料を受け取る約束で¥7,450,000の商品の売買を仲介した。買い主の支払った手数料はいくらか。

【解式】¥7,450,000 × 0.019 ＝ ¥141,550
売買価額 × 買い主の手数料率 ＝ 買い主の手数料

【電卓】7450000 × .019 ＝ ／ 7450000 × 1.9 %

答 ¥141,550

例33 7 買い主の手数料と支払総額の計算

仲立人が売り主・買い主双方から3.1%ずつの手数料を受け取る約束で¥6,110,000の商品の売買を仲介した。買い主の支払総額はいくらか。

【解式】¥6,110,000 ×（1 ＋ 0.031）＝ ¥6,299,410
売買価額 ×（1 ＋ 買い主の手数料率）＝ 買い主の支払総額

【電卓】共通 6110000 × 1.031 ＝ ／ 6110000 × 103.1 %
C型 6110000 × 3.1 % ＋
S型 6110000 × 3.1 % ＋ ＝ ／ 6110000 ＋ 3.1 %

答 ¥6,299,410

8 仲立人の手数料合計の計算

例34 8 仲立人の手数料合計の計算

仲立人が売り主から2.3%，買い主から2%の手数料を受け取る約束で¥5,710,000の商品の売買を仲介した。仲立人が得た手数料の合計額はいくらか。

【解式】¥5,710,000 ×（0.023 ＋ 0.02）＝ ¥245,530
売買価額 ×（売り主の手数料率 ＋ 買い主の手数料率）＝ 仲立人の手数料合計

【電卓】.023 ＋ .02 × 5710000 ＝ ／ 2.3 ＋ 2 × 5710000 %

答 ¥245,530

≪ 練習問題 ≫

(1) 仲立人が売り主・買い主双方から1.8％ずつの手数料を受け取る約束で¥3,020,000の商品の売買を仲介した。買い主の支払った手数料はいくらか。

答 ＿＿＿＿＿＿＿＿

(2) 仲立人が売り主から2.4％，買い主から2.8％の手数料を受け取る約束で¥2,990,000の商品の売買を仲介した。買い主の支払った手数料はいくらか。

答 ＿＿＿＿＿＿＿＿

(3) 仲立人が売り主・買い主双方から2％ずつの手数料を受け取る約束で¥7,570,000の商品の売買を仲介した。買い主の支払総額はいくらか。

答 ＿＿＿＿＿＿＿＿

(4) 仲立人が売り主から3.3％，買い主から3％の手数料を受け取る約束で¥9,380,000の商品の売買を仲介した。買い主の支払総額はいくらか。

答 ＿＿＿＿＿＿＿＿

(5) 仲立人が売り主・買い主双方から2.7％ずつの手数料を受け取る約束で¥5,430,000の商品の売買を仲介した。仲立人が得た手数料の合計額はいくらか。

答 ＿＿＿＿＿＿＿＿

(6) 仲立人が売り主から1.6％，買い主から1.5％の手数料を受け取る約束で¥8,360,000の商品の売買を仲介した。仲立人が得た手数料の合計額はいくらか。

答 ＿＿＿＿＿＿＿＿

（解答→別冊 p.25、例題・練習問題復習テスト→ p.87 ）

MEMO

例題・練習問題の復習①

1.　割合に関する計算（p.6 ～）

【 p.7　例題 (解答→ p.7)】

例1　¥427,500 は ¥750,000 の何パーセントか。

答 ＿＿＿＿＿＿＿＿

例2　¥670,000 の 1 割 5 分増しはいくらか。

答 ＿＿＿＿＿＿＿＿

例3　ある金額の 29%引きが ¥156,200 であった。ある金額はいくらか。

答 ＿＿＿＿＿＿＿＿

【 p.7　練習問題 (解答→別冊解答 p.6 ～)】

(1) ¥414,000 は ¥900,000 の何割何分か。

答 ＿＿＿＿＿＿＿＿

(2) ¥380,000 の 37%はいくらか。

答 ＿＿＿＿＿＿＿＿

(3) ある金額の 91%が ¥354,900 であった。ある金額はいくらか。

答 ＿＿＿＿＿＿＿＿

(4) ¥923,000 は ¥710,000 の何パーセント増しか。

答 ＿＿＿＿＿＿＿＿

(5) ¥630,000 の 7 分増しはいくらか。

答 ＿＿＿＿＿＿＿＿

(6) ある金額の 1 割 4 分増しが ¥250,800 であった。ある金額はいくらか。

答 ＿＿＿＿＿＿＿＿

(7) ¥655,700 は ¥830,000 の何割何分引きか。

答 ＿＿＿＿＿＿＿＿

(8) ¥720,000 の 3 割 2 分引きはいくらか。

答 ＿＿＿＿＿＿＿＿

(9) ある金額の 23%引きが ¥400,400 であった。ある金額はいくらか。

答 ＿＿＿＿＿＿＿＿

【p.8　例題（解答→p.8）】

例4　ある説明会の今月の参加者数は161,000人で，先月の参加者数は140,000人であった。今月の参加者数は先月に比べて何割何分増加したか。

答 ＿＿＿＿＿＿＿＿

例5　ある製品の昨年の出荷台数は490,000台で，今年の出荷台数は昨年より11％減少した。今年の出荷台数は何台であったか。

答 ＿＿＿＿＿＿＿＿

例6　ある施設の今月の電気料金は¥401,200で，先月の電気料金より1割8分増加した。先月の電気料金はいくらであったか。

答 ＿＿＿＿＿＿＿＿

【p.9　練習問題（解答→別冊解答 p.6～）】

(1)　A商品の先月の売上高は¥625,000で，今月の売上高は¥775,000であった。今月の売上高は先月に比べて何割何分増加したか。

答 ＿＿＿＿＿＿＿＿

(2)　今月の契約件数は119,600件で，先月の契約件数は130,000件であった。今月の契約件数は先月に比べて何パーセント減少したか。

答 ＿＿＿＿＿＿＿＿

(3)　ある検定試験の昨年度の受験者数は245,000人で，今年度の受験者数は昨年度より2割8分増加した。今年度の受験者数は何人であったか。

答 ＿＿＿＿＿＿＿＿

(4)　ある食物の7月の収穫量は418,000トンで，8月の収穫量は7月の収穫量に比べて6.5％減少した。8月の収穫量は何トンであったか。

答 ＿＿＿＿＿＿＿＿

(5)　ある競技場の今月の入場者数は330,400人で，先月の入場者数より12％増加した。先月の入場者数は何人であったか。

答 ＿＿＿＿＿＿＿＿

(6)　ある施設の今月の水道光熱費は¥584,800で，先月の水道光熱費より1割4分減少した。先月の水道光熱費はいくらであったか。

答 ＿＿＿＿＿＿＿＿

第　学年	組	番
名前		

	例1－3	例4－6	合計
例	／3	／3	／21
練	／9	／6	

例題・練習問題の復習②

2.　度量衡と外国貨幣の計算（p.10 ～）

【p.10　例題（解答→ p.10）】

例1 5,290lb は何キログラムか。ただし，1lb = 0.4536kgとする。
（キログラム未満4捨5入）

答 ＿＿＿＿＿＿＿＿

例2 2,050 mは何ヤードか。ただし，1yd = 0.9144 mとする。
（ヤード未満4捨5入）

答 ＿＿＿＿＿＿＿＿

【p.11　練習問題（解答→別冊解答 p.7 ～）】

(1) 1,440 英ガロンは何リットルか。ただし，1 英ガロン = 4.546L とする。
（リットル未満4捨5入）

答 ＿＿＿＿＿＿＿＿

(2) 5,460yd は何メートルか。ただし，1yd = 0.9144 mとする。
（メートル未満4捨5入）

答 ＿＿＿＿＿＿＿＿

(3) 3,870ft は何メートルか。ただし，1ft = 0.3048 mとする。
（メートル未満4捨5入）

答 ＿＿＿＿＿＿＿＿

(4) 2,760kgは何ポンドか。ただし，1lb = 0.4536kgとする。
（ポンド未満4捨5入）

答 ＿＿＿＿＿＿＿＿

(5) 519,000kgは何米トンか。ただし，1 米トン = 907.2kgとする。
（米トン未満4捨5入）

答 ＿＿＿＿＿＿＿＿

(6) 1,190L は何米ガロンか。ただし，1 米ガロン = 3.785L とする。
（米ガロン未満4捨5入）

答 ＿＿＿＿＿＿＿＿

【p.12　例題（解答→p.12）】

例3　$371.28は円でいくらか。ただし，$1 = ¥107とする。（円未満4捨5入）

答 ＿＿＿＿＿＿＿＿＿＿

例4　¥67,500は何ポンド何ペンスか。ただし，£1 = ¥139とする。
（ペンス未満4捨5入）

答 ＿＿＿＿＿＿＿＿＿＿

【p.13　練習問題（解答→別冊解答 p.7～）】

(1)　€716.07は円でいくらか。ただし，€1 = ¥128とする。
（円未満4捨5入）

答 ＿＿＿＿＿＿＿＿＿＿

(2)　$441.93は円でいくらか。ただし，$1 = ¥109とする。
（円未満4捨5入）

答 ＿＿＿＿＿＿＿＿＿＿

(3)　£182.83は円でいくらか。ただし，£1 = ¥140とする。
（円未満4捨5入）

答 ＿＿＿＿＿＿＿＿＿＿

(4)　¥43,300は何ユーロ何セントか。ただし，€1 = ¥122とする。
（セント未満4捨5入）

答 ＿＿＿＿＿＿＿＿＿＿

(5)　¥29,600は何ドル何セントか。ただし，$1 = ¥105とする。
（セント未満4捨5入）

答 ＿＿＿＿＿＿＿＿＿＿

(6)　¥72,100は何ポンド何ペンスか。ただし，£1 = ¥144とする。
（ペンス未満4捨5入）

答 ＿＿＿＿＿＿＿＿＿＿

第　学年　組　番	
名前	

	例1－2	例3－4	合計
例	／2	／2	
練	／6	／6	／16

例題・練習問題の復習③

3. 単利の計算（p.14～）

【p.15　例題（解答→ p.15)】

例1　元金¥3,800,000を年利率2.2％で68日間貸し付けると，期日に受け取る利息はいくらか。（円未満切り捨て）

答 ____________

例2　元金¥6,700,000を年利率3.7％で1年7か月間借り入れると，期日に支払う利息はいくらか。（円未満切り捨て）

答 ____________

【p.15　練習問題（解答→別冊解答 p.8～)】

(1) 元金¥5,420,000を年利率3.35％で219日間借り入れると，期日に支払う利息はいくらか。

答 ____________

(2) ¥2,740,000を年利率4.52％で43日間貸し付けると，期日に受け取る利息はいくらか。（円未満切り捨て）

答 ____________

(3) 元金¥2,340,000を年利率3.65％で10か月間借り入れると，期日に支払う利息はいくらか。

答 ____________

(4) 元金¥1,950,000を年利率6.73％で2年1か月間貸すと，期日に受け取る利息はいくらか。（円未満切り捨て）

答 ____________

(5) 元金¥7,610,000を年利率1.86％で4月10日から7月16日まで借り入れると，期日に支払う利息はいくらか。（片落とし，円未満切り捨て）

答 ____________

(6) ¥8,530,000を年利率2.95％で12月17日から翌年2月15日まで貸し付けると，期日に受け取る利息はいくらか。（両端入れ，円未満切り捨て）

答 ____________

【p.16　例題 (解答→p.16)】

例3　元金¥4,200,000を年利率6.1%で7月24日から10月9日まで貸すと，期日に受け取る元利合計はいくらか。（片落とし，円未満切り捨て）

答 ＿＿＿＿＿＿＿＿

【p.16　練習問題 (解答→別冊解答p.9～)】

(1) 元金¥4,370,000を年利率5.61%で102日間貸すと，期日に受け取る元利合計はいくらか。（円未満切り捨て）

答 ＿＿＿＿＿＿＿＿

(2) 元金¥2,180,000を年利率4.12%で323日間貸し付けると，期日に受け取る元利合計はいくらか。（円未満切り捨て）

答 ＿＿＿＿＿＿＿＿

(3) 元金¥9,480,000を年利率7.85%で1年1か月間借り入れると，期日に支払う元利合計はいくらか。

答 ＿＿＿＿＿＿＿＿

(4) 元金¥3,450,000を年利率2.46%で3年2か月間借り入れると，支払う元利合計はいくらか。

答 ＿＿＿＿＿＿＿＿

(5) 元金¥5,740,000を年利率5.29%で9月24日から11月11日まで貸し付けると，期日に受け取る元利合計はいくらか。（片落とし，円未満切り捨て）

答 ＿＿＿＿＿＿＿＿

(6) 元金¥8,130,000を年利率6.72%で1月9日から3月20日まで借り入れると，期日に支払う元利合計はいくらか。（うるう年，両端入れ，円未満切り捨て）

答 ＿＿＿＿＿＿＿＿

第　学年　組　番	
名前	

	例1－2	例3	合計
例	／2	／1	
練	／6	／6	／15

例題・練習問題の復習④

【p.17　例題（解答→p.17）】

例4　年利率6.6％で146日間貸し付け，期日に利息¥76,560を受け取った。元金はいくらであったか。

【p.17　練習問題（解答→別冊解答p.10～）】

(1) 年利率5.76％で7か月間借り入れ，期日に利息¥45,360を支払った。元金はいくらであったか。

答 ______________

(2) 年利率6.95％で2年5か月間借り入れ，期日に利息¥644,960を支払った。元金はいくらであったか。

答 ______________

(3) 年利率4.15％で1年10か月間貸し付け，期日に利息¥244,684を受け取った。元金はいくらであったか。

答 ______________

(4) 年利率2.85％で73日間貸し付け，期日に利息¥49,932を受け取った。元金はいくらであったか。

答 ______________

(5) 年利率2.46％で219日間借り入れ，期日に利息¥56,088を支払った。元金はいくらであったか。

答 ______________

(6) 年利率3.52％で4月18日から9月11日まで貸し付け，期日に利息¥64,240を受け取った。元金はいくらであったか。（片落とし）

答 ______________

【p.18　例題（解答→p.18）】

例5　元金¥380,000を1年4か月間貸し付け，期日に利息¥12,160を受け取った。利率は年何パーセントであったか。パーセントの小数第1位まで求めよ。

答 ______________

例6　元金¥620,000を年利率3.6％で貸し付け，期日に利息¥59,520を受け取った。貸付期間は何年何か月間であったか。

答 ______________

【p.19　練習問題 (解答→別冊解答 p.10～)】

(1) 元金¥4,320,000を5か月間借り入れ，期日に利息¥76,680を支払った。利率は年何パーセントであったか。パーセントの小数第2位まで求めよ。

答 ______________

(2) 元金¥5,280,000を1年3か月間貸し付け，期日に利息¥298,980を受け取った。利率は年何パーセントであったか。パーセントの小数第2位まで求めよ。

答 ______________

(3) 元金¥1,200,000を2年6か月間貸し付け，期日に利息¥190,500を受け取った。利率は年何パーセントであったか。パーセントの小数第2位まで求めよ。

答 ______________

(4) 元金¥6,270,000を292日間借り入れ，期日に利息¥92,796を支払った。利率は年何パーセントであったか。パーセントの小数第2位まで求めよ。

答 ______________

(5) 元金¥7,300,000を83日間借り入れ，期日に利息¥65,404を支払った。利率は年何パーセントであったか。パーセントの小数第2位まで求めよ。

答 ______________

(6) 元金¥2,100,000を12月22日から翌年3月4日まで貸し付け，期日に利息¥27,090を受け取った。利率は年何パーセントであったか。パーセントの小数第2位まで求めよ。(平年，両端入れ)

答 ______________

(7) 元金¥4,850,000を年利率4.72%で貸し付け，期日に利息¥171,690を受け取った。貸付期間は何か月間であったか。

答 ______________

(8) 元金¥1,500,000を年利率6.23%で貸し付け，期日に利息¥62,300を受け取った。貸付期間は何か月間であったか。

答 ______________

(9) 元金¥6,120,000を年利率0.62%で借り入れ，期日に利息¥104,346を支払った。借入期間は何年何か月間であったか。

答 ______________

(10) 元金¥440,000を年利率2.13%で借り入れ，期日に利息¥10,934を支払った。借入期間は何年何か月間であったか。

答 ______________

(11) 元金¥7,300,000を年利率3.21%で借り入れ，期日に利息¥102,078を支払った。借入期間は何日間であったか。

答 ______________

(12) 元金¥5,110,000を年利率7.35%で貸し付け，期日に利息¥221,235を受け取った。貸付期間は何日間であったか。

答 ______________

第　学年　組　番	
名前	

	例4	例5－6	合計
例	／1	／2	／21
練	／6	／12	

例題・練習問題の復習⑤

4. 手形割引の計算（p.20 ～）

【p.21　例題 (解答→ p.21)**】**

例１　額面¥390,000の約束手形を割引率年1.75％で割り引くと，割引料はいくらか。ただし，割引日数は82日とする。（円未満切り捨て）

答 ＿＿＿＿＿＿＿＿

【p.21　練習問題 (解答→別冊解答 p.12 ～)**】**

(1) 額面¥6,750,000の約束手形を割引率年4.52％で割り引くと，割引料はいくらか。ただし，割引日数は28日とする。（円未満切り捨て）

答 ＿＿＿＿＿＿＿＿

(2) 額面¥7,280,000の手形を割引率年3.95％で割り引くと，割引料はいくらか。ただし，割引日数は45日とする。（円未満切り捨て）

答 ＿＿＿＿＿＿＿＿

(3) 額面¥1,130,000の約束手形を割引率年5.85％で割り引くと，割引料はいくらか。ただし，割引日数は62日とする。（円未満切り捨て）

答 ＿＿＿＿＿＿＿＿

(4) 5月30日満期，額面¥4,720,000の約束手形を3月14日に割引率年6.38％で割り引くと，割引料はいくらか。（両端入れ，円未満切り捨て）

答 ＿＿＿＿＿＿＿＿

(5) 10月26日満期，額面¥3,560,000の約束手形を8月9日に割引率年5.57％で割り引くと，割引料はいくらか。（両端入れ，円未満切り捨て）

答 ＿＿＿＿＿＿＿＿

(6) 4月28日満期，額面¥5,710,000の手形を3月31日に割引率年3.49％で割り引くと，割引料はいくらか。（両端入れ，円未満切り捨て）

答 ＿＿＿＿＿＿＿＿

【p.22　例題 (解答→ p.22)**】**

例２　額面¥460,000の約束手形を割引率年3.05％で割り引くと，手取金はいくらか。ただし，割引日数は50日とする。（割引料の円未満切り捨て）

答 ＿＿＿＿＿＿＿＿

例３　3月18日満期，額面¥570,000の手形を1月11日に割引率年2.5％で割り引くと，手取金はいくらか。（平年，両端入れ，割引料の円未満切り捨て）

答 ＿＿＿＿＿＿＿＿

【p.23　練習問題 (解答→別冊解答 p.13～)】

(1) 額面¥2,680,000の手形を割引率年6.54%で割り引くと，手取金はいくらか。ただし，割引日数は64日とする。(割引料の円未満切り捨て)

答 ＿＿＿＿＿＿＿＿

(2) 額面¥8,230,000の約束手形を割引率年1.35%で割り引くと，手取金はいくらか。ただし，割引日数は37日とする。(割引料の円未満切り捨て)

答 ＿＿＿＿＿＿＿＿

(3) 額面¥1,040,000の約束手形を割引率年2.45%で割り引くと，手取金はいくらか。ただし，割引日数は51日とする。(割引料の円未満切り捨て)

答 ＿＿＿＿＿＿＿＿

(4) 翌年1月13日満期，額面¥9,320,000の約束手形を11月26日に割引率年4.46%で割り引くと，手取金はいくらか。(両端入れ，割引料の円未満切り捨て)

答 ＿＿＿＿＿＿＿＿

(5) 7月17日満期，額面¥4,910,000の手形を4月28日に割引率年3.52%で割り引くと，手取金はいくらか。(両端入れ，割引料の円未満切り捨て)

答 ＿＿＿＿＿＿＿＿

(6) 8月12日満期，額面¥1,320,000の約束手形を6月19日に割引率年6.58%で割り引くと，手取金はいくらか。(両端入れ，割引料の円未満切り捨て)

答 ＿＿＿＿＿＿＿＿

第　学年　　組　　番	
名前	

	例1	例2－3	合計
例	／1	／2	／15
練	／6	／6	

例題・練習問題の復習⑥

5. 複利終価（p.24～）

【p.25　例題（解答→ p.25）】

例1　¥3,560,000 を年利率4%，1年1期の複利で12年間借り入れると，複利終価はいくらか。（円未満4捨5入）

答

例2　¥3,630,000 を年利率2.5%，1年1期の複利で10年間貸すと，複利利息はいくらか。（円未満4捨5入）

答

【p.25　練習問題（解答→別冊解答 p.14～）】

(1) ¥3,940,000 を年利率3%，1年1期の複利で12年間借り入れると，複利終価はいくらか。（円未満4捨5入）

答

(2) ¥6,870,000 を年利率5%，1年1期の複利で8年間貸すと，期日に受け取る元利合計はいくらか。（円未満4捨5入）

答

(3) ¥4,350,000 を年利率4.5%，1年1期の複利で10年間貸し付けると，複利利息はいくらか。（円未満4捨5入）

答

(4) ¥5,660,000 を年利率7%，1年1期の複利で15年間貸すと，複利利息はいくらか。（円未満4捨5入）

答

(5) ¥4,750,000 を年利率3.5%，1年1期の複利で9年間借り入れると，複利利息はいくらか。（円未満4捨5入）

答

【p.26　例題（解答→ p.26）】

例3　¥4,320,000 を年利率7%，半年1期の複利で5年間貸し付けると，期日に受け取る元利合計はいくらになるか。（円未満4捨5入）

答

例4　¥8,870,000 を年利率5%，半年1期の複利で4年6か月間借り入れると，複利終価はいくらか。（円未満4捨5入）

答

【p.27　練習問題（解答→別冊解答 p.14～）】

(1) ¥4,320,000 を年利率6%，半年1期の複利で5年間貸し付けると，期日に受け取る元利合計はいくらになるか。（円未満4捨5入）

答

(2) ¥3,560,000 を年利率4%，半年1期の複利で4年間貸すと，複利終価はいくらか。（円未満4捨5入）

答

(3) ¥6,980,000 を年利率5%，半年1期の複利で4年間貸すと，複利利息はいくらか。（円未満4捨5入）

答

(4) 元金¥350,000を年利率6%，半年1期の複利で5年6か月間貸し付けると，複利終価はいくらか。（円未満4捨5入）

答 ________________

(5) ¥850,000を年利率6%，半年1期の複利で3年6か月間借り入れると，期日に支払う元利合計はいくらになるか。（円未満4捨5入）

答 ________________

(6) ¥390,000を年利率7%，半年1期の複利で6年6か月間貸し付けると，期日に受け取る複利利息はいくらか。（円未満4捨5入）

答 ________________

6.　複利終現価（p.28 〜）

【p.28　例題（解答→ p.28）】

例1　13年後に支払う負債¥8,260,000の複利現価はいくらか。ただし，年利率4.5%，1年1期の複利とする。（円未満4捨5入）

答 ________________

例2　6年6か月後に支払う負債¥4,230,000を年利率4%，半年1期の複利で割り引いて，いま支払うとすればその金額はいくらか。（¥100未満切り上げ）

答 ________________

【p.29　練習問題（解答→別冊解答 p.15 〜）】

(1) 9年後に支払う負債¥9,360,000の複利現価はいくらか。ただし，年利率2.5%，1年1期の複利とする。（円未満4捨5入）

答 ________________

(2) 14年後に支払う負債¥8,160,000をいま支払うとすればその金額はいくらか。ただし，年利率3.5%，1年1期の複利とする。（¥100未満切り上げ）

答 ________________

(3) 7年後に支払う負債¥4,510,000を年利率5.5%，1年1期の複利で割り引いて，いま支払うとすればその金額はいくらか。（¥100未満切り上げ）

答 ________________

(4) 3年6か月後に支払う負債¥6,440,000を年利率5%，半年1期の複利で割り引いて，いま支払うとすればその金額はいくらか。（¥100未満切り上げ）

答 ________________

(5) 5年6か月後に支払う負債¥2,310,000の複利現価はいくらか。ただし，年利率6%，半年1期の複利とする。（円未満4捨5入）

答 ________________

(6) 4年6か月後に支払う負債¥8,960,000を年利率7%，半年1期の複利で割り引いて，いま支払うとすればその金額はいくらか。（¥100未満切り上げ）

答 ________________

第　学年　　組　　番	
名前	

	例1－2	例3－4	例1－2	合計
例	／2	／2	／2	／23
練	／5	／6	／6	

例題・練習問題の復習⑦

7. 減価償却（p.30～）

【p.31 例題（解答→ p.31）】

例 1 取得価額 ¥2,320,000 耐用年数 30 年の固定資産を定額法で減価償却すれば，第 13 期末減価償却累計額はいくらになるか。ただし，決算は年 1 回，残存簿価 ¥1 とする。

答 ＿＿＿＿＿＿＿＿

例 2 取得価額 ¥8,850,000 耐用年数 25 年の固定資産を定額法で減価償却すれば，第 7 期首帳簿価額はいくらになるか。ただし，決算は年 1 回，残存簿価 ¥1 とする。

答 ＿＿＿＿＿＿＿＿

【p.31 練習問題（解答→別冊解答 p.15～）】

(1) 取得価額 ¥3,250,000 耐用年数 38 年の固定資産を定額法で減価償却すれば，第 12 期末減価償却累計額はいくらになるか。ただし，決算は年 1 回，残存簿価 ¥1 とする。

答 ＿＿＿＿＿＿＿＿

(2) 取得価額 ¥5,630,000 耐用年数 22 年の固定資産を定額法で減価償却すれば，第 14 期末減価償却累計額はいくらになるか。ただし，決算は年 1 回，残存簿価 ¥1 とする。

答 ＿＿＿＿＿＿＿＿

(3) 取得価額 ¥6,320,000 耐用年数 14 年の固定資産を定額法で減価償却すれば，第 9 期首帳簿価額はいくらになるか。ただし，決算は年 1 回，残存簿価 ¥1 とする。

答 ＿＿＿＿＿＿＿＿

(4) 取得価額 ¥3,960,000 耐用年数 25 年の固定資産を定額法で減価償却すれば，第 11 期首帳簿価額はいくらになるか。ただし，決算は年 1 回，残存簿価 ¥1 とする。

答 ＿＿＿＿＿＿＿＿

【p.32 例題（解答→ p.32）】

例 3 取得価額 ¥8,850,000 耐用年数 15 年の固定資産を定額法で減価償却するとき，次の減価償却計算表の第 4 期末まで記入せよ。ただし，決算は年 1 回，残存簿価 ¥1 とする。

期数	期首帳簿価額	償却限度額	減価償却累計額
1			
2			
3			
4			

【p.33　練習問題（解答→別冊解答 p.16～）】

(1) 取得価額¥9,650,000　耐用年数20年の固定資産を定額法で減価償却するとき，次の減価償却計算表の第4期末まで記入せよ。ただし，決算は年1回，残存簿価¥1とする。

期数	期首帳簿価額	償却限度額	減価償却累計額
1			
2			
3			
4			

(2) 取得価額¥7,500,000　耐用年数22年の固定資産を定額法で減価償却するとき，次の減価償却計算表の第4期末まで記入せよ。ただし，決算は年1回，残存簿価¥1とする。

期数	期首帳簿価額	償却限度額	減価償却累計額
1			
2			
3			
4			

(3) 取得価額¥8,520,000　耐用年数35年の固定資産を定額法で減価償却するとき，次の減価償却計算表の第4期末まで記入せよ。ただし，決算は年1回，残存簿価¥1とする。

期数	期首帳簿価額	償却限度額	減価償却累計額
1			
2			
3			
4			

第　学年　　組　　番	
名前	

	例1－2	例3	合計
例	／2	／1	／10
練	／4	／3	

例題・練習問題の復習⑧

8. 売買・損益の計算（p.34 ～）

【p.34 例題 (解答→ p.34)**】**

例1 10 枚につき ¥3,160 の商品を 850 枚販売した。代金はいくらか。

答

例2 1 個につき ¥335 の商品を 130 ダース仕入れた。仕入代金はいくらか。

答

例3 ある商品を 5 袋につき ¥530 で仕入れ，代価 ¥104,410 を支払った。仕入数量は何袋か。

答

【p.35 練習問題 (解答→別冊解答 p.16 ～)**】**

(1) 1 冊につき ¥780 の商品を 310 冊販売した。代金はいくらか。

答

(2) 5 本につき ¥1,700 の商品を 560 本販売した。代金はいくらか。

答

(3) 1m につき ¥910 の商品を 940m 仕入れた。仕入代金はいくらか。

答

(4) 20 組につき ¥4,600 の商品を 750 組仕入れた。仕入代金はいくらか。

答

(5) 1 個につき ¥620 の商品を 250 ダース販売した。代金はいくらか。

答

(6) 1ダースにつき¥3,600の商品を8グロス仕入れた。仕入代金はいくらか。

答 ＿＿＿＿＿＿＿＿

(7) ある商品を5着につき¥2,300で販売し，代金¥354,200を受け取った。販売数量は何着か。

答 ＿＿＿＿＿＿＿＿

(8) 1個につき¥205の商品を販売し，代金として¥639,600を受け取った。販売数量は何ダースか。

答 ＿＿＿＿＿＿＿＿

(9) ある商品を10台につき¥8,600で仕入れ，仕入代金¥748,200を支払った。仕入数量は何台か。

答 ＿＿＿＿＿＿＿＿

(10) 30kgにつき¥5,700の商品を仕入れ，仕入代金として¥188,100を支払った。仕入数量は何キログラムか。

答 ＿＿＿＿＿＿＿＿

第　学年　　組　　番	
名前	

	例1－3	合計
例	／3	／13
練	／10	

例題・練習問題の復習⑨

【p.36　例題 (解答→ p.36)】

例 4　1kgにつき€3.19の商品を580kg仕入れた。仕入代金は円でいくらか。ただし，€1 = ¥116とする。(計算の最終で円未満4捨5入)

答 ＿＿＿＿＿＿＿＿

例 5　10英トンにつき£418.21の商品を120英トン仕入れた。仕入代金は円でいくらか。ただし，£1 = ¥142とする。(計算の最終で円未満4捨5入)

答 ＿＿＿＿＿＿＿＿

例 6　1ydにつき¥640の商品を20m建にするといくらか。ただし，1yd = 0.9144mとする。(計算の最終で円未満4捨5入)

答 ＿＿＿＿＿＿＿＿

例 7　10lbにつき¥21,700の商品を20kg建にするといくらか。ただし，1lb = 0.4536kgとする。(計算の最終で円未満4捨5入)

答 ＿＿＿＿＿＿＿＿

【p.37　練習問題 (解答→別冊解答 p.17～)】

(1) 1英ガロンにつき£10.36の商品を270英ガロン仕入れた。仕入代金は円でいくらか。ただし，£1 = ¥147とする。(計算の最終で円未満4捨5入)

答 ＿＿＿＿＿＿＿＿

(2) 1lbにつき£72.43の商品を50lb仕入れた。仕入代金は円でいくらか。ただし，£1 = ¥145とする。(計算の最終で円未満4捨5入)

答 ＿＿＿＿＿＿＿＿

(3) 1mにつき$38.15の商品を210m仕入れた。仕入代金は円でいくらか。ただし，$1 = ¥109とする。(計算の最終で円未満4捨5入)

答 ＿＿＿＿＿＿＿＿

(4) 50米トンにつき$127.88の商品を1,150米トン仕入れた。仕入代金は円でいくらか。ただし，$1 = ¥108とする。(計算の最終で円未満4捨5入)

答 ＿＿＿＿＿＿＿＿

(5) 10Lにつき€72.30の商品を820L仕入れた。仕入代金は円でいくらか。ただし，€1 = ¥129とする。(計算の最終で円未満4捨5入)

答 ＿＿＿＿＿＿＿＿

(6) 20yd につき €348.14 の商品を 300yd 仕入れた。仕入代金は円でいくらか。ただし，€1 = ¥121 とする。（計算の最終で円未満 4 捨 5 入）

答

(7) 1 米トンにつき ¥590,000 の商品を 30kg建にするといくらになるか。ただし，1 米トン = 907.2kgとする。（計算の最終で円未満 4 捨 5 入）

答

(8) 1yd につき ¥530 の商品を 60 m建にするといくらか。ただし，1yd = 0.9144 m とする。（計算の最終で円未満 4 捨 5 入）

答

(9) 1 米ガロンにつき ¥9,780 の商品を 20L 建にするといくらになるか。ただし，1 米ガロン = 3.785L とする。（計算の最終で円未満 4 捨 5 入）

答

(10) 10 英ガロンにつき ¥46,800 の商品を 40L 建にするといくらになるか。ただし，1 英ガロン = 4.546L とする。（計算の最終で円未満 4 捨 5 入）

答

(11) 100lb につき ¥75,800 の商品を 50kg建にするといくらか。ただし，1lb = 0.4536 kgとする。（計算の最終で円未満 4 捨 5 入）

答

(12) 10 英トンにつき ¥6,100,000 の商品を 30kg建にするといくらになるか。ただし，1 英トン = 1,016kgとする。（計算の最終で円未満 4 捨 5 入）

答

第　学年	組　　番
名前	

	例4－7	合計
例	／4	／16
練	／12	

例題・練習問題の復習⑩

【p.38　例題（解答→p.38）**】**

例8　ある商品を¥610,000で仕入れ，引取運賃¥24,000と運送保険料¥5,300を支払った。仕入原価はいくらか。

答 ＿＿＿＿＿＿＿＿

例9　30箱につき¥15,900の商品を780箱仕入れ，仕入諸掛¥9,200を支払った。諸掛込原価はいくらか。

答 ＿＿＿＿＿＿＿＿

【p.39　練習問題（解答→別冊解答p.18～）**】**

(1) ある商品を¥290,000で仕入れ，仕入諸掛¥11,000を支払った。諸掛込原価はいくらか。

答 ＿＿＿＿＿＿＿＿

(2) ある商品を¥430,000で仕入れ，引取運賃¥19,000を支払った。仕入原価はいくらか。

答 ＿＿＿＿＿＿＿＿

(3) ある商品を¥570,000で仕入れ，引取運賃¥22,300と運送保険料¥6,400を支払った。仕入原価はいくらか。

答 ＿＿＿＿＿＿＿＿

(4) 1足につき¥2,650の商品を310足仕入れ，仕入諸掛¥13,700を支払った。諸掛込原価はいくらか。

答 ＿＿＿＿＿＿＿＿

(5) 40袋につき¥4,960の商品を1,720袋仕入れ，仕入諸掛¥8,000を支払った。諸掛込原価はいくらか。

答 ＿＿＿＿＿＿＿＿

(6) 10ダースにつき¥8,700の商品を580ダース仕入れ，仕入諸掛¥20,400を支払った。仕入原価はいくらか。

答 ＿＿＿＿＿＿＿＿

(7) 50箱につき¥39,000の商品を450箱仕入れ，仕入諸掛¥19,000を支払った。諸掛込原価はいくらか。

答 ＿＿＿＿＿＿＿＿

【p.40　例題（解答→p.40）**】**

例10　ある商品を¥705,000で仕入れ，仕入諸掛¥25,000を支払った。この商品に仕入原価の1割6分の利益を見込むと，利益額はいくらか。

答 ＿＿＿＿＿＿＿＿

例11　ある商品の利益額が¥73,700であり，これは仕入原価の11%にあたるという。仕入原価はいくらか。

答 ＿＿＿＿＿＿＿＿

例12　原価¥410,000の商品に¥90,200の利益を見込んだ。利益額は原価の何パーセントか。

答 ＿＿＿＿＿＿＿＿

【p.41　練習問題（解答→別冊解答 p.19～）】

(1) 仕入原価が¥230,000の商品に18%の利益を見込んで定価をつけると，利益額はいくらになるか。

答 ＿＿＿＿＿＿＿＿

(2) 10本につき¥3,900の商品を800本仕入れ，この商品に原価の2割4分の利益を見込んで定価をつけた。利益額はいくらか。

答 ＿＿＿＿＿＿＿＿

(3) ある商品を¥489,000で仕入れ，仕入諸掛¥26,000を支払った。この商品に仕入原価の17%の利益を見込むと，利益額はいくらか。

答 ＿＿＿＿＿＿＿＿

(4) ある商品の利益額が¥40,820であり，これは仕入原価の26%にあたるという。仕入原価はいくらか。

答 ＿＿＿＿＿＿＿＿

(5) ある商品の仕入原価に¥59,400の利益を見込んだところ，利益額が仕入原価の2割2分にあたるという。この商品の仕入原価はいくらか。

答 ＿＿＿＿＿＿＿＿

(6) ある商品の利益額が¥133,650であり，これは仕入原価の13.5%にあたるという。仕入原価はいくらか。

答 ＿＿＿＿＿＿＿＿

(7) 仕入原価¥240,000の商品に¥55,200の利益を見込んだ。利益額は仕入原価の何割何分か。

答 ＿＿＿＿＿＿＿＿

(8) 原価¥310,000の商品に¥80,600の利益を見込んだ。利益額は原価の何パーセントにあたるか。

答 ＿＿＿＿＿＿＿＿

(9) ある商品を¥707,000で仕入れ，仕入諸掛¥13,000を支払った。この商品に¥108,000の利益を見込むと，利益額は仕入原価の何割何分にあたるか。

答 ＿＿＿＿＿＿＿＿

第　学年　組　番	
名前	

	例8－9	例10－12	合計
例	／2	／3	／21
練	／7	／9	

例題・練習問題の復習⑪

【p.42　例題（解答→ p.42）**】**

例13 原価¥320,000の商品に，原価の21%の利益をみて予定売価（定価）をつけた。予定売価（定価）はいくらか。

答 ______________

例14 ある商品に仕入原価の19%の利益を見込んで¥952,000の予定売価（定価）をつけた。仕入原価はいくらか。

答 ______________

例15 仕入原価¥380,000の商品に¥429,400の予定売価（定価）をつけた。利益額は仕入原価の何パーセントか。

答 ______________

【p.43　練習問題（解答→別冊解答 p.20 ～）**】**

(1) 原価¥830,000の商品に，原価の1割7分の利益を見込んで予定売価（定価）をつけた。予定売価（定価）はいくらか。

答 ______________

(2) 仕入原価¥690,000の商品に，仕入原価の20.5%の利益をみて予定売価（定価）をつけた。予定売価（定価）はいくらか。

答 ______________

(3) ある商品を¥433,000で仕入れ，引取運賃¥17,000を支払った。この商品に13%の利益を見込んで販売したい。予定売価（定価）をいくらにしたらよいか。

答 ______________

(4) ある商品に原価の27%の利益を見込んで¥825,500の予定売価（定価）をつけた。原価はいくらか。

答 ______________

(5) ある商品に仕入原価の1割4分の利益を見込んで¥262,200の予定売価（定価）をつけた。仕入原価はいくらか。

答 ______________

(6) ある商品に原価の17.5%の利益を見込んで¥470,000の予定売価(定価)をつけた。原価はいくらか。

答 ______________

(7) 仕入原価¥760,000の商品に¥950,000の予定売価（定価）をつけた。利益額は仕入原価の何パーセントか。

答 ______________

(8) ある商品を¥108,000で仕入れ，仕入諸掛¥7,000を支払った。この商品に¥140,300の予定売価（定価）をつけた。利益額は仕入原価の何割何分にあたるか。

答

(9) 原価¥500,000の商品に¥630,000の予定売価（定価）をつけた。利益額は原価の何パーセントか。

答

【p.44　例題（解答→ p.44）**】**

例16 10kgにつき¥2,400の商品を3,010kg仕入れ，諸掛り¥53,800を支払った。この商品に諸掛込原価の30%の利益を見込んで販売すると，利益の総額はいくらか。

答

例17 1束につき¥230の商品を1,690束仕入れ，諸掛り¥12,500を支払った。この商品に諸掛込原価の25%の利益を見込んで販売すると，実売価の総額はいくらか。

答

【p.45　練習問題（解答→別冊解答 p.20 ～）**】**

(1) 1個につき¥650の商品を1,140個仕入れ，仕入原価の18%の利益を見込んで販売すると，利益の総額はいくらか。

答

(2) 100Lにつき¥35,000の商品を2,300L仕入れ，仕入諸掛¥50,000を支払った。この商品に諸掛込原価の27%の利益を見込んで販売すると，利益の総額はいくらか。

答

(3) 40袋につき¥6,000の商品を3,920袋仕入れ，諸掛り¥12,400を支払った。この商品に諸掛込原価の15%の利益を見込んで販売すると，利益の総額はいくらか。

答

(4) 1台につき¥8,800の商品を40台仕入れ，仕入原価の26%の利益を見込んで販売した。実売価の総額はいくらか。

答

(5) 50着につき¥13,250の商品を4,000着仕入れ，諸掛り¥42,000を支払った。この商品に諸掛込原価の33%の利益を見込んで販売すると，実売価の総額はいくらになるか。

答

(6) 1ダースにつき¥960の商品を8,400個仕入れ，仕入諸掛¥18,500を支払った。この商品に諸掛込原価の28%の利益を見込んで販売すると，実売価の総額はいくらか。

答

第　学年　組　番	
名前	

	例13－15	例16－17	合計
例	／3	／2	／20
練	／9	／6	

例題・練習問題の復習⑫

【p.46　例題（解答→ p.46）】

例18　予定売価（定価）¥376,000 の商品を，予定売価（定価）の 12%引きで販売した。値引額はいくらであったか。

答

例19　予定売価（定価）から 7%引きして販売したところ，値引額が ¥58,100 になった。予定売価（定価）はいくらか。

答

例20　予定売価（定価）¥290,000 の商品を ¥43,500 値引きして販売した。値引額は予定売価（定価）の何割何分か。

答

【p.47　練習問題（解答→別冊解答 p.21 ～）】

(1) 予定売価（定価）¥840,000 の商品を，予定売価（定価）の 1 割 6 分引きで販売した。値引額はいくらであったか。

答

(2) 予定売価（定価）¥360,000 の商品を 8 掛で売った。値引額はいくらか。

答

(3) 仕入原価 ¥490,000 の商品に ¥147,000 の利益を見込んで予定売価（定価）をつけ，予定売価（定価）の 13%引きで販売した。値引額はいくらか。

答

(4) 原価の3割3分の利益を見込んで予定売価（定価）をつけ，定価の1割7分引きで販売すると，値引額は¥38,437であった。原価はいくらか。

答 ＿＿＿＿＿＿＿＿

(5) 原価に¥123,000の利益をみて予定売価（定価）をつけ，予定売価（定価）の8%引きで販売したところ，値引額は¥75,440であった。原価はいくらか。

答 ＿＿＿＿＿＿＿＿

(6) 予定売価（定価）から17.5%引きして販売したところ，値引額が¥52,500になった。予定売価（定価）はいくらか。

答 ＿＿＿＿＿＿＿＿

(7) 予定売価（定価）から9分引きして販売すると，値引額は¥67,590であった。予定売価（定価）はいくらか。

答 ＿＿＿＿＿＿＿＿

(8) 予定売価（定価）¥570,000の商品を¥74,100値引きして販売した。値引額は予定売価（定価）の何パーセントか。

答 ＿＿＿＿＿＿＿＿

(9) 仕入原価¥760,000の商品に，仕入原価の1割9分の利益を見込んで予定売価（定価）をつけ，予定売価（定価）から¥99,484値引きして販売した。値引額は予定売価（定価）の何割何分か。

答 ＿＿＿＿＿＿＿＿

第　学年　組　番	
名前	

	例 18 － 20	合計
例	／3	／12
練	／9	

例題・練習問題の復習⑬

【p.48　例題（解答→p.48）】

例21 原価¥660,000の商品に原価の25%の利益を見込んで予定売価（定価）をつけたが，予定売価（定価）の13%引きで販売した。実売価はいくらか。

答 ＿＿＿＿＿＿＿＿

例22 ある商品を予定売価（定価）の9%引きして¥664,300で販売した。この商品の予定売価（定価）はいくらであったか。

答 ＿＿＿＿＿＿＿＿

例23 予定売価（定価）¥450,000の商品を¥373,500で販売した。値引額は予定売価（定価）の何パーセントか。

答 ＿＿＿＿＿＿＿＿

例24 原価¥1,320,000の商品を予定売価（定価）の1割2分引きで販売しても，なお原価の2割8分の利益を得るには予定売価（定価）をいくらにすればよいか。

答 ＿＿＿＿＿＿＿＿

【p.49　練習問題（解答→別冊解答 p.22～）】

(1) 原価¥230,000の商品に原価の3割8分の利益を見込んで予定売価（定価）をつけたが，予定売価（定価）の2割引きで販売した。実売価はいくらか。

答 ＿＿＿＿＿＿＿＿

(2) 予定売価（定価）¥610,000の商品を7掛半で販売した。実売価はいくらか。

答 ＿＿＿＿＿＿＿＿

(3) 原価¥340,000の商品に原価の3割5分の利益を見込んで予定売価（定価）をつけ，予定売価（定価）の1割4分引きで販売した。実売価はいくらか。

答 ＿＿＿＿＿＿＿＿

(4) 原価¥850,000の商品に原価の2割9分の利益を見込んで予定売価（定価）をつけ，予定売価（定価）の1割7分引きで販売した。実売価はいくらか。

答 ＿＿＿＿＿＿＿＿

(5) ある商品を予定売価（定価）の1割8分引きして¥385,400で販売した。この商品の予定売価（定価）はいくらであったか。

答 ＿＿＿＿＿＿＿＿

(6) ある商品を予定売価（定価）の12%引きして¥528,000で販売した。この商品の予定売価（定価）はいくらであったか。

答 ＿＿＿＿＿＿＿＿＿＿

(7) 予定売価（定価）¥930,000の商品を¥781,200で販売した。値引額は予定売価（定価）の何割何分か。

答 ＿＿＿＿＿＿＿＿＿＿

(8) 予定売価（定価）¥260,000の商品を¥241,800で販売した。値引額は予定売価（定価）の何パーセントか。

答 ＿＿＿＿＿＿＿＿＿＿

(9) 仕入原価¥580,000の商品に，仕入原価の24%の利益を見込んで予定売価（定価）をつけ，予定売価（定価）からいくらか値引きして¥676,048で販売した。値引額は予定売価（定価）の何パーセントか。

答 ＿＿＿＿＿＿＿＿＿＿

(10) 仕入原価¥370,000の商品に，仕入原価の3割1分の利益を見込んで予定売価（定価）をつけ，予定売価（定価）からいくらか値引きして¥397,454で販売した。値引額は予定売価（定価）の何割何分か。

答 ＿＿＿＿＿＿＿＿＿＿

(11) 原価¥680,000の商品を予定売価（定価）の8分引きで売っても，なお原価の1割5分の利益を得るには予定売価（定価）をいくらにすればよいか。

答 ＿＿＿＿＿＿＿＿＿＿

(12) 原価¥800,000の商品を予定売価（定価）の2割引きで売っても，なお原価の3割の利益を得るには予定売価（定価）をいくらにすればよいか。

答 ＿＿＿＿＿＿＿＿＿＿

第　学年　　組　　番	
名前	

	例21－24	合計
例	／4	
練	／12	／16

例題・練習問題の復習⑭

【p.50　例題（解答→ p.50）】

例25　ある商品を¥353,700で販売したところ，原価の31%の利益を得た。この商品の原価はいくらであったか。

答 ____________

例26　ある商品を¥563,200で販売したところ，原価の12%の損失となった。この商品の原価はいくらであったか。

答 ____________

【p.51　練習問題（解答→別冊解答 p.23 ～）】

(1)　ある商品を¥967,200で販売したところ，原価の24%の利益を得た。この商品の原価はいくらであったか。

答 ____________

(2)　ある商品を¥274,680で販売したところ，原価の16%の損失となった。この商品の原価はいくらであったか。

答 ____________

(3)　原価¥640,000の商品を販売したところ，原価の28%の利益を得た。この商品をいくらで販売したか。

答 ____________

(4)　原価¥530,000の商品を販売したところ，原価の9%の損失となった。この商品をいくらで販売したか。

答 ____________

(5)　原価¥220,000の商品を販売したところ，原価の34%の利益を得た。利益額はいくらか。

答 ____________

(6)　原価¥850,000の商品を販売したところ，原価の21%の損失となった。損失額はいくらか。

答 ____________

【p.52　例題 (解答→ p.52)】

例27　ある商品を販売したところ，原価の26%である¥193,700の利益を得た。この商品の原価はいくらであったか。

答 ＿＿＿＿＿＿＿＿

例28　原価¥650,000の商品を¥747,500で販売した。利益額は原価の何パーセントか。

答 ＿＿＿＿＿＿＿＿

例29　原価¥400,000の商品を販売したところ，損失額が¥52,000となった。損失額は原価の何割何分か。

答 ＿＿＿＿＿＿＿＿

【p.53　練習問題 (解答→別冊解答 p.24～)】

(1) ある商品を販売したところ，原価の35%である¥296,100の利益を得た。この商品の原価はいくらであったか。

答 ＿＿＿＿＿＿＿＿

(2) ある商品を販売したところ，原価の17%である¥159,800の損失となった。この商品の原価はいくらであったか。

答 ＿＿＿＿＿＿＿＿

(3) 原価¥160,000の商品を¥203,200で販売した。利益額は原価の何割何分か。

答 ＿＿＿＿＿＿＿＿

(4) 原価¥480,000の商品を¥388,800で販売した。損失額は原価の何パーセントか。

答 ＿＿＿＿＿＿＿＿

(5) 原価¥310,000の商品を販売したところ，利益額が¥68,200となった。利益額は原価の何パーセントか。

答 ＿＿＿＿＿＿＿＿

(6) 原価¥790,000の商品を販売したところ，損失額が¥134,300となった。損失額は原価の何割何分か。

答 ＿＿＿＿＿＿＿＿

第　学年　組　番	
名前	

	例25－26	例27－29	合計
例	／2	／3	／17
練	／6	／6	

例題・練習問題の復習⑮

【p.55　例題（解答→p.55）】

例30 仲立人が売り主・買い主双方から2.2%ずつの手数料を受け取る約束で¥3,120,000の商品の売買を仲介した。売り主の支払った手数料はいくらか。

答 ＿＿＿＿＿＿＿＿

例31 仲立人が売り主から2.3%，買い主から1.8%の手数料を受け取る約束で¥9,260,000の商品の売買を仲介した。売り主の手取金はいくらか。

答 ＿＿＿＿＿＿＿＿

【p.55　練習問題（解答→別冊解答p.24～）】

(1) 仲立人が売り主・買い主双方から2.6%ずつの手数料を受け取る約束で¥1,320,000の商品の売買を仲介した。売り主の支払った手数料はいくらか。

答 ＿＿＿＿＿＿＿＿

(2) 仲立人が売り主から1.9%，買い主から1.7%の手数料を受け取る約束で¥4,180,000の商品の売買を仲介した。売り主の支払った手数料はいくらか。

答 ＿＿＿＿＿＿＿＿

(3) 仲立人が売り主・買い主双方から2.5%ずつの手数料を受け取る約束で¥6,860,000の商品の売買を仲介した。売り主の手取金はいくらか。

答 ＿＿＿＿＿＿＿＿

(4) 仲立人が売り主から3.2%，買い主から3.1%の手数料を受け取る約束で¥3,750,000の商品の売買を仲介した。売り主の手取金はいくらか。

答 ＿＿＿＿＿＿＿＿

【p.56　例題（解答→p.56）】

例32 仲立人が売り主から1.7%，買い主から1.9%の手数料を受け取る約束で¥7,450,000の商品の売買を仲介した。買い主の支払った手数料はいくらか。

答 ＿＿＿＿＿＿＿＿

例33 仲立人が売り主・買い主双方から3.1%ずつの手数料を受け取る約束で¥6,110,000の商品の売買を仲介した。買い主の支払総額はいくらか。

答 ＿＿＿＿＿＿＿＿

例34 仲立人が売り主から2.3％，買い主から2％の手数料を受け取る約束で¥5,710,000の商品の売買を仲介した。仲立人が得た手数料の合計額はいくらか。

答 ＿＿＿＿＿＿＿＿

【p.57 練習問題 (解答→別冊解答 p.25～)**】**

(1) 仲立人が売り主・買い主双方から1.8％ずつの手数料を受け取る約束で¥3,020,000の商品の売買を仲介した。買い主の支払った手数料はいくらか。

答 ＿＿＿＿＿＿＿＿

(2) 仲立人が売り主から2.4％，買い主から2.8％の手数料を受け取る約束で¥2,990,000の商品の売買を仲介した。買い主の支払った手数料はいくらか。

答 ＿＿＿＿＿＿＿＿

(3) 仲立人が売り主・買い主双方から2％ずつの手数料を受け取る約束で¥7,570,000の商品の売買を仲介した。買い主の支払総額はいくらか。

答 ＿＿＿＿＿＿＿＿

(4) 仲立人が売り主から3.3％，買い主から3％の手数料を受け取る約束で¥9,380,000の商品の売買を仲介した。買い主の支払総額はいくらか。

答 ＿＿＿＿＿＿＿＿

(5) 仲立人が売り主・買い主双方から2.7％ずつの手数料を受け取る約束で¥5,430,000の商品の売買を仲介した。仲立人が得た手数料の合計額はいくらか。

答 ＿＿＿＿＿＿＿＿

(6) 仲立人が売り主から1.6％，買い主から1.5％の手数料を受け取る約束で¥8,360,000の商品の売買を仲介した。仲立人が得た手数料の合計額はいくらか。

答 ＿＿＿＿＿＿＿＿

第　学年　組　番	
名前	

	例30－31	例32－34	合計
例	／2	／3	／15
練	／4	／6	

ビジネス計算実務検定試験　第2級の注意事項

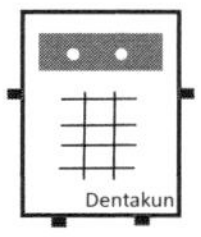

ここから先では，実際の試験と同じ形式の模擬試験問題や，最新の過去問題に挑戦してみよう！
その前に，いったん，試験を受けるうえでの注意事項や，気をつけたいポイントについて確認しておこう！

【試験を受けるうえでの基本的な注意事項】

1．計算用具はそろばん・電卓どちらを使用してもかまいません。ただし，計算用具などの物品の貸し借りはできないため，必要なものは忘れないように持っていきましょう。
2．普通計算部門では，そろばんの受験者は問題中の □ で示した部分のみ解答します。電卓の受験者はすべてに解答しましょう。
3．問題用紙の表紙と問題用紙の指定欄に試験場校名・受験番号を記入し，普通計算部門では，受験する計算用具に○印を記入しましょう。
4．試験委員の指示があるまでは，問題用紙を開かないようにしましょう。
5．試験は「始め」の合図で開始し，「止め」の合図があったら解答の記入を中止し，ただちに問題用紙を閉じましょう。
6．問題用紙等の回収については試験委員の指示にしたがいましょう。

【解答を記入するさいの注意事項】

1．答えに「¥，$，€，£」のような名数記号や，「%」などの記号がないものは誤答となります。
　ただし，減価償却計算表・年賦償還表・積立金表は「¥」の記号を必要としません（あってもよい）。
2．答えの整数部分には 3 桁ごとの「,」がついていなければ誤答となります（300000 →誤答　300,000 →正答）。
3．1 つの問題で 2 つ以上の答えを求めるものは，その全部が正答でなければ誤答となるので，注意しましょう。
4．答えが「$23.60」（€23.60　£23.60）のような場合，末尾の「0」がないものは誤答となるので注意しましょう。
　ただし，「$24.00」（€24.00　£24.00）のような場合は「$24」（€24　£24）でも正答となります。
　構成比率が「52.50%」のような場合，「52.5%」でも正答となります。また，「43.00%」のような場合，「43%」でも正答となります。
5．「パーセント」で表わす答えを「割・分・厘」や「小数」で表わした場合は誤答となります。
6．答えの訂正には消しゴムを使用することができます。消しゴムを使用しない場合は，記号と全数字を横線で消し，書きなおしていなければ誤答となります。また，この場合の 1 字訂正は認められないので注意しましょう。
7．数字や記号，コンマ，ポイントは，判読できるように記入しましょう。また，コンマとポイントの位置は，数字から極端に離れないように記入しましょう。

正　答	誤　答
¥52　（52円も可）	52¥，円52，¥52.0
＄8.30	＄8.3
€4.00（€4）	€4.0
円未満4捨5入，切り捨ての場合 ¥16,305	¥16,305.~~2~~ （2を消しゴムで消した場合は正答）
%の小数第1位までを求めるとき 82.0%	82.00%

【問題を解くうえでの注意事項】

1．普通計算部門では，計算を 1 つでも間違えると構成比率がすべてズレてしまいかねないので，注意して計算しましょう。特に，見取算では，電卓操作などのさいに問題から目を離し，次に計算する行を間違えてしまう可能性もあるので，計算している行を指さしするなど，行を間違えないように工夫しましょう。

2．ビジネス計算部門では，「両端入れ」「片落とし」「円未満切り捨て」「4 捨 5 入」など，問題文中の（　）の指示をよく確認しましょう。

MEMO

公益財団法人　全国商業高等学校協会主催

文　部　科　学　省　後　援

第1回　ビジネス計算実務検定模擬試験

第2級　普通計算部門 （制限時間 A・B・C 合わせて 30 分）

（A）乗算問題

（注意）円未満4捨5入，構成比率はパーセントの小数第2位未満4捨5入

1	¥ 182 × 5,826 =
2	¥ 9,602 × 63.5 =
3	¥ 26,846 × 632 =
4	¥ 8,375 × 0.8879 =
5	¥ 284 × 192,595 =

答えの小計・合計	合計 A に対する構成比率	
小計(1)～(3)	(1)	(1)～(3)
	(2)	
	(3)	
小計(4)～(5)	(4)	(4)～(5)
	(5)	
合計 A (1)～(5)		

（注意）セント未満4捨5入，構成比率はパーセントの小数第2位未満4捨5入

6	€ 870.61 × 0.629 =
7	€ 22.44 × 339.73 =
8	€ 3.79 × 71,754 =
9	€ 3,221.90 × 5.97 =
10	€ 3.74 × 4,511 =

答えの小計・合計	合計 B に対する構成比率	
小計(6)～(8)	(6)	(6)～(8)
	(7)	
	(8)	
小計(9)～(10)	(9)	(9)～(10)
	(10)	
合計 B (6)～(10)		

第　学年　組　番	
名前	

(B) 除算問題

（注意）円未満4捨5入，構成比率はパーセントの小数第2位未満4捨5入

1	¥ 805,659 ÷ 31 =
2	¥ 189,552 ÷ 94,776 =
3	¥ 4,264,450 ÷ 986 =
4	¥ 768 ÷ 0.5243 =
5	¥ 1,160 ÷ 5.87 =

答えの小計・合計	合計Cに対する構成比率	
小計(1)〜(3)	(1)	(1)〜(3)
	(2)	
	(3)	
小計(4)〜(5)	(4)	(4)〜(5)
	(5)	
合計C(1)〜(5)		

（注意）セント未満4捨5入，構成比率はパーセントの小数第2位未満4捨5入

6	$ 58,567.30 ÷ 14,390 =
7	$ 92,606.01 ÷ 497 =
8	$ 991.05 ÷ 820.8 =
9	$ 8.12 ÷ 0.038 =
10	$ 65,975.11 ÷ 69.4 =

答えの小計・合計	合計Dに対する構成比率	
小計(6)〜(8)	(6)	(6)〜(8)
	(7)	
	(8)	
小計(9)〜(10)	(9)	(9)〜(10)
	(10)	
合計D(6)〜(10)		

	そろばん
	電　卓

第　学年　組　番	
名前	

（解答→別冊 p.26）

		A 乗算		B 除算		C 見取算		普通計算合計点
		正答数	得点	正答数	得点	正答数	得点	
珠算	(1)〜(10)	×10点		×10点		×10点		
電卓	(1)〜(10)	×5点		×5点		×5点		
	小計・合計・構成比率	×5点		×5点		×5点		

（第1回模擬試験）

第1回　ビジネス計算実務検定模擬試験

第2級　普通計算部門 (制限時間 A・B・C 合わせて 30 分)

(C) 見取算問題

(注意) 構成比率はパーセントの小数第2位未満4捨5入

No.	1	2	3	4	5
1	¥ 4,186,052	¥ 261,957	¥ 95,420	¥ 26,785	¥ 4,560
2	1,517,604	825,374	9,875	82,902	18,653
3	8,216,035	1,874,073	−9,432	201,813	97,589
4	5,436,807	506,836	−19,658	650,427	−6,307
5	4,579,826	12,965,480	580,693	31,564	38,465
6	8,574,290	4,126,478	6,240	58,324	10,390
7	9,837,406	75,169	85,406	694,531	−19,765
8	8,631,275	2,768,091	5,127	76,045	−8,362
9	2,164,579	56,432,097	−9,854	48,983	43,201
10	9,743,410	35,564	−63,789	692,158	97,284
11		53,102	−8,615	43,812	−36,504
12			8,572	597,438	4,612
13			4,369	30,784	93,286
14			81,634	72,049	70,368
15			1,350	35,462	−41,278
16			4,657		−10,379
17			−102,425		5,057
18			−20,163		
19			1,307		
20			1,048		
計					

答えの小計合計		
	小計(1)〜(3)	小計(4)〜(5)
	合計E(1)〜(5)	

合計Eに対する構成比率					
	(1)	(2)	(3)	(4)	(5)
	(1)〜(3)			(4)〜(5)	

（注意）構成比率はパーセントの小数第2位未満4捨5入

No.	6	7	8	9	10
1	£ 592.41	£ 85,730.29	£ 1,076.59	£ 5,029.31	£ 3,812.45
2	3,641.70	876,260.91	45.20	6,892.01	32,359.71
3	308.79	−107,620.48	4,987.36	3,824.06	70,643.95
4	6,045.28	65,980.43	75,231.04	−9,457.83	210,519.74
5	92,145.80	57,012.92	9,802.37	6,392.58	508,349.12
6	590.82	34,570.95	921.53	8,521.45	17,120.87
7	450.17	−17,893.42	10,647.85	−5,302.79	64,105.89
8	87,314.06	52,341.78	5,370.62	−5,053.71	58,496.37
9	2,369.71	524,137.26	823.48	6,723.50	5,983.40
10	6,597.43	−48,569.02	6,972.51	−8,651.04	96,137.43
11	92,781.34	64,179.53	15,864.93	−1,398.42	149,687.32
12	608.75		6,125.07	8,414.52	7,932.18
13			83.14	7,953.14	5,804.16
14			759.37	6,184.07	
15				9,786.40	
計					

答えの小計合計	小計(6)〜(8)	小計(9)〜(10)
	合計F(6)〜(10)	

合計Fに対する構成比率	(6)	(7)	(8)	(9)	(10)
	(6)〜(8)			(9)〜(10)	

第　学年　組　番	
名前	

	そろばん
	電　卓

(C) 見取算得点	総　得　点

第1回ビジネス計算実務検定模擬試験

第 2 級　ビジネス計算部門（制限時間 30 分）

（注意）Ⅰ．減価償却費・複利の計算については，別紙の数表を用いること。
Ⅱ．答えに端数が生じた場合は（　）内の条件によって処理すること。

(1) 額面¥3,920,000の手形を割引率年2.15%で割り引くと，割引料はいくらか。ただし，割引日数は47日とする。（円未満切り捨て）

答 ＿＿＿＿＿＿＿＿

(2) 1,480Lは何米ガロンか。ただし，1米ガロン＝3.785Lとする。
（米ガロン未満4捨5入）

答 ＿＿＿＿＿＿＿＿

(3) 原価¥2,310,000の商品を予定売価（定価）の2割3分引きで販売しても，なお原価の1割5分の利益を得るには予定売価（定価）をいくらにすればよいか。

答 ＿＿＿＿＿＿＿＿

(4) 年利率5.26%の単利で219日間借り入れ，期日に利息¥295,086を支払った。元金はいくらか。

答 ＿＿＿＿＿＿＿＿

(5) ある商品を¥402,900で販売したところ，原価の21%の損失となった。この商品の原価はいくらか。

答 ＿＿＿＿＿＿＿＿

(6) 取得価額¥4,960,000耐用年数39年の固定資産を定額法で減価償却すれば，第13期首帳簿価額はいくらになるか。ただし，決算は年1回，残存簿価¥1とする。

答 ＿＿＿＿＿＿＿＿

(7) 元金¥4,850,000を年利率5.62%の単利で4月18日から6月25日まで貸し付けると，期日に受け取る元利合計はいくらか。（片落とし，円未満切り捨て）

答 ＿＿＿＿＿＿＿＿

(8) 予定売価(定価)¥910,000の商品を¥791,700で販売した。値引額は予定売価(定価) の何割何分か。

答 ＿＿＿＿＿＿＿＿

(9) ¥4,200,000を年利率4%，半年1期の複利で4年6か月借り入れると，期日に支払う元利合計はいくらになるか。
(円未満4捨5入)

答 ＿＿＿＿＿＿＿＿

(10) 1本につき¥610の商品を3,270本仕入れ，諸掛り¥39,400を支払った。この商品に諸掛込原価の29%の利益を見込んで販売すると，利益の総額はいくらか。

答 ＿＿＿＿＿＿＿＿

(11) 元金¥4,860,000を年利率6.52%の単利で貸し付け，期日に利息¥343,278を受け取った。貸付期間は何年何か月であったか。

答 ＿＿＿＿＿＿＿＿

(12) ある商品を5個につき¥8,240で仕入れ，仕入代金¥988,800を支払った。仕入数量は何個であったか。

答 ＿＿＿＿＿＿＿＿

(13) ある施設の今月の電気料金は¥261,020で，先月の電気料金より2割4分増加した。先月の電気料金はいくらであったか。

答 ＿＿＿＿＿＿＿＿

(14) 9月15日満期，額面¥7,360,000の手形を7月21日に割引率年2.58%で割り引くと，手取金はいくらか。(両端入れ，割引料の円未満切り捨て)

答 ＿＿＿＿＿＿＿＿

(15) 10英トンにつき£330.56の商品を140英トン仕入れた。仕入代金は円でいくらか。ただし，£1 = ¥144とする。(計算の最終で円未満4捨5入)

答 ＿＿＿＿＿＿＿＿

(16) 元金¥5,280,000を単利で1年3か月間借り入れ，期日に利息¥129,360を支払った。利率は年何パーセントであったか。パーセントの小数第2位まで求めよ。

答 ______________

(17) 仲立人が売り主・買い主双方から1.8％ずつの手数料を受け取る約束で¥6,390,000の商品の売買を仲介した。買い主の支払総額はいくらか。

答 ______________

(18) 3年6か月後に支払う負債¥6,730,000を年利率5%，半年1期の複利で割り引いて，いま支払うとすれば，その金額はいくらか。(¥100未満切り上げ)

答 ______________

(19) 1ydにつき¥840の商品を20m建にするといくらか。ただし，1yd = 0.9144 mとする。(計算の最終で円未満4捨5入)

答 ______________

(20) 取得価額¥3,570,000耐用年数14年の固定資産を定額法で減価償却するとき，次の減価償却計算表の第4期末まで記入せよ。ただし，決算は年1回，残存簿価¥1とする。

期数	期首帳簿価額	償却限度額	減価償却累計額
1			
2			
3			
4			

第　学年　組　番	
名前	

正答数	総得点
×5点	

(第1回模擬試験)

公益財団法人　全国商業高等学校協会主催

文　部　科　学　省　後　援

第2回　ビジネス計算実務検定模擬試験

第2級　普通計算部門 (制限時間 A・B・C 合わせて 30 分)

(A) 乗算問題

(注意) 円未満4捨5入，構成比率はパーセントの小数第2位未満4捨5入

1	¥ 297 × 10,904 =
2	¥ 5,980 × 80.5 =
3	¥ 4,865 × 4,112 =
4	¥ 831,928 × 0.334 =
5	¥ 3,636 × 1,978 =

答えの小計・合計	合計 A に対する構成比率	
小計(1)〜(3)	(1)	(1)〜(3)
	(2)	
	(3)	
小計(4)〜(5)	(4)	(4)〜(5)
	(5)	
合計 A (1)〜(5)		

(注意) セント未満4捨5入，構成比率はパーセントの小数第2位未満4捨5入

6	$ 68.14 × 91.03 =
7	$ 560.71 × 165 =
8	$ 28.30 × 527.2 =
9	$ 0.87 × 216,487 =
10	$ 1,067.25 × 372 =

答えの小計・合計	合計 B に対する構成比率	
小計(6)〜(8)	(6)	(6)〜(8)
	(7)	
	(8)	
小計(9)〜(10)	(9)	(9)〜(10)
	(10)	
合計 B (6)〜(10)		

第　学年　組　番	
名前	

(B) 除算問題

(注意) 円未満4捨5入，構成比率はパーセントの小数第2位未満4捨5入

1	¥ 805,659 ÷ 31 =
2	¥ 189,564 ÷ 94,782 =
3	¥ 3,652,484 ÷ 836 =
4	¥ 168 ÷ 0.5243 =
5	¥ 1,760 ÷ 5.87 =

答えの小計・合計	合計Cに対する構成比率	
小計(1)～(3)	(1)	(1)～(3)
	(2)	
	(3)	
小計(4)～(5)	(4)	(4)～(5)
	(5)	
合計C(1)～(5)		

(注意) ペンス未満4捨5入，構成比率はパーセントの小数第2位未満4捨5入

6	£ 58,279.50 ÷ 14,390 =
7	£ 856,422.54 ÷ 4,398 =
8	£ 941.05 ÷ 820.3 =
9	£ 8.12 ÷ 0.038 =
10	£ 73,284.69 ÷ 79.5 =

答えの小計・合計	合計Dに対する構成比率	
小計(6)～(8)	(6)	(6)～(8)
	(7)	
	(8)	
小計(9)～(10)	(9)	(9)～(10)
	(10)	
合計D(6)～(10)		

	そろばん
	電　卓

第　学年　組　番	
名前	

(解答→別冊 p.30)

		A 乗算		B 除算		C 見取算		普通計算合計点
		正答数	得点	正答数	得点	正答数	得点	
珠算	(1)～(10)	×10点		×10点		×10点		
電卓	(1)～(10)	×5点		×5点		×5点		
	小計・合計・構成比率	×5点		×5点		×5点		

(第2回模擬試験)

第2回　ビジネス計算実務検定模擬試験

第2級　普通計算部門 （制限時間A・B・C合わせて30分）

(C) 見取算問題

（注意）構成比率はパーセントの小数第2位未満4捨5入

No.	1	2	3	4	5
1	¥ 253,518	¥ 8,920,310	¥ 13,765	¥ 4,321,609	¥ 3,674
2	87,352	95,234,087	5,378	42,860,967	4,123
3	43,015	−581,723	152,063	−135,276	6,075
4	915,024	1,026,197	4,689	6,417,983	9,315
5	34,970	675,963	4,785,390	627,290	5,162
6	74,521	−20,931,785	6,809	−34,207,901	9,516
7	190,356	−3,679,458	641,052	−5,473,018	6,584
8	89,013	723,054	3,247	863,275	8,321
9	79,812	48,527,361	425,081	81,791,564	6,912
10	865,783	2,448,509	3,524	5,730,492	6,879
11	46,721		719,850		1,928
12	20,769		7,105		1,297
13	69,807		61,238		9,486
14	657,490		6,745		4,950
15	90,534		7,968		5,748
16			908,475		1,502
17			3,591		3,087
18			2,129,432		1,018
19					7,506
20					7,203
計					

答えの小計合計	小計(1)〜(3)	小計(4)〜(5)
	合計E(1)〜(5)	

合計Eに対する構成比率	(1)	(2)	(3)	(4)	(5)
	(1)〜(3)			(4)〜(5)	

（注意）構成比率はパーセントの小数第2位未満4捨5入

No.	6	7	8	9	10
1	€ 872,369.54	€ 7,236.58	€ 57,913.42	€ 24,135.08	685.30
2	7,431.82	32,045.61	51,437.26	4,782.15	403.12
3	85,371.64	814,102.56	76,024.45	56,980.49	89,750.43
4	2,176.83	82,597.34	−51,269.83	43,720.16	59.61
5	932,071.58	965.37	−63,970.34	279.41	−2,903.57
6	54,067.94	61,398.02	81,509.67	31,709.42	−51.47
7	4,092.16	618,247.05	85,310.29	9,654.82	9,374.16
8	456,289.01	54,796.10	−30,479.68	17,965.30	61.32
9	3,089.57	6,872.03	40,385.61	17,029.68	691.40
10	23,801.04	56,024.89	78,642.10	6,845.37	724.18
11	679,531.40	179.42		12,068.53	−108.69
12	19,847.35	45,897.03		957.64	−29,758.34
13	3,617.09			96,013.54	−3,970.15
14				8,271.63	2,498.73
15					985.35
計					

答えの小計合計	小計(6)〜(8)	小計(9)〜(10)
	合計F(6)〜(10)	

合計Fに対する構成比率	(6)	(7)	(8)	(9)	(10)
	(6)〜(8)			(9)〜(10)	

第　学年　組　番	
名前	

	そろばん
	電　卓

(C) 見取算得点

総　得　点

第2回ビジネス計算実務検定模擬試験

第 2 級　ビジネス計算部門（制限時間 30 分）

（注意）Ⅰ．減価償却費・複利の計算については，別紙の数表を用いること。
　　　　Ⅱ．答えに端数が生じた場合は（　）内の条件によって処理すること。

(1) £956.17は円でいくらか。ただし，£1 = ¥142とする。（円未満4捨5入）

答 ______________________

(2) 元金¥3,790,000を年利率2.18％の単利で293日間貸し付けると，期日に受け取る利息はいくらか。（円未満切り捨て）

答 ______________________

(3) 原価¥920,000の商品を予定売価（定価）の8分引きで販売しても，なお原価の1割7分の利益を得るには予定売価（定価）をいくらにすればよいか。

答 ______________________

(4) 翌年1月23日満期，額面¥7,630,000の約束手形を11月7日に割引率年2.51％で割り引くと，割引料はいくらか。（両端入れ，円未満切り捨て）

答 ______________________

(5) 取得価額¥9,760,000耐用年数13年の固定資産を定額法で減価償却すれば，第8期首帳簿価額はいくらになるか。ただし，決算は年1回，残存簿価¥1とする。

答 ______________________

(6) 原価¥380,000の商品を¥486,400で販売した。利益額は原価の何割何分であったか。

答 ______________________

(7) 年利率3.24％の単利で7か月間借り入れ，期日に利息¥182,385を支払った。元金はいくらであったか。

答 ______________________

(8) 1枚につき¥1,780の商品を340枚仕入れ，諸掛り¥18,800を支払った。この商品に諸掛込原価の23%の利益を見込んで販売すると，実売価の総額はいくらになるか。

答 ＿＿＿＿＿＿＿＿＿＿

(9) ¥2,560,000を年利率5%，半年1期の複利で3年間借り入れると，複利終価はいくらか。（円未満4捨5入）

答 ＿＿＿＿＿＿＿＿＿＿

(10) 原価¥450,000の商品に原価の24%の利益を見込んで予定売価（定価）をつけたが，予定売価（定価）の12%引きで販売した。実売価はいくらか。

答 ＿＿＿＿＿＿＿＿＿＿

(11) 元金¥2,760,000を年利率5.62%の単利で貸し付け，期日に¥77,556を受け取った。貸付期間は何か月間であったか。

答 ＿＿＿＿＿＿＿＿＿＿

(12) ある製品の昨年の出荷台数は342,000台で，今年の出荷台数は昨年より14%減少した。今年の出荷台数は何台であったか。

答 ＿＿＿＿＿＿＿＿＿＿

(13) ある商品を4箱につき¥2,970で仕入れ，仕入代金¥564,300を支払った。仕入数量は何箱であったか。

答 ＿＿＿＿＿＿＿＿＿＿

(14) 10月29日満期，額面¥4,960,000の手形を8月3日に割引率年4.58%で割り引くと，手取金はいくらか。（両端入れ，割引料の円未満切り捨て）

答 ＿＿＿＿＿＿＿＿＿＿

(15) 10米トンにつき$203.46の商品を1,400米トン仕入れた。仕入代金は円でいくらか。ただし，$1 = ¥104とする。（計算の最終で円未満4捨5入）

答 ＿＿＿＿＿＿＿＿＿＿

(16) ¥2,530,000 を年利率 3.97% の単利で 143 日間借り入れると，期日に支払う元利合計はいくらか。(円未満切り捨て)

答 ＿＿＿＿＿＿＿＿

(17) 1lb につき ¥4,390 の商品を 50kg建にするといくらか。ただし，1lb = 0.4536 kgとする。(計算の最終で円未満 4 捨 5 入)

答 ＿＿＿＿＿＿＿＿

(18) 7 年後に支払う負債 ¥890,000 を年利率 5.5%，1 年 1 期の複利で割り引いて，いま支払うとすればその金額はいくらか。(¥100 未満切り上げ)

答 ＿＿＿＿＿＿＿＿

(19) 仲立人が売り主・買い主双方から 2.9% ずつの手数料を受け取る約束で ¥8,500,000 の商品の売買を仲介した。売り主の手取金はいくらか。

答 ＿＿＿＿＿＿＿＿

(20) 取得価額 ¥7,760,000 耐用年数 26 年の固定資産を定額法で減価償却するとき，次の減価償却計算表の第 4 期末まで記入せよ。ただし，決算は年 1 回，残存簿価 ¥1 とする。

期数	期首帳簿価額	償却限度額	減価償却累計額
1			
2			
3			
4			

第　学年　組　番	
名前	

正答数	総得点
×5点	

(第 2 回模擬試験)

公益財団法人　全国商業高等学校協会主催

文　部　科　学　省　後　援

第3回　ビジネス計算実務検定模擬試験

第2級　普通計算部門（制限時間 A・B・C 合わせて 30 分）

（A）乗算問題

（注意）円未満 4 捨 5 入，構成比率はパーセントの小数第 2 位未満 4 捨 5 入

1	¥ 8,513 × 914 =
2	¥ 1,904 × 7,362 =
3	¥ 69,407 × 84.05 =
4	¥ 614 × 8,792 =
5	¥ 1,832 × 375.49 =

答えの小計・合計	合計 A に対する構成比率	
小計(1)〜(3)	(1)	(1)〜(3)
	(2)	
	(3)	
小計(4)〜(5)	(4)	(4)〜(5)
	(5)	
合計 A (1)〜(5)		

（注意）ペンス未満 4 捨 5 入，構成比率はパーセントの小数第 2 位未満 4 捨 5 入

6	£ 781.05 × 0.347 =
7	£ 52.68 × 251.6 =
8	£ 79.86 × 594.39 =
9	£ 32.70 × 8,756 =
10	£ 2.14 × 90,652 =

答えの小計・合計	合計 B に対する構成比率	
小計(6)〜(8)	(6)	(6)〜(8)
	(7)	
	(8)	
小計(9)〜(10)	(9)	(9)〜(10)
	(10)	
合計 B (6)〜(10)		

第　学年　組　番	
名前	

（B）除算問題

（注意）円未満4捨5入，構成比率はパーセントの小数第2位未満4捨5入

1	¥ 987,116 ÷ 463 =
2	¥ 2,943,954 ÷ 897 =
3	¥ 128.45 ÷ 1.835 =
4	¥ 1,947 ÷ 0.6014 =
5	¥ 3,715 ÷ 2.59 =

答えの小計・合計	合計Cに対する構成比率	
小計(1)～(3)	(1)	(1)～(3)
	(2)	
	(3)	
小計(4)～(5)	(4)	(4)～(5)
	(5)	
合計C(1)～(5)		

（注意）セント未満4捨5入，構成比率はパーセントの小数第2位未満4捨5入

6	€ 75,828.60 ÷ 3,681 =
7	€ 618.28 ÷ 20.5 =
8	€ 976.24 ÷ 3.96 =
9	€ 7,165.15 ÷ 47 =
10	€ 6.54 ÷ 0.847 =

答えの小計・合計	合計Dに対する構成比率	
小計(6)～(8)	(6)	(6)～(8)
	(7)	
	(8)	
小計(9)～(10)	(9)	(9)～(10)
	(10)	
合計D(6)～(10)		

	そろばん
	電　卓

第　学年　組　番	
名前	

（解答→別冊 p.34）

		A 乗算		B 除算		C 見取算		普通計算合計点
		正答数	得点	正答数	得点	正答数	得点	
珠算	(1)～(10)	×10点		×10点		×10点		
電卓	(1)～(10)	×5点		×5点		×5点		
	小計・合計・構成比率	×5点		×5点		×5点		

（第3回模擬試験）

第3回　ビジネス計算実務検定模擬試験

第２級　普通計算部門 （制限時間Ａ・Ｂ・Ｃ合わせて30分）

（Ｃ）見取算問題

（注意）構成比率はパーセントの小数第２位未満４捨５入

No.	1	2	3	4	5
1	¥ 540,828	¥ 79,162,605	¥ 1,787,092	¥ 58,389	¥ 7,874
2	83,034	19,798	65,893,134	69,591	76,465
3	7,246,563	571,780	−569,647	36,370	5,696
4	71,519	15,254	−2,018,485	75,606	−1,014
5	76,292	2,796,061	747,593	34,398	46,383
6	389,495	80,607	21,987,030	74,959	13,738
7	80,201	26,897,353	708,061	52,542	−6,757
8	157,273	53,432	5,434,219	97,670	−59,098
9	61,410	549,686	−53,126,068	15,856	7,606
10	30,346	34,840	2,325,946	43,101	9,232
11	259,897	1,034,548		27,071	−42,521
12	8,676	18,024,279		38,286	63,230
13	249,430	39,321		24,147	1,545
14	65,759			10,424	82,909
15	1,810			60,803	9,454
16				89,212	5,232
17					47,808
18					90,982
19					−1,310
20					18,107
計					

答えの小計合計		
	小計(1)〜(3)	小計(4)〜(5)
	合計Ｅ(1)〜(5)	

合計Ｅに対する構成比率					
	(1)	(2)	(3)	(4)	(5)
	(1)〜(3)			(4)〜(5)	

（注意）構成比率はパーセントの小数第2位未満4捨5入

No.	6	7	8	9	10
1	$ 3,795.85	$ 65,375.72	$ 42,753.51	$ 6,268.30	$ 716.19
2	36,379.58	6,835.30	34,612.15	8,934.37	36,989.14
3	7,691.94	96,727.43	10,808.94	9,353.61	25.21
4	90,326.76	−30,782.81	89,526.16	−1,314.52	865,751.40
5	3,437.90	−191.24	48,060.53	95,940.83	9,496.05
6	234,845.07	81,979.05	70,793.18	8,975.74	128.98
7	1,042.48	1,416.09	76,701.59	−1,202.69	53,260.67
8	40,262.81	86,524.27	69,748.42	5,942.12	6,575.02
9	2,161.58	−32,058.68	98,232.67	2,058.38	640,851.53
10	601,814.92	9,450.58	92,353.40	−24,060.87	2,027.89
11	7,072.35	295.93		−8,797.65	491.97
12	10,585.69	−34,161.09		4,706.16	843.03
13		−3,076.46		1,510.47	737,046.21
14		84,740.21			38.30
15					2,434.78
計					

答えの小計合計	小計(6)〜(8)	小計(9)〜(10)
	合計 F (6)〜(10)	

合計 F に対する構成比率	(6)	(7)	(8)	(9)	(10)
	(6)〜(8)			(9)〜(10)	

第　学年　組　番	
名前	

	そろばん
	電　卓

（C）見取算得点

総　得　点

第3回ビジネス計算実務検定模擬試験

第 2 級　ビジネス計算部門 (制限時間 30 分)

(注意) Ⅰ．減価償却費・複利の計算については，別紙の数表を用いること。
Ⅱ．答えに端数が生じた場合は（　）内の条件によって処理すること。

(1) 額面￥7,940,000 の手形を割引率年 2.15%で割り引くと，割引料はいくらか。ただし，割引日数は 93 日とする。(円未満切り捨て)

答 ＿＿＿＿＿＿＿＿

(2) 1,680kgは何ポンドか。ただし，1lb ＝ 0.4536kgとする。(ポンド未満 4 捨 5 入)

答 ＿＿＿＿＿＿＿＿

(3) 原価￥840,000 の商品を予定売価（定価）の 1 割 6 分引きで売っても，なお原価の 3 割の利益を得るには予定売価（定価）をいくらにすればよいか。

答 ＿＿＿＿＿＿＿＿

(4) 元金￥6,520,000 を年利率 4.93%の単利で 1 年 5 か月間貸し付けると，期日に受け取る元利合計はいくらか。(円未満切り捨て)

答 ＿＿＿＿＿＿＿＿

(5) 取得価額￥7,640,000 耐用年数 17 年の固定資産を定額法で減価償却すれば，第 13 期末減価償却累計額はいくらになるか。ただし，決算は年 1 回，残存簿価￥1 とする。

答 ＿＿＿＿＿＿＿＿

(6) 原価￥510,000 の商品に原価の 2 割 5 分の利益を見込んで予定売価（定価）をつけたが，予定売価（定価）の 1 割 3 分引きで販売した。実売価はいくらか。

答 ＿＿＿＿＿＿＿＿

(7) 年利率 6.95%の単利で 69 日間貸し付け，期日に利息￥76,728 を受け取った。元金はいくらであったか。

答 ＿＿＿＿＿＿＿＿

(8) 1箱につき¥2,560の商品を410箱仕入れ，諸掛り¥32,900を支払った。この商品に諸掛込原価の31%の利益を見込んで販売すると，利益の総額はいくらになるか。

答 ＿＿＿＿＿＿＿＿

(9) ¥950,000を年利率5%，半年1期の複利で6年間借り入れると，期日に支払う元利合計はいくらになるか。（円未満4捨5入）

答 ＿＿＿＿＿＿＿＿

(10) 定価¥570,000の商品を¥490,200で販売した。値引額は定価の何割何分か。

答 ＿＿＿＿＿＿＿＿

(11) ¥8,640,000を年利率4.58%の単利で借り入れ，期日に利息¥98,928を支払った。借入期間は何か月か。

答 ＿＿＿＿＿＿＿＿

(12) ある施設の今月の水道光熱費は¥380,800で，先月の水道光熱費より12%増加した。先月の水道光熱費はいくらであったか。

答 ＿＿＿＿＿＿＿＿

(13) ある商品を7袋につき¥3,120で仕入れ，仕入代金として¥499,200を支払った。仕入数量は何袋であったか。

答 ＿＿＿＿＿＿＿＿

(14) 12月8日満期，額面¥4,130,000の約束手形を11月8日に割引率年3.52%で割り引くと，手取金はいくらか。（両端入れ，割引料の円未満切り捨て）

答 ＿＿＿＿＿＿＿＿

(15) 10英ガロンにつき£87.46の商品を740英ガロン仕入れた。仕入代金は円でいくらか。ただし，£1＝¥147とする。（計算の最終で円未満4捨5入）

答 ＿＿＿＿＿＿＿＿

(16) 元金￥7,980,000を単利で4か月間貸し付け，期日に利息￥105,336を受け取った。利率は年何パーセントであったか。パーセントの小数第2位まで求めよ。

答 ＿＿＿＿＿＿＿＿

(17) 8年後に支払う負債￥9,750,000の複利現価はいくらか。ただし，年利率4.5%，1年1期の複利とする。(￥100未満切り上げ)

答 ＿＿＿＿＿＿＿＿

(18) 仲立人が売り主・買い主双方から3.9%ずつの手数料を受け取る約束で￥3,780,000の商品の売買を仲介した。買い主の支払総額はいくらか。

答 ＿＿＿＿＿＿＿＿

(19) 10ydにつき￥7,200の商品を40m建にするといくらになるか。ただし，1yd＝0.9144mとする。(計算の最終で円未満4捨5入)

答 ＿＿＿＿＿＿＿＿

(20) 取得価額￥8,650,000 耐用年数38年の固定資産を定額法で減価償却するとき，次の減価償却計算表の第4期末まで記入せよ。ただし，決算は年1回，残存簿価￥1とする。

期数	期首帳簿価額	償却限度額	減価償却累計額
1			
2			
3			
4			

第　学年　組　番	
名前	

正答数	総得点
×5点	

(第3回模擬試験)

公益財団法人　全国商業高等学校協会主催

文　部　科　学　省　後　援

第4回　ビジネス計算実務検定模擬試験

第2級　普通計算部門 (制限時間 A・B・C 合わせて 30 分)

(A) 乗算問題

(注意) 円未満4捨5入，構成比率はパーセントの小数第2位未満4捨5入

1	¥ 2,047 × 4,918 =
2	¥ 9,706 × 691 =
3	¥ 3,284 × 5,237 =
4	¥ 4,896 × 4,108.2 =
5	¥ 17,958 × 53.81 =

答えの小計・合計	合計Aに対する構成比率	
小計(1)〜(3)	(1)	(1)〜(3)
	(2)	
	(3)	
小計(4)〜(5)	(4)	(4)〜(5)
	(5)	
合計A(1)〜(5)		

(注意) セント未満4捨5入，構成比率はパーセントの小数第2位未満4捨5入

6	€ 502.49 × 3,720 =
7	€ 64.21 × 906.4 =
8	€ 82.73 × 5,196 =
9	€ 6,758.31 × 7.61 =
10	€ 793.20 × 456 =

答えの小計・合計	合計Bに対する構成比率	
小計(6)〜(8)	(6)	(6)〜(8)
	(7)	
	(8)	
小計(9)〜(10)	(9)	(9)〜(10)
	(10)	
合計B(6)〜(10)		

第　学年　組　番	
名前	

(B) 除 算 問 題

(注意) 円未満4捨5入，構成比率はパーセントの小数第2位未満4捨5入

1	¥ 98,532 ÷ 46 =
2	¥ 492,453 ÷ 897 =
3	¥ 128 ÷ 1.83 =
4	¥ 916.80 ÷ 0.6 =
5	¥ 3,715 ÷ 5.9 =

答えの小計・合計	合計Cに対する構成比率	
小計(1)〜(3)	(1)	(1)〜(3)
	(2)	
	(3)	
小計(4)〜(5)	(4)	(4)〜(5)
	(5)	
合計C(1)〜(5)		

(注意) セント未満4捨5入，構成比率はパーセントの小数第2位未満4捨5入

6	$ 75,828.60 ÷ 3,681 =
7	$ 693.68 ÷ 23 =
8	$ 946.24 ÷ 0.396 =
9	$ 7,012.52 ÷ 76 =
10	$ 6.54 ÷ 0.847 =

答えの小計・合計	合計Dに対する構成比率	
小計(6)〜(8)	(6)	(6)〜(8)
	(7)	
	(8)	
小計(9)〜(10)	(9)	(9)〜(10)
	(10)	
合計D(6)〜(10)		

	そろばん
	電　卓

第　学年　組　番	
名前	

(解答→別冊 p.38)

		A 乗算		B 除算		C 見取算		普通計算合計点
		正答数	得点	正答数	得点	正答数	得点	
珠算	(1)〜(10)	×10点		×10点		×10点		
電卓	(1)〜(10)	×5点		×5点		×5点		
	小計・合計・構成比率	×5点		×5点		×5点		

(第4回模擬試験)

第4回　ビジネス計算実務検定模擬試験

第2級　普通計算部門 (制限時間A・B・C合わせて30分)

(C) 見取算問題

(注意) 構成比率はパーセントの小数第2位未満4捨5入

No.	1	2	3	4	5
1	¥ 1,634	¥ 93,418,720	¥ 8,492	¥ 103,518	¥ 92,137
2	92,618	7,365,142	7,184	2,051,893	92,376
3	24,987	817,026	−3,658	2,563,947	136,945
4	5,493	376,421	−5,789	1,872,460	46,052
5	53,020	60,298,534	1,057	824,065	−64,283
6	4,916	705,918	9,762	3,280,754	823,170
7	6,120	36,485,902	2,065	934,605	18,635
8	35,108	653,849	−7,284	5,913,647	90,137
9	50,286	84,157,209	−2,973	879,204	−24,918
10	5,847	5,937,061	6,741	6,951,037	−584,790
11	70,593		3,024	3,748,291	54,018
12	42,867		1,636	2,816,976	78,502
13	28,071		5,108		−68,490
14	91,367		1,496		−26,045
15	73,594		7,350		−385,967
16			−5,490		73,154
17			−8,293		217,069
18			−1,083		
19			9,304		
20			5,162		
計					

答えの小計合計	小計(1)〜(3)	小計(4)〜(5)
	合計E(1)〜(5)	

合計Eに対する構成比率	(1)	(2)	(3)	(4)	(5)
	(1)〜(3)			(4)〜(5)	

（注意）構成比率はパーセントの小数第2位未満4捨5入

No.	6	7	8	9	10
1	£ 70,538.19	£ 8,948.15	£ 149,253.06	£ 273.69	£ 31,082.95
2	39,204.58	609,214.38	61,970.84	5,374.98	649.31
3	70,362.91	51.87	85,723.91	61,956.27	5,946.20
4	63,897.45	−708.41	36,480.12	−10,975.26	318.49
5	19,420.56	−6,940.72	25,378.19	−913.78	612,785.07
6	53,647.82	−53.97	269,015.73	39,741.80	137.90
7	95,841.70	627.38	15,234.60	62,504.69	9,831.64
8	61,452.37	90,165.32	90,267.48	70,841.52	720.52
9	82,017.63	462,789.31	27,495.68	386.01	854.06
10	10,628.94	532.09	57,038.54	25,104.38	356.79
11		70,413.65	391,640.87	−92,850.43	4,078.24
12		−52,430.69		−5,836.49	7,103.58
13		106,742.58		−16,420.75	9,078.62
14				37,802.14	32,569.41
15					724,831.65
計					

答えの小計合計	小計(6)〜(8)	小計(9)〜(10)
	合計 F (6)〜(10)	

合計Fに対する構成比率	(6)	(7)	(8)	(9)	(10)
	(6)〜(8)			(9)〜(10)	

第　学年　組　番	
名前	

	そろばん
	電　卓

（C）見取算得点

総　得　点

第4回ビジネス計算実務検定模擬試験

第２級　ビジネス計算部門（制限時間30分）

（注意）Ⅰ．減価償却費・複利の計算については，別紙の数表を用いること。
Ⅱ．答えに端数が生じた場合は（　）内の条件によって処理すること。

(1) ＄425.68は円でいくらか。ただし，＄1＝￥110とする。（円未満4捨5入）

答 ＿＿＿＿＿＿＿＿

(2) 4月12日満期，額面￥6,240,000の手形を2月15日に割引率年4.59%で割り引くと，割引料はいくらか。（平年，両端入れ，円未満切り捨て）

答 ＿＿＿＿＿＿＿＿

(3) 取得価額￥5,940,000耐用年数17年の固定資産を定額法で減価償却すれば，第6期末減価償却累計額はいくらになるか。ただし，決算は年1回，残存簿価￥1とする。

答 ＿＿＿＿＿＿＿＿

(4) 元金￥1,920,000を年利率3.75%の単利で132日間貸し付けると，期日に受け取る利息はいくらか。（円未満切り捨て）

答 ＿＿＿＿＿＿＿＿

(5) ある商品を￥725,400で販売したところ，原価の17%の利益を得た。この商品の原価はいくらであったか。

答 ＿＿＿＿＿＿＿＿

(6) 原価￥1,400,000の商品を予定売価（定価）の30%引きで売っても，なお原価の25%の利益を得るには予定売価（定価）をいくらにすればよいか。

答 ＿＿＿＿＿＿＿＿

(7) ￥7,490,000を年利率1.82%の単利で9月12日から12月25日まで貸し付けると，期日に受け取る元利合計はいくらか。（片落とし，円未満切り捨て）

答 ＿＿＿＿＿＿＿＿

(8) 原価¥540,000の商品に¥104,000の利益を見込んで予定売価（定価）をつけたが，予定売価（定価）の6％引きで販売した。実売価はいくらであったか。

答 ＿＿＿＿＿＿＿＿＿＿

(9) ある製品の先月の生産高は¥910,000で，今月の生産高は¥782,600であった。今月の生産高は先月の生産高に比べて何パーセント減少したか。

答 ＿＿＿＿＿＿＿＿＿＿

(10) 1kgにつき¥390の商品を1,300kg仕入れ，諸掛り¥34,600を支払った。この商品に諸掛込原価の3割5分の利益を見込んで販売すると，実売価の総額はいくらになるか。

答 ＿＿＿＿＿＿＿＿＿＿

(11) 年利率0.72％の単利で8か月間借り入れ，期日に利息¥20,544を支払った。元金はいくらであったか。

答 ＿＿＿＿＿＿＿＿＿＿

(12) ¥5,660,000を年利率7％，1年1期の複利で15年間貸すと，複利利息はいくらか。（円未満4捨5入）

答 ＿＿＿＿＿＿＿＿＿＿

(13) 10Lにつき€86.75の商品を430L仕入れた。仕入代金は円でいくらか。ただし，€1＝¥133とする。（計算の最終で円未満4捨5入）

答 ＿＿＿＿＿＿＿＿＿＿

(14) 額面¥8,450,000の約束手形を割引率年4.15％で割り引くと，手取金はいくらか。ただし，割引日数は91日とする。（割引料の円未満切り捨て）

答 ＿＿＿＿＿＿＿＿＿＿

(15) ある商品を6本につき¥1,740で仕入れ，仕入代金として¥417,600を支払った。仕入数量は何本か。

答 ＿＿＿＿＿＿＿＿＿＿

(16) 元金¥8,760,000を年利率1.25%の単利で貸し付け，期日に¥37,200を受け取った。貸付期間は何日間であったか。

答 ＿＿＿＿＿＿＿＿

(17) 仲立人が売り主・買い主双方から6.7%ずつの手数料を受け取る約束で¥1,890,000の商品の売買を仲介した。売り主の手取金はいくらか。

答 ＿＿＿＿＿＿＿＿

(18) 4年6か月後に支払う負債¥870,000を年利率5%，半年1期の複利で割り引いて，いま支払うとすればその金額はいくらか。（¥100未満切り上げ）

答 ＿＿＿＿＿＿＿＿

(19) 1米トンにつき¥710,000の商品を30kg建にするといくらになるか。ただし，1米トン＝907.2kgとする。（計算の最終で円未満4捨5入）

答 ＿＿＿＿＿＿＿＿

(20) 取得価額¥6,570,000耐用年数27年の固定資産を定額法で減価償却するとき，次の減価償却計算表の第4期末まで記入せよ。ただし，決算は年1回，残存簿価¥1とする。

期数	期首帳簿価額	償却限度額	減価償却累計額
1			
2			
3			
4			

第　学年　組　番
名前

正答数	総得点
×5点	

（第4回模擬試験）

公益財団法人　全国商業高等学校協会主催

文　部　科　学　省　後　援

第5回　ビジネス計算実務検定模擬試験

第2級　普通計算部門 （制限時間A・B・C合わせて30分）

(A) 乗算問題

（注意）円未満4捨5入，構成比率はパーセントの小数第2位未満4捨5入

1	¥ 53,619 × 240.1 =
2	¥ 4,187 × 247 =
3	¥ 50,214 × 40 =
4	¥ 817 × 4,098.64 =
5	¥ 36,703 × 692 =

答えの小計・合計	合計Aに対する構成比率	
小計(1)〜(3)	(1)	(1)〜(3)
	(2)	
	(3)	
小計(4)〜(5)	(4)	(4)〜(5)
	(5)	
合計A(1)〜(5)		

（注意）セント未満4捨5入，構成比率はパーセントの小数第2位未満4捨5入

6	$ 895.17 × 27.56 =
7	$ 5,186.09 × 941 =
8	$ 798.63 × 713 =
9	$ 2.83 × 574,328 =
10	$ 3,895 × 1,605.2 =

答えの小計・合計	合計Bに対する構成比率	
小計(6)〜(8)	(6)	(6)〜(8)
	(7)	
	(8)	
小計(9)〜(10)	(9)	(9)〜(10)
	(10)	
合計B(6)〜(10)		

第　学年　組　番	
名前	

(B) 除算問題

(注意) 円未満4捨5入, 構成比率はパーセントの小数第2位未満4捨5入

1	¥ 939,128 ÷ 2,638 =
2	¥ 72,471 ÷ 493 =
3	¥ 216,247.3 ÷ 928.1 =
4	¥ 930,471 ÷ 5,890 =
5	¥ 45,129 ÷ 984 =

答えの小計・合計	合計Cに対する構成比率	
小計(1)〜(3)	(1)	(1)〜(3)
	(2)	
	(3)	
小計(4)〜(5)	(4)	(4)〜(5)
	(5)	
合計C(1)〜(5)		

(注意) ペンス未満4捨5入, 構成比率はパーセントの小数第2位未満4捨5入

6	£ 113,160.96 ÷ 792 =
7	£ 64,358.68 ÷ 587 =
8	£ 32,309.55 ÷ 263 =
9	£ 1,384.06 ÷ 50.7 =
10	£ 28,776.51 ÷ 21 =

答えの小計・合計	合計Dに対する構成比率	
小計(6)〜(8)	(6)	(6)〜(8)
	(7)	
	(8)	
小計(9)〜(10)	(9)	(9)〜(10)
	(10)	
合計D(6)〜(10)		

	そろばん
	電　卓

第　学年　組　番	
名前	

(解答→別冊 p.42)

		A 乗算		B 除算		C 見取算		普通計算合計点
		正答数	得点	正答数	得点	正答数	得点	
珠算	(1)〜(10)	×10点		×10点		×10点		
電卓	(1)〜(10)	×5点		×5点		×5点		
	小計・合計・構成比率	×5点		×5点		×5点		

(第5回模擬試験)

第5回　ビジネス計算実務検定模擬試験

第2級　普通計算部門 (制限時間 A・B・C 合わせて 30 分)

(C) 見取算問題

(注意) 構成比率はパーセントの小数第2位未満4捨5入

No.	1	2	3	4	5
1	¥ 1,875	¥ 78,356	¥ 97,503,246	¥ 509,867	45,204
2	25,083	8,029	15,049,327	7,560,213	5,840
3	1,452	1,246	−48,093,615	49,152	9,015
4	472,635	4,197,062	14,975,802	201,984	−6,401
5	8,726	241,379	46,203,918	517,230	−29,635
6	9,038	8,435	37,869,751	37,615,098	1,379
7	75,609	4,851	28,670,413	942,138	6,192
8	9,402	609,237	−86,042,359	65,974	39,310
9	1,346	53,092	−67,583,421	1,468,703	81,296
10	2,091	4,765	72,861,950	384,762	70,436
11	68,453	89,162		90,465,238	−83,627
12	941,637	7,071			−6,703
13	8,175	68,290			27,551
14	364,891	5,039			4,635
15	90,270	1,684,357			−2,054
16		581,304			−39,087
17					−78,128
18					26,489
19					9,758
20					8,471
計					

答えの小計合計	小計(1)〜(3)	小計(4)〜(5)
	合計 E (1)〜(5)	

合計 E に対する構成比率	(1)	(2)	(3)	(4)	(5)
	(1)〜(3)			(4)〜(5)	

（注意）構成比率はパーセントの小数第2位未満4捨5入

No.	6	7	8	9	10
1	€ 703,815.46	€ 916.43	€ 2,397.86	€ 71,986.34	€ 1,489.25
2	78.24	34,185.76	78,092.31	497,312.08	3,798.20
3	172.48	928.64	86,123.57	−46,078.59	4,067.28
4	43,605.98	−31,876.59	613,754.60	965,483.21	2,496.53
5	8,103.05	869.05	21,705.49	93,850.14	3,679.81
6	980,613.52	562.73	81,057.42	−34,608.72	5,816.73
7	29.75	−1,245.08	586,913.04	−270,571.43	7,230.59
8	145.62	601.29	94,820.56	−409,516.78	4,853.17
9	92.47	91,247.85	6,041.93	21,605.94	5,741.92
10	9,103.86	−123.40	28,539.47	69,132.58	2,431.60
11	621,753.90	−597.02		672,531.20	3,180.67
12	70,964.83	−2,408.97		529,703.68	4,801.65
13	239,564.17	470.83			6,409.52
14		70,631.35			7,094.18
15					2,950.36
計					

答えの小計合計	小計(6)〜(8)	小計(9)〜(10)
	合計F(6)〜(10)	

合計Fに対する構成比率	(6)	(7)	(8)	(9)	(10)
	(6)〜(8)			(9)〜(10)	

第 学年 組 番	
名前	

	そろばん
	電 卓

(C) 見取算得点

総 得 点

第5回ビジネス計算実務検定模擬試験

第 2 級　ビジネス計算部門（制限時間 30 分）

（注意）Ⅰ．減価償却費・複利の計算については，別紙の数表を用いること。
Ⅱ．答えに端数が生じた場合は（　）内の条件によって処理すること。

(1) 取得価額 ¥4,650,000 耐用年数 40 年の固定資産を定額法で減価償却すれば，第 12 期末減価償却累計額はいくらになるか。ただし，決算は年 1 回，残存簿価 ¥1 とする。

答 ________________

(2) 額面 ¥9,820,000 の約束手形を割引率年 4.95% で割り引くと，割引料はいくらか。ただし，割引日数は 46 日とする。(円未満切り捨て)

答 ________________

(3) 原価 ¥1,840,000 の商品を予定売価（定価）の 8 分引きで売っても，なお原価の 2 割 8 分の利益を得るには予定売価（定価）をいくらにすればよいか。

答 ________________

(4) 元金 ¥1,240,000 を年利率 7.98% の単利で 1 年 5 か月間貸し付けると，期日に受け取る元利合計はいくらか。

答 ________________

(5) ある商品を ¥700,400 で販売したところ，原価の 15% の損失となった。この商品の原価はいくらであったか。

答 ________________

(6) 9,100 米ガロンは何リットルか。ただし，1 米ガロン = 3.785L とする。
(リットル未満 4 捨 5 入)

答 ________________

(7) 年利率 4.35% の単利で 107 日間貸し付け，期日に利息 ¥65,163 を受け取った。元金はいくらであったか。

答 ________________

(8) ある商品を5足につき¥815で仕入れ，仕入代金¥136,920を支払った。仕入数量は何足であったか。

答 ________________

(9) ¥2,830,000を年利率5%，半年1期の複利で6年間貸し付けると，複利終価はいくらになるか。（円未満4捨5入）

答 ________________

(10) 1箱につき¥4,235の商品を140箱仕入れ，諸掛り¥32,900を支払った。この商品に諸掛込原価の12%の利益を見込んで販売すると，利益の総額はいくらか。

答 ________________

(11) ある説明会の今月の参加者数は229,400人で，先月の参加者数は185,000人であった。今月の参加者数は先月に比べて何割何分増加したか。

答 ________________

(12) ¥7,260,000を単利で8か月間借り入れ，期日に利息¥79,376を支払った。利率は年何パーセントであったか。パーセントの小数第2位まで求めよ。

答 ________________

(13) 予定売価（定価）¥710,000の商品を¥433,100で販売した。値引額は予定売価（定価）の何パーセントであったか。

答 ________________

(14) 11月7日満期，額面¥3,920,000の手形を9月28日に割引率年6.53%で割り引くと，手取金はいくらか。（両端入れ，割引料の円未満切り捨て）

答 ________________

(15) 10kgにつき€351.49の商品を120kg仕入れた。仕入代金は円でいくらか。ただし，€1＝¥112とする。（計算の最終で円未満4捨5入）

答 ________________

(16) 仲立人が売り主から3.9％，買い主から2.8％の手数料を受け取る約束で，¥8,160,000の商品の売買を仲介した。仲立人が得た手数料の合計額はいくらか。

答 ＿＿＿＿＿＿＿＿

(17) ¥4,570,000を年利率6.41％の単利で63日間借り入れると，期日に支払う利息はいくらか。（円未満切り捨て）

答 ＿＿＿＿＿＿＿＿

(18) 10ydにつき¥52,300の商品を30m建にするといくらになるか。ただし，1yd＝0.9144mとする。（計算の最終で円未満4捨5入）

答 ＿＿＿＿＿＿＿＿

(19) 6年後に支払う負債¥520,000を年利率7％，半年1期の複利で割り引いて，いま支払うとすればその金額はいくらか。（円未満4捨5入）

答 ＿＿＿＿＿＿＿＿

(20) 取得価額¥7,650,000耐用年数39年の固定資産を定額法で減価償却するとき，次の減価償却計算表の第4期末まで記入せよ。ただし，決算は年1回，残存簿価¥1とする。

期数	期首帳簿価額	償却限度額	減価償却累計額
1			
2			
3			
4			

第　学年　組　番		正答数	総得点
名前		×5点	

（第5回模擬試験）

公益財団法人　全国商業高等学校協会主催

文　部　科　学　省　後　援

第6回　ビジネス計算実務検定模擬試験

第２級　普通計算部門 (制限時間 A・B・C 合わせて 30 分)

(A) 乗算問題

(注意) 円未満4捨5入，構成比率はパーセントの小数第2位未満4捨5入

1	¥ 81,905 × 9,602 =
2	¥ 1,602 × 467 =
3	¥ 60,129 × 703 =
4	¥ 9,280 × 10,475 =
5	¥ 9,431 × 1.374 =

答えの小計・合計	合計 A に対する構成比率	
小計(1)〜(3)	(1)	(1)〜(3)
	(2)	
	(3)	
小計(4)〜(5)	(4)	(4)〜(5)
	(5)	
合計 A (1)〜(5)		

(注意) ペンス未満4捨5入，構成比率はパーセントの小数第2位未満4捨5入

6	£ 490.17 × 0.324 =
7	£ 27.35 × 648.31 =
8	£ 639.25 × 5,867 =
9	£ 85.43 × 83,975 =
10	£ 1.86 × 5,847 =

答えの小計・合計	合計 B に対する構成比率	
小計(6)〜(8)	(6)	(6)〜(8)
	(7)	
	(8)	
小計(9)〜(10)	(9)	(9)〜(10)
	(10)	
合計 B (6)〜(10)		

第　学年　組　番	
名前	

（B）除算問題

（注意）円未満4捨5入，構成比率はパーセントの小数第2位未満4捨5入

1	¥ 401,274 ÷ 7,431 =
2	¥ 64,050.40 ÷ 271.4 =
3	¥ 546,672.9 ÷ 915.7 =
4	¥ 10,560 ÷ 73.1 =
5	¥ 297,408 ÷ 3,429 =

答えの小計・合計	合計Cに対する構成比率	
小計(1)～(3)	(1)	(1)～(3)
	(2)	
	(3)	
小計(4)～(5)	(4)	(4)～(5)
	(5)	
合計C(1)～(5)		

（注意）セント未満4捨5入，構成比率はパーセントの小数第2位未満4捨5入

6	€ 8,903.40 ÷ 2,698 =
7	€ 9,537.18 ÷ 463.1 =
8	€ 8,029.28 ÷ 856 =
9	€ 3,972.60 ÷ 56.3 =
10	€ 60,134.57 ÷ 26,491 =

答えの小計・合計	合計Dに対する構成比率	
小計(6)～(8)	(6)	(6)～(8)
	(7)	
	(8)	
小計(9)～(10)	(9)	(9)～(10)
	(10)	
合計D(6)～(10)		

	そろばん
	電　卓

第　学年　組　番	
名前	

（解答→別冊 p.46）

		A 乗算		B 除算		C 見取算		普通計算合計点
		正答数	得点	正答数	得点	正答数	得点	
珠算	(1)～(10)	×10点		×10点		×10点		
電卓	(1)～(10)	×5点		×5点		×5点		
	小計・合計・構成比率	×5点		×5点		×5点		

（第6回模擬試験）

第6回　ビジネス計算実務検定模擬試験

第2級　普通計算部門 （制限時間A・B・C合わせて30分）

(C) 見取算問題

（注意）構成比率はパーセントの小数第2位未満4捨5入

No.	1	2	3	4	5
1	¥ 576,981	¥ 14,720	¥ 4,897,312	¥ 962,058	¥ 9,801
2	16,027,853	92,417	3,657,028	4,526	2,509
3	23,768,450	−6,192	2,649,370	68,297	8,207
4	3,561,247	−1,530	291,786	8,531,702	9,738
5	647,392	4,783	1,460,753	−59,064	8,495
6	1,435,089	40,159	831,249	5,130,428	3,054
7	19,784,206	−25,684	5,890,361	23,175	1,736
8	402,893	30,497	45,013	−4,719,586	7,064
9	1,397,504	87,603	26,574	−7,219,034	4,780
10	5,618,209	−3,285	509,817	2,837,649	2,641
11		−91,602	9,064,285	476,108	9,652
12		78,351		5,041,983	1,983
13		26,458		−6,734,190	5,267
14		58,096		−7,836	4,183
15		−7,650		103,925	5,312
16		97,861			9,380
17		34,239			7,546
18					3,145
19					2,716
20					6,902
計					

答えの小計合計	小計(1)〜(3)	小計(4)〜(5)
	合計E(1)〜(5)	

合計Eに対する構成比率	(1)	(2)	(3)	(4)	(5)
	(1)〜(3)			(4)〜(5)	

（注意）構成比率はパーセントの小数第2位未満4捨5入

No.	6	7	8	9	10
1	$ 562.90	$ 407.26	$ 89,146.27	$ 702,963.50	$ 594,782.03
2	398.04	901,736.82	28,907.61	37,820.95	5,190.64
3	8,641.37	207,609.15	62,071.53	624.08	−49,768.72
4	273.86	25,264.89	−75,318.24	18,467.29	583,941.06
5	1,064.98	643.97	−90,342.15	2,196.58	175,430.69
6	5,391.85	852,160.73	62,531.09	50.91	490,678.12
7	950.16	5,038.29	49,365.80	402,783.56	−31,280.35
8	257.34	1,538.74	75,081.46	124,539.08	−851,792.30
9	984.71	528,497.31	−94,837.02	61.43	−6,753.27
10	520.69	495.81	49,573.68	7,890.64	31,842.96
11	271.83	679,531.48		931,406.57	86,502.41
12	9,473.02	73,601.84		165,839.74	
13	457.20	196,345.20		4,718.23	
14	7,140.62			523.71	
15	815.63				
計					

答えの小計合計	小計(6)〜(8)	小計(9)〜(10)
	合計F(6)〜(10)	

合計Fに対する構成比率	(6)	(7)	(8)	(9)	(10)
	(6)〜(8)			(9)〜(10)	

第 学年 組 番
名前

	そろばん
	電 卓

（C）見取算得点

総 得 点

第6回ビジネス計算実務検定模擬試験

第 2 級　ビジネス計算部門（制限時間 30 分）

（注意）Ⅰ．減価償却費・複利の計算については，別紙の数表を用いること。
Ⅱ．答えに端数が生じた場合は（　）内の条件によって処理すること。

(1) €895.64 は円でいくらか。ただし，€1 = ¥113 とする。（円未満4捨5入）

答 ＿＿＿＿＿＿＿＿

(2) 原価¥1,200,000 の商品を予定売価（定価）の 40%引きで売っても，なお原価の16%の利益を得るには予定売価（定価）をいくらにすればよいか。

答 ＿＿＿＿＿＿＿＿

(3) 12 月 10 日満期，額面¥5,180,000 の手形を 10 月 4 日に割引率年 8.25%で割り引くと，割引料はいくらか。（両端入れ，円未満切り捨て）

答 ＿＿＿＿＿＿＿＿

(4) 元金¥6,470,000 を年利率 3.58%の単利で 4 月 12 日から 7 月 18 日まで貸し付けると，期日に受け取る元利合計はいくらか。（片落とし，円未満切り捨て）

答 ＿＿＿＿＿＿＿＿

(5) 取得価額¥38,470,000 耐用年数 28 年の固定資産を定額法で減価償却すれば，第10 期首帳簿価額はいくらになるか。ただし，決算は年 1 回，残存簿価¥1 とする。

答 ＿＿＿＿＿＿＿＿

(6) 原価¥182,000 の商品を¥245,700 で販売した。利益額は原価の何割何分か。

答 ＿＿＿＿＿＿＿＿

(7) 元金¥4,260,000 を年利率 3.52%の単利で借り入れ，期日に利息¥199,936 を支払った。借入期間は何年何か月間であったか。

答 ＿＿＿＿＿＿＿＿

(8) 原価¥860,000の商品に¥113,000の利益を見込んで予定売価（定価）をつけたが，予定売価（定価）の14%引きで販売した。実売価はいくらか。

答 ＿＿＿＿＿＿＿＿＿＿

(9) ¥480,000を年利率6%，半年1期の複利で3年6か月間借り入れると，期日に支払う元利合計はいくらになるか。（円未満4捨5入）

答 ＿＿＿＿＿＿＿＿＿＿

(10) ある検定試験の昨年度の受験者数は123,000人で，今年度の受験者数は昨年度より24%増加した。今年度の受験者数は何人であったか。

答 ＿＿＿＿＿＿＿＿＿＿

(11) ¥3,840,000を単利で292日間借り入れ，期日に利息¥44,544を支払った。利率は年何パーセントであったか。パーセントの小数第2位まで求めよ。

答 ＿＿＿＿＿＿＿＿＿＿

(12) 30冊につき¥830の商品を9,300冊仕入れ，諸掛り¥32,100を支払った。この商品に諸掛込原価の29%の利益を見込んで販売すると，実売価の総額はいくらになるか。

答 ＿＿＿＿＿＿＿＿＿＿

(13) ある商品を10枚につき¥3,450で仕入れ，代金¥1,794,000を支払った。仕入数量は何枚であったか。

答 ＿＿＿＿＿＿＿＿＿＿

(14) 3月25日満期，額面¥3,960,000の約束手形を1月21日に割引率年4.15%で割り引くと，手取金はいくらか。（平年，両端入れ，割引料の円未満切り捨て）

答 ＿＿＿＿＿＿＿＿＿＿

(15) 10英ガロンにつき£32.78の商品を430英ガロン仕入れた。仕入代金は円でいくらか。ただし，£1 = ¥129とする。（計算の最終で円未満4捨5入）

答 ＿＿＿＿＿＿＿＿＿＿

(16) ¥2,960,000を年利率2.34%の単利で124日間貸し付けると，利息はいくらか。
(円未満切り捨て)

答 ＿＿＿＿＿＿＿＿

(17) 4年6か月後に支払う負債¥5,630,000を年利率4%，半年1期の複利で割り引いて，いま支払うとすればその金額はいくらか。(¥100未満切り上げ)

答 ＿＿＿＿＿＿＿＿

(18) 仲立人が売り主・買い主双方から3.4%ずつの手数料を受け取る約束で¥1,980,000の商品の売買を仲介した。買い主の支払総額はいくらか。

答 ＿＿＿＿＿＿＿＿

(19) 1lbにつき¥643の商品を20kg建にするといくらになるか。ただし，1lb = 0.4536 kgとする。(計算の最終で円未満4捨5入)

答 ＿＿＿＿＿＿＿＿

(20) 取得価額¥8,690,000耐用年数17年の固定資産を定額法で減価償却するとき，次の減価償却計算表の第4期末まで記入せよ。ただし，決算は年1回，残存簿価¥1とする。

期数	期首帳簿価額	償却限度額	減価償却累計額
1			
2			
3			
4			

第　学年　組　番	
名前	

正答数	総得点
×5点	

公益財団法人　全国商業高等学校協会主催

文　部　科　学　省　後　援

第7回　ビジネス計算実務検定模擬試験

第2級　普通計算部門 （制限時間 A・B・C 合わせて 30 分）

(A) 乗算問題

（注意）円未満4捨5入，構成比率はパーセントの小数第2位未満4捨5入

1	¥ 8,124 × 1,278 =
2	¥ 18,029 × 375.2 =
3	¥ 6,104 × 139 =
4	¥ 586 × 17,234 =
5	¥ 70,934 × 54.21 =

答えの小計・合計	合計 A に対する構成比率	
小計(1)〜(3)	(1)	(1)〜(3)
	(2)	
	(3)	
小計(4)〜(5)	(4)	(4)〜(5)
	(5)	
合計 A (1)〜(5)		

（注意）セント未満4捨5入，構成比率はパーセントの小数第2位未満4捨5入

6	€ 356.04 × 0.684 =
7	€ 975.87 × 680 =
8	€ 569.34 × 3,019 =
9	€ 1,327.59 × 2.75
10	€ 659.42 × 430.5 =

答えの小計・合計	合計 B に対する構成比率	
小計(6)〜(8)	(6)	(6)〜(8)
	(7)	
	(8)	
小計(9)〜(10)	(9)	(9)〜(10)
	(10)	
合計 B (6)〜(10)		

第　学年　組　番	
名前	

(B) 除算問題

(注意) 円未満4捨5入，構成比率はパーセントの小数第2位未満4捨5入

1	¥ 824,318 ÷ 4,631 =
2	¥ 68,012 ÷ 694 =
3	¥ 496,587 ÷ 749 =
4	¥ 9,702.32 ÷ 52.73 =
5	¥ 725.20 ÷ 3.92 =

答えの小計・合計	合計Cに対する構成比率	
小計(1)～(3)	(1)	(1)～(3)
	(2)	
	(3)	
小計(4)～(5)	(4)	(4)～(5)
	(5)	
合計C(1)～(5)		

(注意) セント未満4捨5入，構成比率はパーセントの小数第2位未満4捨5入

6	$ 9,031.58 ÷ 735.8 =
7	$ 9,374.82 ÷ 102 =
8	$ 8,392.68 ÷ 684 =
9	$ 374,034.48 ÷ 5,402 =
10	$ 6,073.89 ÷ 408.1 =

答えの小計・合計	合計Dに対する構成比率	
小計(6)～(8)	(6)	(6)～(8)
	(7)	
	(8)	
小計(9)～(10)	(9)	(9)～(10)
	(10)	
合計D(6)～(10)		

	そろばん
	電　卓

第　学年　組　番	
名前	

(解答→別冊 p.50)

		A 乗算		B 除算		C 見取算		普通計算合計点
		正答数	得点	正答数	得点	正答数	得点	
珠算	(1)～(10)	×10点		×10点		×10点		
電卓	(1)～(10)	×5点		×5点		×5点		
	小計・合計・構成比率	×5点		×5点		×5点		

(第7回模擬試験)

第7回　ビジネス計算実務検定模擬試験

第2級　普通計算部門 (制限時間 A・B・C 合わせて 30 分)

(C) 見取算問題

(注意) 構成比率はパーセントの小数第2位未満4捨5入

No.	1	2	3	4	5
1	¥ 1,902,583	¥ 357,082	¥ 62,530	¥ 5,212	¥ 532,710
2	2,539,708	67,193	710,329	93,065	4,976
3	2,081,367	28,764	1,069,487	6,752	8,287
4	2,517,406	−403,782	75,012	1,406	60,249
5	7,948,132	−25,938	47,186,035	−4,628	1,408
6	4,362,710	68,741	8,562,741	1,340	4,195
7	9,871,645	24,801	930,294	94,173	8,324
8	6,895,401	802,573	95,403	5,234	962,780
9	7,263,594	91,682	684,918	9,428	35,046
10	3,605,849	−47,569	76,852,436	−2,087	9,641
11		−312,957	3,718,295	−3,091	2,574
12		−60,149		8,476	76,301
13		453,016		81,054	3,805
14		10,965		5,397	308,579
15		49,530		2,057	5,893
16				−1,879	1,528
17				−18,765	7,192
18				−6,039	64,037
19				8,693	6,152
20					9,613
計					

答えの小計合計		
	小計(1)〜(3)	小計(4)〜(5)
	合計 E (1)〜(5)	

合計 E に対する構成比率					
	(1)	(2)	(3)	(4)	(5)
	(1)〜(3)			(4)〜(5)	

（注意）構成比率はパーセントの小数第2位未満4捨5入

No.	6	7	8	9	10
1	£ 86,345.97	£ 869,375.10	£ 950,347.21	£ 3,609.41	£ 815.63
2	9,860.73	63,412.89	692,713.05	710.89	179,820.65
3	−281.54	94,025.65	986,245.07	6,937.58	97,634.21
4	−58,190.74	72,431.56	157,034.89	63,051.82	47.59
5	92.34	86,170.32	−925,436.18	807.26	287,863.05
6	406.92	10,248.97	983,196.70	6,214.59	157.84
7	−1,567.29	24,379.58	827,546.03	205.96	2,643.91
8	60,295.17	306,785.41	−459,182.36	87,109.32	86.02
9	23.04	92,563.74	−301,784.62	43,061.38	954,820.16
10	−47,053.81	92,180.45	527,801.64	164.75	3,756.04
11	361.78	86,907.13		7,805.13	467,891.20
12	15,683.20			90,714.25	1,950.23
13				698.24	73,093.42
14				42,537.44	139,507.48
15				8,235.97	
計					

答えの小計合計	小計(6)〜(8)	小計(9)〜(10)
	合計F(6)〜(10)	

合計Fに対する構成比率	(6)	(7)	(8)	(9)	(10)
	(6)〜(8)			(9)〜(10)	

第　学年　組　番	
名前	

	そろばん
	電　卓

(C) 見取算得点	総　得　点

第7回ビジネス計算実務検定模擬試験

第 2 級　ビジネス計算部門（制限時間 30 分）

（注意）Ⅰ．減価償却費・複利の計算については，別紙の数表を用いること。
Ⅱ．答えに端数が生じた場合は（　）内の条件によって処理すること。

(1) 元金￥8,590,000を年利率3.87%の単利で1年2か月間借り入れると，期日に支払う元利合計はいくらか。（円未満切り捨て）

答 ＿＿＿＿＿＿＿＿＿＿

(2) 額面￥5,730,000の約束手形を割引率年1.75%で割り引くと，割引料はいくらか。ただし，割引日数は71日とする。（円未満切り捨て）

答 ＿＿＿＿＿＿＿＿＿＿

(3) 原価￥1,260,000の商品を予定売価（定価）の3割7分引きで売っても，なお原価の1割5分の利益を得るには予定売価（定価）をいくらにすればよいか。

答 ＿＿＿＿＿＿＿＿＿＿

(4) 19,700lbは何キログラムか。ただし，1lb＝0.4536kgとする。（キログラム未満4捨5入）

答 ＿＿＿＿＿＿＿＿＿＿

(5) 取得価額￥8,640,000耐用年数20年の固定資産を定額法で減価償却すれば，第10期首帳簿価額はいくらになるか。ただし，決算は年1回，残存簿価￥1とする。

答 ＿＿＿＿＿＿＿＿＿＿

(6) 原価￥370,000の商品に原価の13%の利益を見込んで予定売価(定価)をつけたが，予定売価（定価）の7%引きで販売した。実売価はいくらか。

答 ＿＿＿＿＿＿＿＿＿＿

(7) 元金￥3,950,000を年利率7.28%の単利で243日間借りると，期日に支払う利息はいくらか。（円未満切り捨て）

答 ＿＿＿＿＿＿＿＿＿＿

(8) ¥6,980,000を年利率5%，半年1期の複利で4年間貸すと，複利利息はいくらか。（円未満4捨5入）

答 ＿＿＿＿＿＿＿＿

(9) 予定売価（定価）¥653,000の商品を¥502,810で販売した。値引額は予定売価（定価）の何割何分か。

答 ＿＿＿＿＿＿＿＿

(10) 1組につき¥3,240の商品を290組仕入れ，諸掛り¥30,800を支払った。この商品に諸掛込原価の28%の利益を見込んで販売すると，利益の総額はいくらになるか。

答 ＿＿＿＿＿＿＿＿

(11) 年利率1.06%の単利で9か月間貸し付け，期日に利息¥58,989を受け取った。元金はいくらであったか。

答 ＿＿＿＿＿＿＿＿

(12) 1個につき¥319の商品を仕入れ，仕入代金として¥727,320を支払った。仕入数量は何ダースか。

答 ＿＿＿＿＿＿＿＿

(13) ある食物の6月の収穫量は763,000トンで，7月の収穫量は6月の収穫量と比べて8.5%減少した。7月の収穫量は何トンであったか。

答 ＿＿＿＿＿＿＿＿

(14) 11月29日満期，額面¥4,510,000の手形を9月15日に割引率年2.56%で割り引くと，手取金はいくらか。（両端入れ，割引料の円未満切り捨て）

答 ＿＿＿＿＿＿＿＿

(15) 10lbにつき€918.36の商品を90lb仕入れた。仕入代金は円でいくらか。ただし，€1 = ¥154とする。（計算の最終で円未満4捨5入）

答 ＿＿＿＿＿＿＿＿

(16) 1英ガロンにつき¥6,540の商品を50L建にするといくらになるか。ただし，1英ガロン＝4.546Lとする。(計算の最終で円未満4捨5入)

答 ________________

(17) 仲立人が売り主・買い主双方から1.9％ずつの手数料を受け取る約束で¥7,350,000の商品の売買を仲介した。売り主の手取金はいくらか。

答 ________________

(18) 5年6か月後に支払う負債¥1,764,000を年利率4%，半年1期の複利で割り引いて，いま支払うとすればその金額はいくらか。(¥100未満切り上げ)

答 ________________

(19) ¥2,190,000を年利率6.35％の単利で借り入れ，期日に利息¥85,725を支払った。借入期間は何日間であったか。

答 ________________

(20) 取得価額¥9,210,000耐用年数28年の固定資産を定額法で減価償却するとき，次の減価償却計算表の第4期末まで記入せよ。ただし，決算は年1回，残存簿価¥1とする。

期数	期首帳簿価額	償却限度額	減価償却累計額
1			
2			
3			
4			

第　学年　組　番	
名前	

正答数	総得点
×5点	

(第7回模擬試験)

公益財団法人　全国商業高等学校協会主催

文　部　科　学　省　後　援

第8回　ビジネス計算実務検定模擬試験

第2級　普通計算部門 （制限時間 A・B・C 合わせて 30 分）

（A）乗算問題

（注意）円未満4捨5入，構成比率はパーセントの小数第2位未満4捨5入

1	¥ 82,351 × 513.8 =
2	¥ 53,849 × 406 =
3	¥ 4,184 × 7,051.4 =
4	¥ 980 × 7,103 =
5	¥ 39,712 × 465 =

答えの小計・合計	合計 A に対する構成比率	
小計(1)〜(3)	(1)	(1)〜(3)
	(2)	
	(3)	
小計(4)〜(5)	(4)	(4)〜(5)
	(5)	
合計 A (1)〜(5)		

（注意）セント未満4捨5入，構成比率はパーセントの小数第2位未満4捨5入

6	$ 356.02 × 3,650 =
7	$ 827.09 × 2,769 =
8	$ 4,876.12 × 976 =
9	$ 4,298.51 × 7.28 =
10	$ 1.92 × 5,693 =

答えの小計・合計	合計 B に対する構成比率	
小計(6)〜(8)	(6)	(6)〜(8)
	(7)	
	(8)	
小計(9)〜(10)	(9)	(9)〜(10)
	(10)	
合計 B (6)〜(10)		

第　学年　組　番	
名前	

（B）除 算 問 題

（注意）円未満４捨５入，構成比率はパーセントの小数第２位未満４捨５入

1	¥ 853,065 ÷ 71 =
2	¥ 927,397.80 ÷ 160.2 =
3	¥ 75,893 ÷ 36.2 =
4	¥ 834,882 ÷ 401 =
5	¥ 459,528 ÷ 1,065 =

答えの小計・合計	合計Cに対する構成比率	
小計(1)〜(3)	(1)	(1)〜(3)
	(2)	
	(3)	
小計(4)〜(5)	(4)	(4)〜(5)
	(5)	
合計C(1)〜(5)		

（注意）ペンス未満４捨５入，構成比率はパーセントの小数第２位未満４捨５入

6	£ 11,624.98 ÷ 94 =
7	£ 2,749.53 ÷ 2.76 =
8	£ 25,004.28 ÷ 432.6 =
9	£ 39,406.51 ÷ 143 =
10	£ 1,569.08 ÷ 180.2 =

答えの小計・合計	合計Dに対する構成比率	
小計(6)〜(8)	(6)	(6)〜(8)
	(7)	
	(8)	
小計(9)〜(10)	(9)	(9)〜(10)
	(10)	
合計D(6)〜(10)		

	そろばん
	電　卓

第　学年　組　番	
名前	

（解答→別冊 p.54）

		A 乗算		B 除算		C 見取算		普通計算合計点
		正答数	得点	正答数	得点	正答数	得点	
珠算	(1)〜(10)	×10点		×10点		×10点		
電卓	(1)〜(10)	×5点		×5点		×5点		
	小計・合計・構成比率	×5点		×5点		×5点		

（第８回模擬試験）

第8回　ビジネス計算実務検定模擬試験

第２級　普通計算部門 （制限時間 A・B・C 合わせて 30 分）

(C) 見取算問題

（注意）構成比率はパーセントの小数第2位未満4捨5入

No.	1	2	3	4	5
1	¥ 449,312	¥ 32,674	¥ 1,970,835	¥ 187,079	¥ 2,830
2	19,679,524	69,785	3,951,062	6,917	9,201
3	20,363,745	−1,063	5,038,419	12,234	4,158
4	1,240,678	−6,824	641,873	9,347,659	3,091
5	758,126	7,265	6,798,210	−79,538	1,426
6	2,051,739	27,936	749,823	2,076,536	3,092
7	58,792,863	−84,906	5,036,892	94,682	6,819
8	509,830	13,518	14,726	−1,543,780	4,713
9	1,654,081	70,817	72,154	−5,216,084	5,472
10	8,739,604	−8,107	564,890	6,125,423	9,740
11		−51,572	7,253,604	609,857	8,697
12		50,938		2,180,643	2,364
13		96,495		−3,402,817	5,296
14		23,094		−1,590	3,760
15		−4,835		540,983	4,517
16		34,019			1,385
17		42,120			5,264
18					3,085
19					5,978
20					6,807
計					

答えの小計合計	小計(1)〜(3)	小計(4)〜(5)
	合計 E (1)〜(5)	

合計 E に対する構成比率	(1)	(2)	(3)	(4)	(5)
	(1)〜(3)			(4)〜(5)	

（注意）構成比率はパーセントの小数第2位未満4捨5入

No.	6	7	8	9	10
1	€ 240.16	€ 619.83	€ 54,872.43	€ 781,538.62	€ 319,845.64
2	794.52	467,293.18	68,739.10	76,085.91	−6,542.87
3	5,136.05	725,283.64	−16,280.49	358.29	68,402.13
4	754.80	49,761.80	91,256.07	30,249.16	−361,290.54
5	7,809.41	3,091.42	−54,079.81	1,294.70	−865,093.72
6	8,373.64	586,902.75	−31,725.09	71.83	250,371.96
7	142.73	7,510.26	86,019.53	970,584.03	60,128.47
8	275.06	9,854.05	53,642.08	769,043.52	970,315.84
9	218.34	432,603.97	−46,735.82	48.65	5,172.39
10	189.53	932.54	31,792.64	5,923.46	−28,960.73
11	925.61	687,912.05		604,259.13	47,519.80
12	8,309.16	41,317.08		287,016.34	
13	298.69	537,604.18		1,074.69	
14	8,703.26			581.27	
15	597.40				
計					

答えの小計合計		
	小計(6)〜(8)	小計(9)〜(10)
	合計F(6)〜(10)	

合計Fに対する構成比率					
	(6)	(7)	(8)	(9)	(10)
	(6)〜(8)			(9)〜(10)	

第　学年　組　番	
名前	

	そろばん
	電　卓

(C) 見取算得点

総　得　点

第8回ビジネス計算実務検定模擬試験

第 2 級　ビジネス計算部門（制限時間 30 分）

（注意）Ⅰ．減価償却費・複利の計算については，別紙の数表を用いること。
　　　　Ⅱ．答えに端数が生じた場合は（　）内の条件によって処理すること。

(1) £864.95 は円でいくらか。ただし，£1 = ¥156 とする。（円未満4捨5入）

答 ＿＿＿＿＿＿＿＿＿＿

(2) 額面 ¥6,830,000 の約束手形を 10 月 9 日に割引率年 5.52%で割り引くと，割引料はいくらか。ただし，満期日は 11 月 29 日とする。（両端入れ，円未満切り捨て）

答 ＿＿＿＿＿＿＿＿＿＿

(3) 原価 ¥840,000 の商品を予定売価（定価）の 1 割 6 分引きで売っても，なお原価の 1 割 8 分の利益を得るには予定売価（定価）をいくらにすればよいか。

答 ＿＿＿＿＿＿＿＿＿＿

(4) 元金 ¥8,960,000 を年利率 4.75%の単利で 5 月 14 日から 8 月 29 日まで貸し付けると，期日に受け取る元利合計はいくらか。（片落とし，円未満切り捨て）

答 ＿＿＿＿＿＿＿＿＿＿

(5) 原価 ¥812,000 の商品を ¥1,128,680 で販売した。利益額は原価の何パーセントであったか。

答 ＿＿＿＿＿＿＿＿＿＿

(6) 取得価額 ¥28,650,000 耐用年数 35 年の固定資産を定額法で減価償却すれば，第 6 期末減価償却累計額はいくらになるか。ただし，決算は年 1 回，残存簿価 ¥1 とする。

答 ＿＿＿＿＿＿＿＿＿＿

(7) 年利率 2.19%の単利で 85 日間借り入れ，期日に利息 ¥21,930 を支払った。元金はいくらであったか。

答 ＿＿＿＿＿＿＿＿＿＿

(8) 原価￥198,000の商品に原価の3割5分の利益を見込んで予定売価（定価）をつけたが，予定売価（定価）の4分引きで販売した。実売価はいくらか。

答 ＿＿＿＿＿＿＿＿＿＿

(9) ￥640,000を年利率6%，1年1期の複利で7年間貸し付けると，期日に受け取る元利合計はいくらになるか。（円未満4捨5入）

答 ＿＿＿＿＿＿＿＿＿＿

(10) 1個につき￥4,200の商品を20ダース仕入れ，諸掛り￥43,000を支払った。この商品に諸掛込原価の39%の利益を見込んで販売すると，実売価の総額はいくらになるか。

答 ＿＿＿＿＿＿＿＿＿＿

(11) ￥2,940,000を単利で9か月間貸し付け，期日に利息￥54,243を受け取った。利率は年何パーセントであったか。パーセントの小数第2位まで求めよ。

答 ＿＿＿＿＿＿＿＿＿＿

(12) ある施設の今月の電力料金は￥191,700で先月の電力料金は￥135,000であった。今月の電力料金は先月に比べて何割何分増加したか。

答 ＿＿＿＿＿＿＿＿＿＿

(13) ある商品を50kgにつき￥4,900で仕入れ，仕入代金￥313,600を支払った。仕入数量は何キログラムであったか。

答 ＿＿＿＿＿＿＿＿＿＿

(14) 額面￥3,890,000の手形を割引率年3.54%で割り引くと，手取金はいくらか。ただし，割引日数は83日とする。（割引料の円未満切り捨て）

答 ＿＿＿＿＿＿＿＿＿＿

(15) 20Lにつき€69.45の商品を80L仕入れた。仕入代金は円でいくらか。ただし，€1 = ￥133とする。（計算の最終で円未満4捨5入）

答 ＿＿＿＿＿＿＿＿＿＿

（16）元金¥7,820,000を年利率3.51％の単利で43日間借り入れると，期日に支払う利息はいくらか。（円未満切り捨て）

答 ＿＿＿＿＿＿＿＿＿＿

（17）仲立人が売り主から2.5％，買い主から2.3％の手数料を受け取る約束で¥8,600,000の商品の売買を仲介した。仲立人が得た手数料の合計額はいくらか。

答 ＿＿＿＿＿＿＿＿＿＿

（18）6年後に支払う負債¥8,750,000を年利率4.5％，1年1期の複利で割り引いて，いま支払うとすればその金額はいくらか。（¥100未満切り上げ）

答 ＿＿＿＿＿＿＿＿＿＿

（19）1ydにつき¥740の商品を60m建にするといくらになるか。ただし，1yd = 0.9144 mとする。（計算の最終で円未満4捨5入）

答 ＿＿＿＿＿＿＿＿＿＿

（20）取得価額¥7,930,000耐用年数34年の固定資産を定額法で減価償却するとき，次の減価償却計算表の第4期末まで記入せよ。ただし，決算は年1回，残存簿価¥1とする。

期数	期首帳簿価額	償却限度額	減価償却累計額
1			
2			
3			
4			

第　学年　組　番	
名前	

正答数	総得点
×5点	

公益財団法人　全国商業高等学校協会主催

第145回　ビジネス計算実務検定試験

第2級　普通計算部門 （制限時間 A・B・C 合わせて 30 分）

（A）乗算問題

（注意）円未満4捨5入，構成比率はパーセントの小数第2位未満4捨5入

1	¥ 216 × 4,178 =
2	¥ 51,908 × 153 =
3	¥ 6,404 × 0.996 =
4	¥ 3,972 × 84.79 =
5	¥ 431 × 560,142 =

答えの小計・合計	合計 A に対する構成比率	
小計(1)～(3)	(1)	(1)～(3)
	(2)	
	(3)	
小計(4)～(5)	(4)	(4)～(5)
	(5)	
合計 A (1)～(5)		

（注意）ペンス未満4捨5入，構成比率はパーセントの小数第2位未満4捨5入

6	£ 6.87 × 2,861 =
7	£ 134.80 × 0.0635 =
8	£ 8.59 × 75,030 =
9	£ 7,062.25 × 3.24 =
10	£ 95.73 × 982.07 =

答えの小計・合計	合計 B に対する構成比率	
小計(6)～(8)	(6)	(6)～(8)
	(7)	
	(8)	
小計(9)～(10)	(9)	(9)～(10)
	(10)	
合計 B (6)～(10)		

第　学年　組　番	
名前	

(B) 除 算 問 題

（注意）円未満4捨5入，構成比率はパーセントの小数第2位未満4捨5入

1	¥	376,380 ÷ 9,180 =
2	¥	844,584 ÷ 12 =
3	¥	15 ÷ 0.0278 =
4	¥	2,275,518 ÷ 357 =
5	¥	4,339 ÷ 4.6693 =

答えの小計・合計	合計Cに対する構成比率	
小計(1)〜(3)	(1)	(1)〜(3)
	(2)	
	(3)	
小計(4)〜(5)	(4)	(4)〜(5)
	(5)	
合計C(1)〜(5)		

（注意）セント未満4捨5入，構成比率はパーセントの小数第2位未満4捨5入

6	€	708.48 ÷ 64 =
7	€	6,090.72 ÷ 7,302.1 =
8	€	977.13 ÷ 24.75 =
9	€	1.44 ÷ 0.5059 =
10	€	497,400.96 ÷ 816 =

答えの小計・合計	合計Dに対する構成比率	
小計(6)〜(8)	(6)	(6)〜(8)
	(7)	
	(8)	
小計(9)〜(10)	(9)	(9)〜(10)
	(10)	
合計D(6)〜(10)		

	そろばん
	電　卓

第　学年　組　番	
名前	

（解答→別冊 p.58）

		A 乗算		B 除算		C 見取算		普通計算合計点
		正答数	得点	正答数	得点	正答数	得点	
珠算	(1)〜(10)	×10点		×10点		×10点		
電卓	(1)〜(10)	×5点		×5点		×5点		
	小計・合計・構成比率	×5点		×5点		×5点		

（第145回試験）

第145回　ビジネス計算実務検定試験

第2級　普通計算部門 (制限時間A・B・C合わせて30分)

(C) 見取算問題

(注意) 構成比率はパーセントの小数第2位未満4捨5入

No.	1	2	3	4	5
1	¥ 492,465	¥ 9,471	¥ 82,587	¥ 520,843	¥ 2,839,018
2	876,817	1,838	3,069	80,277,365	710,440
3	9,620,028	6,085	151,657	−5,094,137	3,891
4	304,256	−4,397	9,184	2,148,964	17,029
5	5,186,432	−8,150	75,362	6,905,638	24,795
6	7,039,174	9,067	4,810	7,832,541	80,963,143
7	615,313	2,640	9,567,398	−359,129	74,907
8	278,579	3,289	19,921	−40,713,480	56,512
9	9,352,380	5,013	84,705	9,268,617	45,987
10	145,609	−7,307	4,032,493	1,695,720	6,826
11	801,967	−6,548	261,874		1,237,158
12		4,103	50,231		95,469,364
13		5,762	6,078,946		301,675
14		7,914	205,430		85,260
15		−3,821	6,712		48,632
16		−1,952			92,573
17		−2,596			
18		9,224			
19		8,706			
20		4,635			
計					

答えの小計合計	小計(1)〜(3)	小計(4)〜(5)
	合計E(1)〜(5)	

合計Eに対する構成比率	(1)	(2)	(3)	(4)	(5)
	(1)〜(3)			(4)〜(5)	

（注意）構成比率はパーセントの小数第2位未満4捨5入

No.	6	7	8	9	10
1	$ 680,589.72	$ 128.69	$ 7,342.04	$ 31,923.96	$ 875,629.10
2	154,764.23	51.08	60,527.45	203,670.17	3,185.93
3	836,021.18	792.70	32,091.62	958,043.56	453.86
4	275,945.86	965.03	5,718.07	85,409.34	−16,041.52
5	412,697.31	84.27	2,553.94	62,138.72	−9,206.48
6	107,253.05	31.56	−89,038.49	747,812.45	6,794.37
7	985,062.48	457.82	−6,472.35	10,537.61	708,139.51
8	329,370.90	674.19	130.83	882,714.73	54,210.24
9	561,408.79	806.33	9,819.70	496,846.01	−2,507.35
10	743,816.34	20.15	−4,685.17	30,265.90	61,932.72
11		68.30	−929.61	45,194.28	7,698.40
12		913.57	14,267.86	529,750.89	−823.09
13		549.71	3,106.58		−980,346.67
14		372.94			475.81
15		240.46			
計					

答えの小計合計		
	小計(6)〜(8)	小計(9)〜(10)
	合計F(6)〜(10)	

合計Fに対する構成比率					
	(6)	(7)	(8)	(9)	(10)
	(6)〜(8)			(9)〜(10)	

第　学年　組　番	
名前	

	そろばん
	電　卓

（C）見取算得点

総　得　点

（第145回試験）

第145回ビジネス計算実務検定試験

第 2 級　ビジネス計算部門（制限時間 30 分）

（注意）Ⅰ．減価償却費・複利の計算については，別紙の数表を用いること。
Ⅱ．答えに端数が生じた場合は（　）内の条件によって処理すること。

(1) ¥4,390,000を年利率2.58%の単利で1月27日から3月30日まで借り入れると，期日に支払う利息はいくらか。（平年，片落とし，円未満切り捨て）

答 ＿＿＿＿＿＿＿＿

(2) ¥95,700は何ユーロ何セントか。ただし，€1 = ¥142とする。（セント未満4捨5入）

答 ＿＿＿＿＿＿＿＿

(3) 原価¥619,000の商品に原価の28%の利益をみて予定売価（定価）をつけたが，予定売価（定価）から¥74,910値引きして販売した。実売価はいくらか。

答 ＿＿＿＿＿＿＿＿

(4) 4月24日満期，額面¥8,530,000の手形を3月10日に割引率年3.45%で割り引くと，割引料はいくらか。（両端入れ，円未満切り捨て）

答 ＿＿＿＿＿＿＿＿

(5) 原価¥541,000の商品を¥768,220で販売した。利益額は原価の何割何分か。

答 ＿＿＿＿＿＿＿＿

(6) 取得価額¥3,640,000 耐用年数17年の固定資産を定額法で減価償却すれば，第8期首帳簿価額はいくらになるか。ただし，決算は年1回，残存簿価¥1とする。

答 ＿＿＿＿＿＿＿＿

(7) ある商品を1ダースにつき¥4,200で仕入れ，仕入代金¥201,600を支払った。仕入数量は何本であったか。

答 ＿＿＿＿＿＿＿＿

(8) 元金￥1,560,000を年利率4.89%の単利で貸し付け，期日に利息￥57,213を受け取った。貸付期間は何か月間であったか。

答 ＿＿＿＿＿＿＿＿

(9) 1米ガロンにつき￥8,120の商品を40L建にするといくらになるか。ただし，1米ガロン＝3.785Lとする。（計算の最終で円未満4捨5入）

答 ＿＿＿＿＿＿＿＿

(10) 3年6か月後に支払う負債￥9,450,000を年利率7%，半年1期の複利で割り引いて，いま支払うとすればその金額はいくらか。（円未満4捨5入）

答 ＿＿＿＿＿＿＿＿

(11) ある商品の先月の売上高は￥509,000で，今月の売上高は￥631,160であった。今月の売上高は先月の売上高に比べて何パーセント増加したか。

答 ＿＿＿＿＿＿＿＿

(12) 元金￥3,580,000を年利率0.27%の単利で9月13日から12月15日まで貸し付けると，期日に受け取る元利合計はいくらか。（片落とし，円未満切り捨て）

答 ＿＿＿＿＿＿＿＿

(13) ある商品を￥908,980で販売したところ，原価の6%の損失となった。この商品の原価はいくらであったか。

答 ＿＿＿＿＿＿＿＿

(14) 額面￥5,290,000の約束手形を割引率年8.65%で割り引くと，手取金はいくらか。ただし，割引日数は78日とする。（割引料の円未満切り捨て）

答 ＿＿＿＿＿＿＿＿

(15) 20lbにつき£19.24の商品を4,460lb仕入れた。仕入代金は円でいくらか。ただし，£1＝￥163とする。（計算の最終で円未満4捨5入）

答 ＿＿＿＿＿＿＿＿

（第145回試験）

(16) ¥4,830,000 を年利率 5.5%，1 年 1 期の複利で 12 年間貸すと，複利利息はいくらか。（円未満 4 捨 5 入）

答 ＿＿＿＿＿＿＿＿

(17) 仲立人が売り主・買い主双方から 1.8% ずつの手数料を受け取る約束で ¥7,920,000 の商品の売買を仲介した。買い主の支払総額はいくらか。

答 ＿＿＿＿＿＿＿＿

(18) 年利率 1.46% の単利で 7 月 2 日から 9 月 25 日まで借り入れたところ，期日に利息 ¥26,078 を支払った。元金はいくらであったか。（片落とし）

答 ＿＿＿＿＿＿＿＿

(19) 1 m につき ¥230 の商品を 3,940 m 仕入れ，仕入諸掛を支払った。この商品に諸掛込原価の 3 割 6 分の利益を見込んで販売したところ，実売価の総額が ¥1,283,840 となった。仕入諸掛はいくらであったか。

答 ＿＿＿＿＿＿＿＿

(20) 取得価額 ¥5,960,000 耐用年数 32 年の固定資産を定額法で減価償却するとき，次の減価償却計算表の第 4 期末まで記入せよ。ただし，決算は年 1 回，残存簿価 ¥1 とする。

期数	期首帳簿価額	償却限度額	減価償却累計額
1			
2			
3			
4			

第　学年　組　番	
名前	

正答数	総得点
×5点	

（第 145 回試験）

公益財団法人　全国商業高等学校協会主催

第146回　ビジネス計算実務検定試験

第2級　普通計算部門（制限時間 A・B・C 合わせて 30 分）

（A）乗算問題

（注意）円未満4捨5入，構成比率はパーセントの小数第2位未満4捨5入

1	¥ 5,240 × 763 =
2	¥ 3,096 × 0.02978 =
3	¥ 837 × 8,014 =
4	¥ 169 × 904,461 =
5	¥ 71,512 × 3.57 =

答えの小計・合計	合計 A に対する構成比率	
小計(1)～(3)	(1)	(1)～(3)
	(2)	
	(3)	
小計(4)～(5)	(4)	(4)～(5)
	(5)	
合計 A (1)～(5)		

（注意）セント未満4捨5入，構成比率はパーセントの小数第2位未満4捨5入

6	$ 4.23 × 60,259 =
7	$ 9.48 × 82.75 =
8	$ 36.81 × 1,393.2 =
9	$ 208.95 × 410 =
10	$ 6,507.74 × 0.586 =

答えの小計・合計	合計 B に対する構成比率	
小計(6)～(8)	(6)	(6)～(8)
	(7)	
	(8)	
小計(9)～(10)	(9)	(9)～(10)
	(10)	
合計 B (6)～(10)		

第　学年　組　番	
名前	

（B）除算問題

（注意）円未満4捨5入，構成比率はパーセントの小数第2位未満4捨5入

1	¥ 459,900 ÷ 84 =
2	¥ 969,030 ÷ 2,619 =
3	¥ 1,446 ÷ 3.46 =
4	¥ 62,376 ÷ 0.672 =
5	¥ 3,773,763 ÷ 59,901 =

答えの小計・合計	合計Cに対する構成比率	
小計(1)〜(3)	(1)	(1)〜(3)
	(2)	
	(3)	
小計(4)〜(5)	(4)	(4)〜(5)
	(5)	
合計C(1)〜(5)		

（注意）セント未満4捨5入，構成比率はパーセントの小数第2位未満4捨5入

6	£ 2,169.20 ÷ 7,480 =
7	£ 51,885.36 ÷ 50,868 =
8	£ 3,750.61 ÷ 40.3 =
9	£ 82.97 ÷ 0.097 =
10	£ 9,492.30 ÷ 132.5 =

答えの小計・合計	合計Dに対する構成比率	
小計(6)〜(8)	(6)	(6)〜(8)
	(7)	
	(8)	
小計(9)〜(10)	(9)	(9)〜(10)
	(10)	
合計D(6)〜(10)		

	そろばん
	電　卓

第　学年　組　番	
名前	

（解答→別冊 p.60）

		A 乗算		B 除算		C 見取算		普通計算合計点
		正答数	得点	正答数	得点	正答数	得点	
珠算	(1)〜(10)	×10点		×10点		×10点		
電卓	(1)〜(10)	×5点		×5点		×5点		
	小計・合計・構成比率	×5点		×5点		×5点		

（第146回試験）

第146回　ビジネス計算実務検定試験

第2級　普通計算部門 （制限時間 A・B・C 合わせて 30 分）

(C) 見取算問題

（注意）構成比率はパーセントの小数第2位未満4捨5入

No.	1	2	3	4	5
1	¥ 157,689	¥ 80,326	¥ 3,528,770	¥ 29,504	¥ 5,967
2	709,563	448,293	103,902	61,926	37,136
3	8,247,384	210,174	−34,235	83,158	1,298
4	35,468,028	196,318	5,857	47,840	−8,705
5	9,851,906	875,470	7,148	52,679	−24,016
6	1,074,872	659,037	91,629	38,018	6,357
7	536,614	931,792	−40,260	10,994	782,083
8	29,712,030	573,450	−6,819	74,280	10,479
9	6,270,421	24,125	7,984,694	58,132	9,540
10	43,915,945	905,861	2,013	89,306	−3,485
11		367,246	56,486	96,025	−7,901
12		756,089	1,725	35,347	−93,623
13			−8,075,976	20,513	45,394
14			−418,304	71,685	2,842
15			2,639,531	43,761	8,651
16				62,497	4,818
17					1,569
18					−506,170
19					−60,732
20					9,224
計					

答えの小計合計		
	小計(1)〜(3)	小計(4)〜(5)
	合計 E (1)〜(5)	

合計 E に対する構成比率					
	(1)	(2)	(3)	(4)	(5)
	(1)〜(3)			(4)〜(5)	

（注意）構成比率はパーセントの小数第2位未満4捨5入

No.	6	7	8	9	10
1	719.78	18,507.62	60.31	952,904.13	4,720.65
2	2,092.96	84,163.05	938.25	34,087.36	268,359.13
3	53,856.74	36,098.17	26,571.06	11,645.84	618.21
4	907.21	52,746.49	7,889.51	98,239.20	415,093.70
5	134.10	79,321.53	405.68	289,706.76	302,451.42
6	6,475.03	20,489.24	3,094.19	60,532.57	5,876.38
7	248.32	45,610.86	14,765.82	74,178.09	31,604.67
8	69,580.63	83,972.31	346.20	59,350.21	827,533.29
9	7,351.89	67,034.90	508,123.07	43,863.75	195.74
10	146.54	95,512.78	43,692.13	176,019.48	986,407.97
11	40,068.45		18.67	85,426.12	73,962.56
12	523.61		259,837.49		9,281.05
13	8,910.27		701.54		130,849.80
14	372.86		80,457.96		
15			5,242.73		
計					

答えの小計合計	小計(6)〜(8)	小計(9)〜(10)
	合計Ｆ(6)〜(10)	

合計Ｆに対する構成比率	(6)	(7)	(8)	(9)	(10)
	(6)〜(8)			(9)〜(10)	

第　学年　組　番	
名前	

	そろばん
	電　卓

(C) 見取算得点

総　得　点

（第146回試験）

第146回ビジネス計算実務検定試験

第 2 級　ビジネス計算部門（制限時間 30 分）

（注意）Ⅰ．減価償却費・複利の計算については，別紙の数表を用いること。
　　　　Ⅱ．答えに端数が生じた場合は（　）内の条件によって処理すること。

(1) 8,890lb は何キログラムか。ただし，1lb = 0.4536kg とする。（キログラム未満 4 捨 5 入）

答 ________________

(2) ある商品を 4 袋につき ¥6,080 で仕入れ，仕入代金 ¥395,200 を支払った。仕入数量は何袋か。

答 ________________

(3) 額面 ¥1,620,000 の約束手形を割引率年 7.15％で割り引くと，割引料はいくらか。ただし，割引日数は 40 日とする。（円未満切り捨て）

答 ________________

(4) 原価 ¥725,000 の商品に原価の 3 割 2 分の利益を見込んで予定売価（定価）をつけたが，予定売価（定価）の 1 割 7 分引きで販売した。実売価はいくらか。

答 ________________

(5) ¥6,790,000 を年利率 5％，半年 1 期の複利で 7 年間貸し付けると，複利終価はいくらか。（円未満 4 捨 5 入）

答 ________________

(6) 30kg につき ＄21.69 の商品を 8,460kg 仕入れた。仕入代金は円でいくらか。ただし，＄1 = ¥133 とする。（計算の最終で円未満 4 捨 5 入）

答 ________________

(7) 元金 ¥5,150,000 を年利率 1.86％の単利で 10 月 11 日から 12 月 26 日まで貸し付けると，期日に受け取る元利合計はいくらか。（片落とし，円未満切り捨て）

答 ________________

(8) ある商品を¥480,370で販売したところ，原価の21%の利益を得た。この商品の原価はいくらか。

答 ＿＿＿＿＿＿＿＿

(9) 取得価額¥9,630,000耐用年数41年の固定資産を定額法で減価償却すれば，第12期首帳簿価額はいくらか。ただし，決算は年1回，残存簿価¥1とする。

答 ＿＿＿＿＿＿＿＿

(10) 年利率3.65%の単利で3月17日から6月8日まで借り入れたところ，期日に利息¥40,753を支払った。元金はいくらか。（片落とし）

答 ＿＿＿＿＿＿＿＿

(11) 1ydにつき¥680の商品を50m建にするといくらか。ただし，1yd = 0.9144 mとする。（計算の最終で円未満4捨5入）

答 ＿＿＿＿＿＿＿＿

(12) ある施設の昨年の利用者数は187,000人で，今年の利用者数は323,510人であった。今年の利用者数は昨年の利用者数に比べて何割何分増加したか。

答 ＿＿＿＿＿＿＿＿

(13) ¥8,940,000を年利率0.52%の単利で8月2日から10月9日まで借り入れると，期日に支払う利息はいくらか。（片落とし，円未満切り捨て）

答 ＿＿＿＿＿＿＿＿

(14) 仲立人が売り主から2.6%，買い主から2.3%の手数料を受け取る約束で¥9,310,000の商品の売買を仲介した。仲立人が得た手数料の合計額はいくらか。

答 ＿＿＿＿＿＿＿＿

(15) 翌年2月4日満期，額面¥6,170,000の手形を12月16日に割引率年4.95%で割り引くと，手取金はいくらか。（両端入れ，割引料の円未満切り捨て）

答 ＿＿＿＿＿＿＿＿

（第146回試験）

(16) 1台につき¥4,560の商品を210台仕入れ，諸掛り¥38,400を支払った。この商品の諸掛込原価に利益を見込んで全部販売したところ，実売価の総額が¥1,379,460となった。利益の総額はいくらか。

答 ＿＿＿＿＿＿＿＿＿＿

(17) 元金¥7,320,000を単利で7か月間貸し付け，期日に利息¥90,951を受け取った。年利率は何パーセントか。パーセントの小数第2位まで求めよ。

答 ＿＿＿＿＿＿＿＿＿＿

(18) 8年後に支払う負債¥2,280,000を年利率6%，1年1期の複利で割り引いて，いま支払うとすればその金額はいくらか。（¥100未満切り上げ）

答 ＿＿＿＿＿＿＿＿＿＿

(19) 原価¥192,000の商品を予定売価（定価）¥240,000から値引きして販売したところ，原価の13%の利益を得た。値引額は予定売価（定価）の何パーセントか。パーセントの小数第1位まで求めよ。

答 ＿＿＿＿＿＿＿＿＿＿

(20) 取得価額¥4,710,000耐用年数27年の固定資産を定額法で減価償却するとき，次の減価償却計算表の第4期末まで記入せよ。ただし，決算は年1回，残存簿価¥1とする。

期数	期首帳簿価額	償却限度額	減価償却累計額
1			
2			
3			
4			

第　学年　組　番	
名前	

正答数	総得点
×5点	

（第146回試験）

公益財団法人　全国商業高等学校協会主催

第147回　ビジネス計算実務検定試験

第2級　普通計算部門 （制限時間A・B・C合わせて30分）

（A）乗算問題

（注意）円未満４捨５入，構成比率はパーセントの小数第２位未満４捨５入

1	¥ 567 × 2,340 =
2	¥ 9,276 × 0.04128 =
3	¥ 37,490 × 655 =
4	¥ 848 × 793,602 =
5	¥ 1,503 × 39.7 =

答えの小計・合計	合計Aに対する構成比率	
小計(1)〜(3)	(1)	(1)〜(3)
	(2)	
	(3)	
小計(4)〜(5)	(4)	(4)〜(5)
	(5)	
合計A(1)〜(5)		

（注意）セント未満４捨５入，構成比率はパーセントの小数第２位未満４捨５入

6	€ 4.25 × 1,082.4 =
7	€ 78.61 × 969 =
8	€ 21.32 × 4.7053 =
9	€ 6,380.09 × 0.816 =
10	€ 59.14 × 5,871 =

答えの小計・合計	合計Bに対する構成比率	
小計(6)〜(8)	(6)	(6)〜(8)
	(7)	
	(8)	
小計(9)〜(10)	(9)	(9)〜(10)
	(10)	
合計B(6)〜(10)		

第　学年　組　番	
名前	

（B）除算問題

（注意）円未満4捨5入，構成比率はパーセントの小数第2位未満4捨5入

1	¥ 291,036 ÷ 614 =
2	¥ 3,986,040 ÷ 708 =
3	¥ 10,879 ÷ 889.2 =
4	¥ 7,371 ÷ 0.23 =
5	¥ 92,645,475 ÷ 95,021 =

答えの小計・合計	合計Cに対する構成比率	
小計(1)〜(3)	(1)	(1)〜(3)
	(2)	
	(3)	
小計(4)〜(5)	(4)	(4)〜(5)
	(5)	
合計C(1)〜(5)		

（注意）セント未満4捨5入，構成比率はパーセントの小数第2位未満4捨5入

6	$ 318.92 ÷ 4.6 =
7	$ 913.75 ÷ 1,062.5 =
8	$ 7,442.60 ÷ 3,980 =
9	$ 17.25 ÷ 0.0717 =
10	$ 409,251.99 ÷ 5,349 =

答えの小計・合計	合計Dに対する構成比率	
小計(6)〜(8)	(6)	(6)〜(8)
	(7)	
	(8)	
小計(9)〜(10)	(9)	(9)〜(10)
	(10)	
合計D(6)〜(10)		

	そろばん
	電　卓

第　学年　組　番	
名前	

（解答→別冊 p.62）

		A 乗算		B 除算		C 見取算		普通計算合計点
		正答数	得点	正答数	得点	正答数	得点	
珠算	(1)〜(10)	×10点		×10点		×10点		
電卓	(1)〜(10)	×5点		×5点		×5点		
	小計・合計・構成比率	×5点		×5点		×5点		

（第147回試験）

第147回　ビジネス計算実務検定試験

第2級　普通計算部門 （制限時間 A・B・C 合わせて 30 分）

(C) 見取算問題

（注意）構成比率はパーセントの小数第2位未満4捨5入

No.	1	2	3	4	5
1	¥ 63,105	¥ 4,673	¥ 145,168	¥ 7,832	¥ 85,362,439
2	17,064	3,487	91,204,613	86,094	76,592
3	59,447	60,329	418,705	9,731	2,190,871
4	40,358	−7,214	3,073,942	5,290	681,315
5	24,816	928,053	569,096	−49,359	7,407
6	38,749	6,830	79,826,534	−1,803	5,173
7	75,083	1,945	64,337,480	−24,125	9,610
8	57,904	−840,138	2,950,271	6,648	4,984
9	13,672	−5,651	85,231,760	2,150	3,028
10	80,921	2,376	789,325	30,519	14,264
11	26,198	397,709		71,627	456,752
12	41,530	5,062		−8,470	9,720,169
13	32,825	471,590		−7,561	8,948
14	96,297	−16,427		58,987	2,350
15		−254,918		10,743	58,003,786
16		−9,586		4,576	
17		8,102		−92,068	
18				−63,402	
19				42,385	
20				3,691	
計					

答えの小計合計	小計(1)〜(3)	小計(4)〜(5)
	合計 E (1)〜(5)	

合計 E に対する構成比率	(1)	(2)	(3)	(4)	(5)
	(1)〜(3)			(4)〜(5)	

（注意）構成比率はパーセントの小数第2位未満4捨5入

No.	6	7	8	9	10
1	£ 20,142.31	£ 5,810.97	£ 617,829.64	£ 932.76	£ 34,983.70
2	69,757.08	94,786.50	560,218.90	836,103.52	40.12
3	1,024.15	26,113.85	425,930.47	394,580.18	792.03
4	38,136.51	7,301.62	−543,768.03	9,247.41	8,421.46
5	598.47	19,674.08	−750,106.31	48,620.95	27,160.82
6	6,371.26	8,028.41	391,495.58	170,469.87	−518.59
7	4,856.79	70,539.06	872,341.69	26,078.43	−6,357.61
8	73,409.92	42,075.14	−986,713.26	3,891.29	52,804.10
9	80,683.50	31,548.23	124,052.79	754.97	9,658.87
10	962.87	6,492.76	208,574.83	502,216.30	−8,973.95
11	45,294.60	87,934.35		65,372.51	−90,236.47
12		63,257.29		281,905.64	1,509.38
13				57,314.08	45,626.94
14					−75.31
15					13,067.24
計					

答えの小計合計	小計(6)～(8)	小計(9)～(10)
	合計F(6)～(10)	

合計Fに対する構成比率	(6)	(7)	(8)	(9)	(10)
	(6)～(8)			(9)～(10)	

第　学年　組　番	
名前	

	そろばん
	電　卓

(C) 見取算得点

総　得　点

（第147回試験）

第145回ビジネス計算実務検定試験

第 2 級　ビジネス計算部門（制限時間 30 分）

（注意）Ⅰ．減価償却費・複利の計算については，別紙の数表を用いること。
Ⅱ．答えに端数が生じた場合は（　）内の条件によって処理すること。

(1) 9,250ft は何メートルか。ただし，1ft = 0.3048 m とする。(メートル未満 4 捨 5 入)

答 ＿＿＿＿＿＿＿＿

(2) 額面 ¥2,030,000 の約束手形を割引率年 6.75％で割り引くと，割引料はいくらか。ただし，割引日数は 47 日とする。(円未満切り捨て)

答 ＿＿＿＿＿＿＿＿

(3) ある商品を 6 個につき ¥5,730 で仕入れ，仕入代金 ¥802,200 を支払った。仕入数量は何個か。

答 ＿＿＿＿＿＿＿＿

(4) 元金 ¥4,520,000 を年利率 3.76％の単利で 3 月 18 日から 5 月 20 日まで借り入れると，期日に支払う利息はいくらか。(片落とし，円未満切り捨て)

答 ＿＿＿＿＿＿＿＿

(5) 原価 ¥385,000 の商品に原価の 24％の利益を見込んで予定売価（定価）をつけたが，予定売価（定価）の 5％引きで販売した。実売価はいくらか。

答 ＿＿＿＿＿＿＿＿

(6) ¥8,160,000 を年利率 4.5％，1 年 1 期の複利で 15 年間貸すと，複利利息はいくらか。(円未満 4 捨 5 入)

答 ＿＿＿＿＿＿＿＿

(7) ある商品を ¥765,060 で販売したところ，原価の 18％の損失となった。この商品の原価はいくらか。

答 ＿＿＿＿＿＿＿＿

(8) 4年6か月後に支払う負債¥3,280,000を年利率4%，半年1期の複利で割り引いて，いま支払うとすればその金額はいくらか。（円未満4捨5入）

答 ＿＿＿＿＿＿＿＿

(9) 年利率4.38%の単利で6月21日から9月3日まで貸し付けたところ，期日に利息¥71,484を受け取った。元金はいくらか。（片落とし）

答 ＿＿＿＿＿＿＿＿

(10) 1lbにつき¥960の商品を30kg建にするといくらか。ただし，1lb = 0.4536kgとする。（計算の最終で円未満4捨5入）

答 ＿＿＿＿＿＿＿＿

(11) 取得価額¥7,510,000耐用年数29年の固定資産を定額法で減価償却すれば，第13期末減価償却累計額はいくらか。ただし，決算は年1回，残存簿価¥1とする。

答 ＿＿＿＿＿＿＿＿

(12) 10米ガロンにつき$89.35の商品を610米ガロン仕入れた。仕入代金は円でいくらか。ただし，$1 = ¥137とする。（計算の最終で円未満4捨5入）

答 ＿＿＿＿＿＿＿＿

(13) あるスポーツセンターの昨年の利用者数は194,000人で，今年の利用者数は170,720人であった。今年の利用者数は昨年の利用者数に比べて何割何分減少したか。

答 ＿＿＿＿＿＿＿＿

(14) 元金¥5,390,000を年利率0.62%の単利で10月1日から12月22日まで貸し付けると，期日に受け取る元利合計はいくらか。（片落とし，円未満切り捨て）

答 ＿＿＿＿＿＿＿＿

(15) 1着につき¥1,560の商品を590着仕入れ，諸掛り¥29,100を支払った。この商品に諸掛込原価の3割4分の利益を見込んで全部販売すると，実売価の総額はいくらか。

答 ＿＿＿＿＿＿＿＿

（第147回試験）

（16）2月28日満期，額面¥6,360,000の手形を1月4日に割引率年2.35%で割り引くと，手取金はいくらか。（両端入れ，割引料の円未満切り捨て）

答 ＿＿＿＿＿＿＿＿

（17）予定売価（定価）¥866,000の商品を¥601,870で販売した。値引額は予定売価（定価）の何パーセントか。パーセントの小数第1位まで求めよ。

答 ＿＿＿＿＿＿＿＿

（18）¥6,240,000を年利率1.09%の単利で借り入れ，期日に利息¥28,340を支払った。借入期間は何か月間か。

答 ＿＿＿＿＿＿＿＿

（19）仲立人が売り主・買い主双方から2.1%ずつの手数料を受け取る約束で¥4,260,000の商品の売買を仲介した。売り主の手取金はいくらか。

答 ＿＿＿＿＿＿＿＿

（20）取得価額¥9,540,000 耐用年数11年の固定資産を定額法で減価償却するとき，次の減価償却計算表の第4期末まで記入せよ。ただし，決算は年1回，残存簿価¥1とする。

期数	期首帳簿価額	償却限度額	減価償却累計額
1			
2			
3			
4			

第　学年　組　番	
名前	

正答数	総得点
×5点	

（第147回試験）

MEMO

ビジネス計算実務検定試験

第２級　ビジネス計算部門数表

（A）複利終価表

n ＼ i	2 %	2.5%	3 %	3.5%	4 %	4.5%	5 %	5.5%	6 %	6.5%	7 %
6	1.1261 6242	1.1596 9342	1.1940 5230	1.2292 5533	1.2653 1902	1.3022 6012	1.3400 9564	1.3788 4281	1.4185 1911	1.4591 4230	1.5007 3035
7	1.1486 8567	1.1886 8575	1.2298 7387	1.2722 7926	1.3159 3178	1.3608 6183	1.4071 0042	1.4546 7916	1.5036 3026	1.5539 8655	1.6057 8148
8	1.1716 5938	1.2184 0290	1.2667 7008	1.3168 0904	1.3685 6905	1.4221 0061	1.4774 5544	1.5346 8651	1.5938 4807	1.6549 9567	1.7181 8618
9	1.1950 9257	1.2488 6297	1.3047 7318	1.3628 9735	1.4233 1181	1.4860 9514	1.5513 2822	1.6190 9427	1.6894 7896	1.7625 7039	1.8384 5921
10	1.2189 9442	1.2800 8454	1.3439 1638	1.4105 9876	1.4802 4428	1.5529 6942	1.6288 9463	1.7081 4446	1.7908 4770	1.8771 3747	1.9671 5136
11	1.2433 7431	1.3120 8666	1.3842 3387	1.4599 6972	1.5394 5406	1.6228 5305	1.7103 3936	1.8020 9240	1.8982 9856	1.9991 5140	2.1048 5195
12	1.2682 4179	1.3448 8882	1.4257 6089	1.5110 6866	1.6010 3222	1.6958 8143	1.7958 5633	1.9012 0749	2.0121 9647	2.1290 9624	2.2521 9159
13	1.2936 0663	1.3785 1104	1.4685 3371	1.5639 5606	1.6650 7351	1.7721 9610	1.8856 4914	2.0057 7390	2.1329 2826	2.2674 8750	2.4098 4500
14	1.3194 7876	1.4129 7382	1.5125 8972	1.6186 9452	1.7316 7645	1.8519 4492	1.9799 3160	2.1160 9146	2.2609 0396	2.4148 7418	2.5785 3415
15	1.3458 6834	1.4482 9817	1.5579 6742	1.6753 4883	1.8009 4351	1.9352 8244	2.0789 2818	2.2324 7649	2.3965 5819	2.5718 4101	2.7590 3154

（B）複利現価表

n ＼ i	2 %	2.5%	3 %	3.5%	4 %	4.5%	5 %	5.5%	6 %	6.5%	7 %
6	0.8879 7138	0.8622 9687	0.8374 8426	0.8135 0064	0.7903 1453	0.7678 9574	0.7462 1540	0.7252 4583	0.7049 6054	0.6853 3412	0.6663 4222
7	0.8705 6018	0.8412 6524	0.8130 9151	0.7859 9096	0.7599 1781	0.7348 2846	0.7106 8133	0.6874 3681	0.6650 5711	0.6435 0621	0.6227 4974
8	0.8534 9037	0.8207 4657	0.7894 0923	0.7594 1156	0.7306 9021	0.7031 8513	0.6768 3936	0.6515 9887	0.6274 1237	0.6042 3119	0.5820 0910
9	0.8367 5527	0.8007 2836	0.7664 1673	0.7337 3097	0.7025 8674	0.6729 0443	0.6446 0892	0.6176 2926	0.5918 9846	0.5673 5323	0.5439 3374
10	0.8203 4830	0.7811 9840	0.7440 9391	0.7089 1881	0.6755 6417	0.6439 2768	0.6139 1325	0.5854 3058	0.5583 9478	0.5327 2604	0.5083 4929
11	0.8042 6304	0.7621 4478	0.7224 2128	0.6849 4571	0.6495 8093	0.6161 9874	0.5846 7929	0.5549 1050	0.5267 8753	0.5002 1224	0.4750 9280
12	0.7884 9318	0.7435 5589	0.7013 7988	0.6617 8330	0.6245 9705	0.5896 6386	0.5568 3742	0.5259 8152	0.4969 6936	0.4696 8285	0.4440 1196
13	0.7730 3253	0.7254 2038	0.6809 5134	0.6394 0415	0.6005 7409	0.5642 7164	0.5303 2135	0.4985 6068	0.4688 3902	0.4410 1676	0.4149 6445
14	0.7578 7502	0.7077 2720	0.6611 1781	0.6177 8179	0.5774 7508	0.5399 7286	0.5050 6795	0.4725 6937	0.4423 0096	0.4141 0025	0.3878 1724
15	0.7430 1473	0.6904 6556	0.6418 6195	0.5968 9062	0.5552 6450	0.5167 2044	0.4810 1710	0.4479 3305	0.4172 6506	0.3888 2652	0.3624 4602

（C）減価償却資産償却率表

耐用年数	定額法償却率	耐用年数	定額法償却率	耐用年数	定額法償却率	耐用年数	定額法償却率	耐用年数	定額法償却率
1		11	.091	21	.048	31	.033	41	.025
2	.500	12	.084	22	.046	32	.032	42	.024
3	.334	13	.077	23	.044	33	.031	43	.024
4	.250	14	.072	24	.042	34	.030	44	.023
5	.200	15	.067	25	.040	35	.029	45	.023
6	.167	16	.063	26	.039	36	.028	46	.022
7	.143	17	.059	27	.038	37	.028	47	.022
8	.125	18	.056	28	.036	38	.027	48	.021
9	.112	19	.053	29	.035	39	.026	49	.021
10	.100	20	.050	30	.034	40	.025	50	.020

令和６年度版

全国商業高等学校協会主催

ビジネス計算実務検定模擬テスト　２級

解答・解説

・とうほうHPから各種追加データをダウンロードすることができます。

　　１．追加模擬試験問題４回分（第９回～第12回）・解答解説

　　２．模擬試験の解答用紙（第１回～第12回）

　　３．数表データ

・ダウンロードファイルを開く際にはパスワードが必要となります。詳しくは，解答・解説p.64をご覧ください。

東京法令 とうほう

◆電卓の操作方法

※本問題集で使用している電卓は，学校用（教育用）電卓です。電卓にはさまざまな種類があるため，機種によりキーの種類や配列，操作方法が異なる場合があります。本問題集で説明のないキーや操作方法については，お手持ちの電卓の取扱説明書などをご確認ください。

〔カシオ型電卓〕

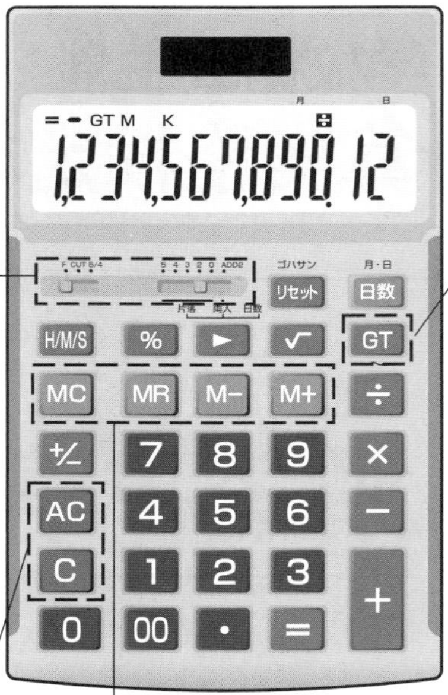

ラウンドセレクター　F　CUT　5/4

F　：小数点を処理せず表示する。

CUT：指定した桁で切り捨てる。

5/4：四捨五入する。

小数点/日数計算条件セレクター　5 4 3 2 0 ADD2　片落　両入

5~0：表示する答えの小数位を指定する。

ADD2：入力した数値の下２桁に自動で小数点をつける。

両入：両端入れを指定する。

片落：片落としを指定する。

GT「＝」で出した計算結果を集計する。

例）(3×5)＋(13×4)＋25＝92

→ 3 × 5 = 13 × 4 = 25 = GT

AC　記憶している数値以外の全ての入力データを消去する。

C　表示している数値を消去する。

M+　数値を加算として記憶する。

M-　数値を減算として記憶する。

MR / RM　記憶されている数値を呼び戻す。

MC / CM　記憶されている数値を消去する。

例）(3×5)＋(3×5)＋6−6＋6＝36

→ 3 × 5 M+ M+　6 M+ M- M+ MR

「＋(3×5)」として記憶　「＋6」として記憶　「−6」として記憶　「＋6」として記憶

- ・切り捨て：ラウンドセレクターを**CUT**　F　CUT　5/4
- ・４捨５入：ラウンドセレクターを**5/4**　F　CUT　5/4
- ・通　常　時：ラウンドセレクターを**F**　F　CUT　5/4
- ・小数点セレクターを**0**　5 4 3 2 0 ADD2　片落　両入
- ・小数点セレクターを**2**　5 4 3 2 0 ADD2　片落　両入
- ・小数点セレクターを**ADD2**　5 4 3 2 0 ADD2　片落　両入
- ・片落とし：日数計算条件セレクターを**片落**　5 4 3 2 0 ADD2　片落　両入
- ・両端入れ：日数計算条件セレクターを**両入**　5 4 3 2 0 ADD2　片落　両入

〔シャープ型電卓〕

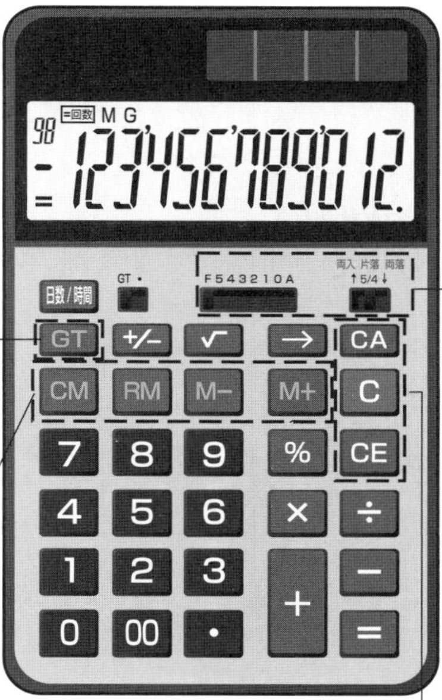

ラウンドスイッチ　両入 片落 両落 ↑ 5/4 ↓

↑　：指定した桁で切り上げる。

↓　：指定した桁で切り捨てる。

5/4：四捨五入する。

両入：両端入れを指定する。

片落：片落としを指定する。

両落：両端落としを指定する。

小数部桁数指定（TAB）スイッチ　F 5 4 3 2 1 0 A

F　：小数点を処理せず表示する。

5~0：表示する答えの小数位を指定する。

A　：入力した数値の下２桁に自動で小数点をつける。

[GT]「＝」で出した計算結果を集計する。

例）(3×5)＋(13×4)＋25＝92

→ 3[×]5[=]13[×]4[=]25[+][GT][=]

[M+]　数値を加算として記憶する。

[M-]　数値を減算として記憶する。

[MR]／[RM]　記憶されている数値を呼び戻す。

[MC]／[CM]　記憶されている数値を消去する。

例）(3×5)＋(3×5)＋6−6＋6＝36

→ 3[×]5[M+][M+]　6[M+][M−][M+][MR]

「＋(3×5)」として記憶　「＋6」として記憶　「−6」として記憶　「＋6」として記憶

[CA]　記憶内容も表示している数値も全て消去する。

[C]　記憶している数値以外の全ての入力データを消去する。

[CE]　表示している数値を消去する。

・切り捨て：ラウンドスイッチを↓　（両入 片落 両落 ↑ 5/4 ↓）

・４捨５入：ラウンドスイッチを**5/4**　（両入 片落 両落 ↑ 5/4 ↓）

・小数部桁数指定スイッチを**0**　（F 5 4 3 2 1 0 A）

・小数部桁数指定スイッチを**2**　（F 5 4 3 2 1 0 A）

・小数部桁数指定スイッチを**ADD2**　（F 5 4 3 2 1 0 A）

・通 常 時：小数部桁数指定スイッチ※を**F**　（F 5 4 3 2 1 0 A）

・片落とし：ラウンドスイッチを**片落**　（両入 片落 両落 ↑ 5/4 ↓）

・両端入れ：ラウンドスイッチを**両入**　（両入 片落 両落 ↑ 5/4 ↓）

※小数部桁数指定スイッチ…本問題集では「ラウンドセレクター」として表記

◆基本的な内容の確認

1. 端数処理

端数処理には，**切り捨て**，**切り上げ**，**四捨五入**などの方法がある。

①**切り捨て**：求める位よりも下位に端数がある場合に，端数を０にする。

例）20.3（小数点以下切り捨て） → 20

②**切り上げ**：求める位よりも下位に端数がある場合に，求める位に１を足して，端数を０にする。

例）20.3（小数点以下切り上げ） → 21

③**四捨五入**：求める位の次の位の数が４以下であれば切り捨て，５以上であれば切り上げる。

例）20.3（小数点以下４捨５入） → 20（４以下のため切り捨て）

20.6（小数点以下４捨５入） → 21（５以上のため切り上げ）

2. 日数計算

ある期間の日数が何日あるかを計算するとき，期間の始まる日を**初日**，期間の終わる日を**期日**または**満期日**という。日数計算には**片《かた》落《お》とし**，**両端《りょうは》入《い》れ**，**両端《りょうは》落《お》とし**の３つの方法がある。ある月の１日から５日までの日数計算をそれぞれの方法でおこなうと，次のようになる。

①**片落とし**：初日を算入しない方法。

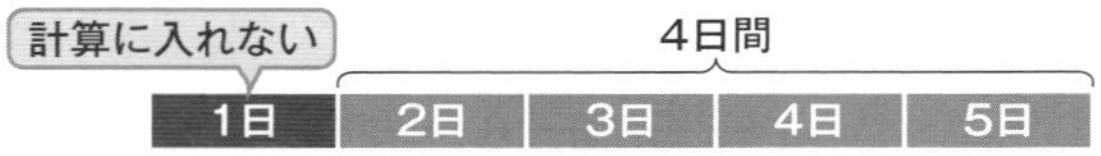

②**両端入れ**：初日も期日も算入する方法。片落としの場合よりも日数計算の結果が１日多くなる。

③**両端落とし**：初日も期日も算入しない方法。片落としの場合よりも日数計算の結果が１日少なくなる。

★各月の日数

月	1月	2月	3月	4月	5月	6月	7月	8月	9月	10月	11月	12月
平　年	31日	28日	31日	30日	31日	30日	31日	31日	30日	31日	30日	31日
うるう年		29日										

3. 外国貨幣・度量衡

●貨幣単位名称の例

国　名	通貨単位	記号	補助通貨単位
日　本	円	¥	1円＝100銭
	(銭)		
アメリカ	ドル	$	1ドル＝100セント
	セント	¢	
ドイツ・フランスなど	ユーロ	€	1ユーロ＝100セント
イギリス	ポンド	£	1ポンド＝100ペンス
	ペンス	p	
中　国	元	RMB/¥	1元＝10角
	角		

＊日本の銭は計算上使用されるが，流通していない。

●メートル法の単位とヤード・ポンド法への換算率

1キロメートル	km	1km＝1,000m	0.6214mi（マイル）
1メートル	m	1m＝100cm	1.0936yd（ヤード）
1センチメートル	cm		0.3937in（インチ）
1キロリットル	kℓ	1kℓ＝1,000ℓ	219.969gal(UK)（英ガロン）
			264.172gal(US)（米ガロン）
1リットル	ℓ	1ℓ＝10dℓ	0.2200gal(UK)（英ガロン）
			0.2642gal(US)（米ガロン）
1トン	t	1t＝1,000kg	0.9842ton(UK)（英トン）
			1.1023ton(US)（米トン）
1キログラム	kg	1kg＝1,000g	2.2046lb（ポンド）
1グラム	g		0.0353oz（オンス）

●ヤード・ポンド法の単位とメートル法への換算率

1ヤード	yd	1yd＝3ft	0.9144m
1フィート	ft	1ft＝12in	0.3048m
1インチ	in		2.54cm
1英ガロン	gal(UK)		4.5460ℓ
1米ガロン	gal(US)		3.7854ℓ
1英トン	ton(UK)	1ton(UK)＝2,240lb	1.0160t
1米トン	ton(US)	1ton(US)＝2,000lb	0.9072t
1ポンド	lb	1lb＝16oz	0.4536kg
1オンス	oz		28.3495g

ビジネス計算の基本トレーニング解答

3. 端数処理トレーニング

【 解答 】

円未満切り捨て

① ¥250　② ¥345　③ ¥1,892　④ ¥971

円未満切り上げ

① ¥251　② ¥346　③ ¥1,893　④ ¥972

円・セント未満４捨５入

① ¥250　② ¥346　③ ¥1,892　④ ¥972　⑤ €21.83　⑥ $125.53　⑦ $350.13　⑧ €13.28

4. 割合のあらわし方トレーニング

【 解答 】

① 23%　(0.23)　(２割３分)
② (35%)　0.35　(３割５分)
③ (13%)　(0.13)　１割３分
④ 4.3%　(0.043)　(４分３厘)
⑤ (2.1%)　0.021　(２分１厘)
⑥ 0.1%　(0.001)　(１厘)
⑦ (20.4%)　(0.204)　２割４厘
⑧ ５%　(0.05)　５分
⑨ (0.5%)　0.005　(５厘)
⑩ 76.3%　(0.763)　(７割６分３厘)
⑪ 40.08%　(0.4008)　４割８毛
⑫ 3.4%　(0.034)　(３分４厘)
⑬ (33.3%)　(0.333)　３割３分３厘
⑭ 0.76%　(0.0076)　(７厘６毛)

5. 補数と割増トレーニング

【 解答 】

補数　① 0.7　② 0.6　③ 0.74　④ 0.66　⑤ 0.985　⑥ 0.44　⑦ 0.17　⑧ 0.52　⑨ 0.92　⑩ 0.993

割増　① 1.3　② 1.35　③ 1.05　④ 1.23　⑤ 1.203　⑥ 1.06　⑦ 1.1　⑧ 1.05　⑨ 1.025　⑩ 1.013　⑪ 1.0405　⑫ 1.006

6. 日数計算の基本トレーニング

【 解答 】

① 46日　$(\overset{\text{5月}}{\underline{31-9}}+\overset{\text{6月}}{\underline{24}})$　② 96日　$(\overset{\text{7月}}{\underline{31-2}}+\overset{\text{8月}}{\underline{31}}+\overset{\text{9月}}{\underline{30}}+\overset{\text{10月}}{\underline{6}})$　③ 53日　$(\overset{\text{1月}}{\underline{31-19}}+\overset{\text{2月}}{\underline{28}}+\overset{\text{3月}}{\underline{13}})$　④ 72日　$(\overset{\text{12月}}{\underline{31-8+1}}+\overset{\text{1月}}{\underline{31}}+\overset{\text{2月}}{\underline{17}})$

⑤ 110日　$(\overset{\text{4月}}{\underline{30-14+1}}+\overset{\text{5月}}{\underline{31}}+\overset{\text{6月}}{\underline{30}}+\overset{\text{7月}}{\underline{31}}+\overset{\text{8月}}{\underline{1}})$　⑥ 85日　$(\overset{\text{9月}}{\underline{30-28+1}}+\overset{\text{10月}}{\underline{31}}+\overset{\text{11月}}{\underline{30}}+\overset{\text{12月}}{\underline{21}})$　⑦ 20日　$(\overset{\text{11月}}{\underline{26-5-1}})$

⑧ 68日　$(\overset{\text{2月}}{\underline{29-20}}+\overset{\text{3月}}{\underline{31}}+\overset{\text{4月}}{\underline{29-1}})$　⑨ 128日　$(\overset{\text{3月}}{\underline{31-6}}+\overset{\text{4月}}{\underline{30}}+\overset{\text{5月}}{\underline{31}}+\overset{\text{6月}}{\underline{30}}+\overset{\text{7月}}{\underline{13-1}})$

ビジネス計算 練習問題 解答・解説（本冊p.6～）

1．割合に関する計算（p.6）

＝＝＝＝＝＝＝＝ 例1－例3 対応 ＝＝＝＝＝＝＝＝

（1）4割6分

解 ¥414,000÷¥900,000＝0.46（4割6分）
比較量 ÷ 基準量 ＝ 割合

電 414000÷900000%（46%＝4割6分）

（2）¥140,600

解 ¥380,000×0.37＝¥140,600
基準量 × 割合 ＝ 比較量

電 380000×.37＝ ／ 380000×37%

（3）¥390,000

解 ¥354,900÷0.91＝¥390,000
比較量 ÷ 割合 ＝ 基準量

電 354900÷.91＝ ／ 354900÷91%

（4）30%（増し）

解 （¥923,000－¥710,000）÷¥710,000＝0.3（30%）
「¥213,000（増加量）は¥710,000の何パーセントか」という割合の計算と捉えることができる。
そのため，比較量（¥213,000）÷ 基準量（¥710,000）＝ 割合より，上記の式となる。

電 923000－710000÷710000%

（5）¥674,100

解 ¥630,000×（1＋0.07）＝¥674,100
基準量 ×（1 ＋ 増加率）＝ 割増の結果

電 共通 630000×1.07＝ ／ 630000×107%
C型 630000×7%＋
S型 630000×7%＋＝ ／ 630000＋7%

（6）¥220,000

解 基準量×（1＋0.14）＝¥250,800
基準量 ×（1 ＋ 増加率）＝ 割増の結果
この式を変形すると，
基準量＝¥250,800÷（1＋0.14）
基準量 ＝ 割増の結果 ÷（1 ＋ 増加率）
よって，基準量＝¥220,000

電 250800÷1.14＝ ／ 250800÷114%

（7）2割1分（引き）

解 （¥830,000－¥655,700）÷¥830,000＝0.21（2割1分）
「¥174,300（減少量）は¥830,000の何割何分か」という割合の計算と捉えることができる。
そのため，比較量（¥174,300）÷ 基準量（¥830,000）＝ 割合より，上記の式となる。

電 830000－655700÷830000%（21%＝2割1分）

（8）¥489,600

解 ¥720,000×（1－0.32）＝¥489,600
基準量 ×（1 － 減少率）＝ 割引の結果

電 0.32の補数は0.68なので，
共通 720000×.68＝ ／ 720000×68%
C型 720000×32%－
S型 720000×32%－＝ ／ 720000－32%

（9）¥520,000

解 基準量×（1－0.23）＝¥400,400
基準量 ×（1 － 減少率）＝ 割引の結果
この式を変形すると，
基準量＝¥400,400÷（1－0.23）
基準量 ＝ 割引の結果 ÷（1 － 減少率）
よって，基準量＝¥520,000

電 0.23の補数は0.77なので，
400400÷.77＝ ／ 400400÷77%

＝＝＝＝＝＝＝＝ 例4－例6 対応 ＝＝＝＝＝＝＝＝

（1）2割4分（増加）

解 （¥775,000－¥625,000）÷¥625,000＝0.24（2割4分）
「¥150,000（増加量）は¥625,000の何割何分か」という割合の計算と捉えることができる。
そのため，比較量（¥150,000）÷基準量（¥625,000）＝割合より，上記の式となる。

電 775000－625000÷625000%（24%＝2割4分）

（2）8%（減少）

解 （130,000件－119,600件）÷130,000件＝0.08（8%）
「10,400件（減少量）は130,000件の何パーセントか」という割合の計算と捉えることができる。
そのため，比較量（10,400件）÷基準量（130,000件）＝割合より，上記の式となる。

電 130000－119600÷130000%

（3）313,600人

解　245,000人×（1＋0.28）＝313,600人
基準量×（1＋増加率）＝割増の結果

電　共通　245000×1.28=　／　245000×128%
C型　245000×28%＋
S型　245000×28%＋=　／　245000＋28%

（4）390,830トン

解　418,000トン×（1－0.065）＝390,830トン
基準量×（1－減少率）＝割引の結果

電　0.065の補数は0.935なので，
共通　418000×.935=　／　418000×93.5%
C型　418000×6.5%－
S型　418000×6.5%－=　／　418000－6.5%

（5）295,000人

解　基準量×（1＋0.12）＝330,400人
基準量×（1＋増加率）＝割増の結果
この式を変形すると，
基準量＝330,400人÷（1＋0.12）
基準量＝割増の結果÷（1＋増加率）
よって，基準量＝295,000人

電　330400÷1.12=　／　330400÷112%

（6）¥680,000

解　基準量×（1－0.14）＝¥584,800
基準量×（1－減少率）＝割引の結果
この式を変形すると，
基準量＝¥584,800÷（1－0.14）
基準量＝割引の結果÷（1－減少率）
よって，基準量＝¥680,000

電　0.14の補数は0.86なので，
584800÷.86=　／　584800÷86%

2．度量衡と外国貨幣の計算①（p.10）

＝＝＝＝＝＝＝＝＝ 例1－例2 対応 ＝＝＝＝＝＝＝＝＝

（1）6,546 L

解　4.546L×1,440英ガロン＝6,546.24L
（4捨5入により，6,546L）
換算率×被換算高＝換算高

電　ラウンドセレクターを5/4，小数点セレクターを0に設定
4.546×1440=

（2）4,993m

解　0.9144m×5,460yd＝4,992.624m（4捨5入により，4,993m）
換算率×被換算高＝換算高

電　ラウンドセレクターを5/4，小数点セレクターを0に設定
.9144×5460=

（3）1,180m

解　0.3048m×3,870ft＝1,179.576m（4捨5入により，1,180m）
換算率×被換算高＝換算高

電　ラウンドセレクターを5/4，小数点セレクターを0に設定
.3048×3870=

（4）6,085 lb

解　2,760kg÷0.4536kg＝6,084.6…lb
（4捨5入により，6,085lb）
被換算高÷換算率＝換算高

電　ラウンドセレクターを5/4，小数点セレクターを0に設定
2760÷.4536=

（5）572米トン

解　519,000kg÷907.2kg＝572.0…米トン
（4捨5入により，572米トン）
被換算高÷換算率＝換算高

電　ラウンドセレクターを5/4，小数点セレクターを0に設定
519000÷907.2=

（6）314米ガロン

解　1,190L÷3.785L＝314.3…米ガロン
（4捨5入により，314米ガロン）
被換算高÷換算率＝換算高

電　ラウンドセレクターを5/4，小数点セレクターを0に設定
1190÷3.785=

2．度量衡と外国貨幣の計算②（p.12）

＝＝＝＝＝＝＝＝＝ 例3－例4 対応 ＝＝＝＝＝＝＝＝＝

（1）¥91,657

解　¥128×€716.07＝¥91,656.96（4捨5入により，¥91,657）
換算率×被換算高＝換算高

電　ラウンドセレクターを5/4，小数点セレクターを0に設定
128×716.07=

（2）¥48,170

解　¥109×＄441.93＝¥48,170.37
（4捨5入により，¥48,170）
換算率×被換算高＝換算高

電　ラウンドセレクターを5/4，小数点セレクターを0に設定
109×441.93=

（3）¥25,596

解　¥140×£182.83＝¥25,596.2（4捨5入により，¥25,596）
換算率×被換算高＝換算高

電　ラウンドセレクターを5/4，小数点セレクターを0に設定
140×182.83=

（4） <u>€354.92</u>

解　¥43,300 ÷ ¥122 = €354.918…
（セント未満４捨５入により，<u>€354.92</u>）
被換算高 ÷ 換算率 ＝ 換算高

電　ラウンドセレクターを5/4，小数点セレクターを２に設定
43300[÷]122[=]

（5） <u>$281.90</u>

解　¥29,600 ÷ ¥105 = $281.904…
（セント未満４捨５入により，<u>$281.90</u>）
被換算高 ÷ 換算率 ＝ 換算高

電　ラウンドセレクターを5/4，小数点セレクターを２に設定
29600[÷]105[=]

（6） <u>£500.69</u>

解　¥72,100 ÷ ¥144 = £500.694…
（ペンス未満４捨５入により，<u>£500.69</u>）
被換算高 ÷ 換算率 ＝ 換算高

電　ラウンドセレクターを5/4，小数点セレクターを２に設定
72100[÷]144[=]

3．単利計算（p.14）

＝＝＝＝＝＝＝＝＝ **例１**－**例２** 対応 ＝＝＝＝＝＝＝＝

（1） <u>¥108,942</u>

解　¥5,420,000 × 0.0335 × $\frac{219日}{365日}$ = <u>¥108,942</u>
元金 × 年利率 × $\frac{日数}{365日}$ ＝ 利息

電　5420000[×].0335[×]219[÷]365[=]　／
5420000[×]3.35[%] [×]219[÷]365[=]

（2） <u>¥14,590</u>

解　¥2,740,000 × 0.0452 × $\frac{43日}{365日}$ = ¥14,590.3…
（切り捨てにより，<u>¥14,590</u>）
元金 × 年利率 × $\frac{日数}{365日}$ ＝ 利息

電　ラウンドセレクターをCUT（Ｓ型は↓），小数点セレクターを０に設定
2740000[×].0452[×]43[÷]365[=]　／
2740000[×]4.52[%] [×]43[÷]365[=]

（3） <u>¥71,175</u>

解　¥2,340,000 × 0.0365 × $\frac{10か月}{12か月}$ = <u>¥71,175</u>
元金 × 年利率 × $\frac{月数}{12か月}$ ＝ 利息

電　2340000[×].0365[×]10[÷]12[=]　／
2340000[×]3.65[%] [×]10[÷]12[=]

（4） <u>¥273,406</u>

月数の計算

解　２年１か月＝（12か月×２）＋１か月＝25か月

電　12[×]２[+]１[=]

利息の計算

解　¥1,950,000 × 0.0673 × $\frac{25か月}{12か月}$ = ¥273,406.25
（切り捨てにより，<u>¥273,406</u>）
元金 × 年利率 × $\frac{月数}{12か月}$ ＝ 利息

電　ラウンドセレクターをCUT（Ｓ型は↓），小数点セレクターを０に設定
1950000[×].0673[×]25[÷]12[=]　／
1950000[×]6.73[%] [×]25[÷]12[=]

（5） <u>¥37,616</u>

日数の計算

解　$(\overset{4月}{\underline{30-10}}+\overset{5月}{\underline{31}}+\overset{6月}{\underline{30}}+\overset{7月}{\underline{16}})$ ＝97日（片落とし）

電　30[−]10[+]31[+]30[+]16[=]
または，「日数計算条件セレクター」を「片落とし」に設定し，
Ｃ型　４[日数]10[÷]７[日数]16[=]
Ｓ型　４[日数]10[%]７[日数]16[=]

利息の計算

解　¥7,610,000 × 0.0186 × $\frac{97日}{365日}$ = ¥37,616.3…
（切り捨てにより，<u>¥37,616</u>）
元金 × 年利率 × $\frac{日数}{365日}$ ＝ 利息

電　ラウンドセレクターをCUT（Ｓ型は↓），小数点セレクターを０に設定
7610000[×].0186[×]97[÷]365[=]　／
7610000[×]1.86[%] [×]97[÷]365[=]

（6） <u>¥42,054</u>

日数の計算

解　$(\overset{12月}{\underline{31-17+1}}+\overset{1月}{\underline{31}}+\overset{2月}{\underline{15}})$ ＝61日（両端入れ）

電　31[−]17[+]１[+]31[+]15[=]
または，「日数計算条件セレクター」を「両端入れ」に設定し，
Ｃ型　12[日数]17[÷]２[日数]15[=]
Ｓ型　12[日数]17[%]２[日数]15[=]

利息の計算

解　¥8,530,000 × 0.0295 × $\frac{61日}{365日}$ = ¥42,054.06…
（切り捨てにより，<u>¥42,054</u>）
元金 × 年利率 × $\frac{日数}{365日}$ ＝ 利息

電　ラウンドセレクターをCUT（Ｓ型は↓），小数点セレクターを０に設定
8530000[×].0295[×]61[÷]365[=]　／
8530000[×]2.95[%] [×]61[÷]365[=]

＝＝＝＝＝＝＝＝＝ **例3** 対応 ＝＝＝＝＝＝＝＝＝

（1）¥4,438,509

解　$¥4,370,000 \times 0.0561 \times \frac{102日}{365日} = ¥68,509.6\cdots$

（切り捨てにより，¥68,509）

$元金 \times 年利率 \times \frac{日数}{365日} = 利息$

¥4,370,000＋¥68,509＝<u>¥4,438,509</u>

元金 ＋ 利息 ＝ 元利合計

電　ラウンドセレクターをCUT（S型は↓），小数点セレクターを0に設定

4370000[M+] [×].0561[×]102[÷]365 （[=]） [M+] [MR]　／

4370000[M+] [×]5.61[%] [×]102[÷]365 （[=]） [M+] [MR]

※S型は[MR]の代わりに[RM]　※答案記入後，[MC]（S型は[CM]）

（2）¥2,259,481

解　$¥2,180,000 \times 0.0412 \times \frac{323日}{365日} = ¥79,481.0\cdots$

（切り捨てにより，¥79,481）

$元金 \times 年利率 \times \frac{日数}{365日} = 利息$

¥2,180,000＋¥79,481＝<u>¥2,259,481</u>

元金 ＋ 利息 ＝ 元利合計

電　ラウンドセレクターをCUT（S型は↓），小数点セレクターを0に設定

2180000[M+] [×].0412[×]323[÷]365 （[=]） [M+] [MR]　／

2180000[M+] [×]4.12[%] [×]323[÷]365 （[=]） [M+] [MR]

※S型は[MR]の代わりに[RM]　※答案記入後，[MC]（S型は[CM]）

（3）¥10,286,195

月数の計算

解　1年1か月＝（12か月×1）＋1か月＝13か月

電　12（[×]1）[+]1[=]

元利合計の計算

解　$¥9,480,000 \times 0.0785 \times \frac{13か月}{12か月} = ¥806,195$

$元金 \times 年利率 \times \frac{月数}{12か月} = 利息$

¥9,480,000＋¥806,195＝<u>¥10,286,195</u>

元金 ＋ 利息 ＝ 元利合計

電　9480000[M+] [×].0785[×]13[÷]12 （[=]） [M+] [MR]　／

9480000[M+] [×]7.85[%] [×]13[÷]12 （[=]） [M+] [MR]

※S型は[MR]の代わりに[RM]　※答案記入後，[MC]（S型は[CM]）

（4）¥3,718,755

月数の計算

解　3年2か月＝（12か月×3）＋2か月＝38か月

電　12[×]3[+]2[=]

元利合計の計算

解　$¥3,450,000 \times 0.0246 \times \frac{38か月}{12か月} = ¥268,755$

$元金 \times 年利率 \times \frac{月数}{12か月} = 利息$

¥3,450,000＋¥268,755＝<u>¥3,718,755</u>

元金 ＋ 利息 ＝ 元利合計

電　3450000[M+] [×].0246[×]38[÷]12 （[=]） [M+] [MR]　／

3450000[M+] [×]2.46[%] [×]38[÷]12 （[=]） [M+] [MR]

※S型は[MR]の代わりに[RM]　※答案記入後，[MC]（S型は[CM]）

（5）¥5,779,931

日数の計算

解　（30《9月》−24＋31《10月》＋11《11月》）＝48日（片落とし）

電　30[−]24[+]31[+]11[=]

または，「日数計算条件セレクター」を「片落とし」に設定し，

C型　9[日数]24[÷]11[日数]11[=]

S型　9[日数]24[%]11[日数]11[=]

元利合計の計算

解　$¥5,740,000 \times 0.0529 \times \frac{48日}{365日} = ¥39,931.5\cdots$

（切り捨てにより，¥39,931）

$元金 \times 年利率 \times \frac{日数}{365日} = 利息$

¥5,740,000＋¥39,931＝<u>¥5,779,931</u>

元金 ＋ 利息 ＝ 元利合計

電　ラウンドセレクターをCUT（S型は↓），小数点セレクターを0に設定

5740000[M+] [×].0529[×]48[÷]365 （[=]） [M+] [MR]　／

5740000[M+] [×]5.29[%] [×]48[÷]365 （[=]） [M+] [MR]

※S型は[MR]の代わりに[RM]　※答案記入後，[MC]（S型は[CM]）

（6）¥8,237,770

日数の計算

解　（31−9《1月》＋1＋29《2月》＋20《3月》）＝72日（両端入れ）

電　31[−]9[+]1[+]29[+]20[=]

または，「日数計算条件セレクター」を「両端入れ」に設定し，

C型　1[日数]9[÷]3[日数]20[=]（うるう年のため＋1日）

S型　1[日数]9[%]3[日数]20[=]（うるう年のため＋1日）

元利合計の計算

解　$¥8,130,000 \times 0.0672 \times \frac{72日}{365日} = ¥107,770.3\cdots$

（切り捨てにより，¥107,770）

$元金 \times 年利率 \times \frac{日数}{365日} = 利息$

¥8,130,000＋¥107,770＝<u>¥8,237,770</u>

元金 ＋ 利息 ＝ 元利合計

電　ラウンドセレクターをCUT（S型は↓），小数点セレクターを0に設定

8130000[M+] [×].0672[×]72[÷]365 （[=]） [M+] [MR]　／

8130000[M+] [×]6.72[%] [×]72[÷]365 （[=]） [M+] [MR]

※S型は[MR]の代わりに[RM]　※答案記入後，[MC]（S型は[CM]）

＝＝＝＝＝＝＝＝＝ **例４** 対応 ＝＝＝＝＝＝＝＝＝

（１）￥1,350,000

解　元金×0.0576×$\frac{7\text{か月}}{12\text{か月}}$＝￥45,360

元金 × 年利率 × $\frac{\text{月数}}{12\text{か月}}$ ＝ 利息

この式を変形すると，

元金＝￥45,360×12÷７÷0.0576

元金 ＝ 利息 × 12 ÷ 月数 ÷ 年利率

よって，元金＝￥1,350,000

電　45360[×]12[÷]7[÷].0576[=] ／ 45360[×]12[÷]7[÷]5.76[%]

（２）￥3,840,000

月数の計算

解　２年５か月＝（12か月×２）＋５か月＝29か月

電　12[×]２[+]５[=]

元金の計算

解　元金×0.0695×$\frac{29\text{か月}}{12\text{か月}}$＝￥644,960

元金 × 年利率 × $\frac{\text{月数}}{12\text{か月}}$ ＝ 利息

この式を変形すると，

元金＝￥644,960×12÷29÷0.0695

元金 ＝ 利息 × 12 ÷ 月数 ÷ 年利率

よって，元金＝￥3,840,000

電　644960[×]12[÷]29[÷].0695[=] ／
644960[×]12[÷]29[÷]6.95[%]

（３）￥3,216,000

月数の計算

解　１年10か月＝（12か月×１）＋10か月＝22か月

電　12（[×]１）[+]10[=]

元金の計算

解　元金×0.0415×$\frac{22\text{か月}}{12\text{か月}}$＝￥244,684

元金 × 年利率 × $\frac{\text{月数}}{12\text{か月}}$ ＝ 利息

この式を変形すると，

元金＝￥244,684×12÷22÷0.0415

元金 ＝ 利息 × 12 ÷ 月数 ÷ 年利率

よって，元金＝￥3,216,000

電　244684[×]12[÷]22[÷].0415[=] ／
244684[×]12[÷]22[÷]4.15[%]

（４）￥8,760,000

解　元金×0.0285×$\frac{73\text{日}}{365\text{日}}$＝￥49,932

元金 × 年利率 × $\frac{\text{日数}}{365\text{日}}$ ＝ 利息

この式を変形すると，

元金＝￥49,932×365÷73÷0.0285

元金 ＝ 利息 × 365 ÷ 日数 ÷ 年利率

よって，元金＝￥8,760,000

電　49932[×]365[÷]73[÷].0285[=] ／
49932[×]365[÷]73[÷]2.85[%]

（５）￥3,800,000

解　元金×0.0246×$\frac{219\text{日}}{365\text{日}}$＝￥56,088

元金 × 年利率 × $\frac{\text{日数}}{365\text{日}}$ ＝ 利息

この式を変形すると，

元金＝￥56,088×365÷219÷0.0246

元金 ＝ 利息 × 365 ÷ 日数 ÷ 年利率

よって，元金＝￥3,800,000

電　56088[×]365[÷]219[÷].0246[=] ／
56088[×]365[÷]219[÷]2.46[%]

（６）￥4,562,500

日数の計算

解　$(\overset{4\text{月}}{\underline{30-18}}+\overset{5\text{月}}{\underline{31}}+\overset{6\text{月}}{\underline{30}}+\overset{7\text{月}}{\underline{31}}+\overset{8\text{月}}{\underline{31}}+\overset{9\text{月}}{\underline{11}})$＝146日（片落とし）

電　30[−]18[+]31[+]30[+]31[+]31[+]11[=]

または，「日数計算条件セレクター」を「片落とし」に設定し，

Ｃ型　４[日数]18[÷]９[日数]11[=]

Ｓ型　４[日数]18[%]９[日数]11[=]

元金の計算

解　元金×0.0352×$\frac{146\text{日}}{365\text{日}}$＝￥64,240

元金 × 年利率 × $\frac{\text{日数}}{365\text{日}}$ ＝ 利息

この式を変形すると，

元金＝￥64,240×365÷146÷0.0352

元金 ＝ 利息 × 365 ÷ 日数 ÷ 年利率

よって，元金＝￥4,562,500

電　64240[×]365[÷]146[÷].0352[=] ／
64240[×]365[÷]146[÷]3.52[%]

＝＝＝＝＝＝＝＝ **例５**－**例６** 対応 ＝＝＝＝＝＝＝＝

（１）4.26％

解　￥4,320,000×年利率×$\frac{5\text{か月}}{12\text{か月}}$＝￥76,680

元金 × 年利率 × $\frac{\text{月数}}{12\text{か月}}$ ＝ 利息

この式を変形すると，

年利率＝￥76,680×12÷５÷￥4,320,000

年利率 ＝ 利息 × 12 ÷ 月数 ÷ 元金

よって，年利率＝0.0426（4.26％）

電　76680[×]12[÷]５[÷]4320000[%]

（２）4.53％

月数の計算

解　１年３か月＝（12か月×１）＋３か月＝15か月

電　12（[×]１）[+]３[=]

年利率の計算

解　¥5,280,000×年利率×$\frac{\text{15か月}}{\text{12か月}}$＝¥298,980

元金 × 年利率 × $\frac{\text{月数}}{\text{12か月}}$ ＝ 利息

この式を変形すると，

年利率＝¥298,980×12÷15÷¥5,280,000

年利率 ＝ 利息 × 12 ÷ 月数 ÷ 元金

よって，年利率＝0.0453（<u>4.53%</u>）

電　298980[×]12[÷]15[÷]5280000[%]

（３）<u>6.35%</u>

月数の計算

解　２年６か月＝（12か月×２）＋６か月＝30か月

電　12[×]２[+]６[=]

年利率の計算

解　¥1,200,000×年利率×$\frac{\text{30か月}}{\text{12か月}}$＝¥190,500

元金 × 年利率 × $\frac{\text{月数}}{\text{12か月}}$ ＝ 利息

この式を変形すると，

年利率＝¥190,500×12÷30÷¥1,200,000

年利率 ＝ 利息 × 12 ÷ 月数 ÷ 元金

よって，年利率＝0.0635（<u>6.35%</u>）

電　190500[×]12[÷]30[÷]1200000[%]

（４）<u>1.85%</u>

解　¥6,270,000×年利率×$\frac{\text{292日}}{\text{365日}}$＝¥92,796

元金 × 年利率 × $\frac{\text{日数}}{\text{365日}}$ ＝ 利息

この式を変形すると，

年利率＝¥92,796×365÷292÷¥6,270,000

年利率 ＝ 利息 × 365 ÷ 日数 ÷ 元金

よって，年利率＝0.0185（<u>1.85%</u>）

電　92796[×]365[÷]292[÷]6270000[%]

（５）<u>3.94%</u>

解　¥7,300,000×年利率×$\frac{\text{83日}}{\text{365日}}$＝¥65,404

元金 × 年利率 × $\frac{\text{日数}}{\text{365日}}$ ＝ 利息

この式を変形すると，

年利率＝¥65,404×365÷83÷¥7,300,000

年利率 ＝ 利息 × 365 ÷ 日数 ÷ 元金

よって，年利率＝0.0394（<u>3.94%</u>）

電　65404[×]365[÷]83[÷]7300000[%]

（６）<u>6.45%</u>

日数の計算

解　（<u>31－22《12月》＋１</u>＋<u>31《1月》</u>＋<u>28《2月》</u>＋<u>4《3月》</u>）＝73日（両端入れ）

電　31[－]22[+]１[+]31[+]28[+]４[=]

または，「日数計算条件セレクター」を「両端入れ」に設定し，

Ｃ型　12[日数]22[÷]３[日数]４[=]

Ｓ型　12[日数]22[%]３[日数]４[=]

年利率の計算

解　¥2,100,000×年利率×$\frac{\text{73日}}{\text{365日}}$＝¥27,090

元金 × 年利率 × $\frac{\text{日数}}{\text{365日}}$ ＝ 利息

この式を変形すると，

年利率＝¥27,090×365÷73÷¥2,100,000

年利率 ＝ 利息 × 365 ÷ 日数 ÷ 元金

よって，年利率＝0.0645（<u>6.45%</u>）

電　27090[×]365[÷]73[÷]2100000[%]

（７）<u>９か月（間）</u>

解　¥4,850,000×0.0472×$\frac{\text{月数}}{\text{12か月}}$＝¥171,690

元金 × 年利率 × $\frac{\text{月数}}{\text{12か月}}$ ＝ 利息

この式を変形すると，

月数＝¥171,690×12÷0.0472÷¥4,850,000

月数 ＝ 利息 × 12 ÷ 年利率 ÷ 元金

よって，月数＝<u>９か月</u>

電　171690[×]12[÷].0472[÷]4850000[=]　／

171690[×]12[÷]4.72[%][÷]4850000[=]

（８）<u>８か月（間）</u>

解　¥1,500,000×0.0623×$\frac{\text{月数}}{\text{12か月}}$＝¥62,300

元金 × 年利率 × $\frac{\text{月数}}{\text{12か月}}$ ＝ 利息

この式を変形すると，

月数＝¥62,300×12÷0.0623÷¥1,500,000

月数 ＝ 利息 × 12 ÷ 年利率 ÷ 元金

よって，月数＝<u>８か月</u>

電　62300[×]12[÷].0623[÷]1500000[=]　／

62300[×]12[÷]6.23[%][÷]1500000[=]

（９）<u>２年９か月（間）</u>

解　¥6,120,000×0.0062×$\frac{\text{月数}}{\text{12か月}}$＝¥104,346

元金 × 年利率 × $\frac{\text{月数}}{\text{12か月}}$ ＝ 利息

この式を変形すると，

月数＝¥104,346×12÷0.0062÷¥6,120,000

月数 ＝ 利息 × 12 ÷ 年利率 ÷ 元金

よって，月数＝33か月（<u>２年９か月</u>）

電　104346[×]12[÷].0062[÷]6120000[=]

(33か月＝２年９か月)　／

104346[×]12[÷]0.62[%][÷]6120000[=]

(33か月＝２年９か月)

(10) 1年2か月（間）

解　$¥440,000 \times 0.0213 \times \frac{月数}{12か月} = ¥10,934$

元金 × 年利率 × $\frac{月数}{12か月}$ ＝ 利息

この式を変形すると，

月数＝¥10,934×12÷0.0213÷¥440,000

月数 ＝ 利息 × 12 ÷ 年利率 ÷ 元金

よって，月数＝14か月（1年2か月）

電　10934[×]12[÷].0213[÷]440000[＝]（14か月＝1年2か月）／
10934[×]12[÷]2.13[%] [÷]440000[＝]（14か月＝1年2か月）

(11) 159日（間）

解　$¥7,300,000 \times 0.0321 \times \frac{日数}{365日} = ¥102,078$

元金 × 年利率 × $\frac{日数}{365日}$ ＝ 利息

この式を変形すると，

日数＝¥102,078×365÷0.0321÷¥7,300,000

日数 ＝ 利息 × 365 ÷ 年利率 ÷ 元金

よって，日数＝159日

電　102078[×]365[÷].0321[÷]7300000[＝]　／
102078[×]365[÷]3.21[%] [÷]7300000[＝]

(12) 215日（間）

解　$¥5,110,000 \times 0.0735 \times \frac{日数}{365日} = ¥221,235$

元金 × 年利率 × $\frac{日数}{365日}$ ＝ 利息

この式を変形すると，

日数＝¥221,235×365÷0.0735÷¥5,110,000

日数 ＝ 利息 × 365 ÷ 年利率 ÷ 元金

よって，日数＝215日

電　221235[×]365[÷].0735[÷]5110000[＝]　／
221235[×]365[÷]7.35[%] [÷]5110000[＝]

4．手形割引の計算（p.20）

＝＝＝＝＝＝＝＝＝＝ **例1** 対応 ＝＝＝＝＝＝＝＝＝＝

(1) ¥23,404

解　$¥6,750,000 \times 0.0452 \times \frac{28日}{365日} = ¥23,404.9\cdots$

（切り捨てにより，¥23,404）

手形金額 × 割引率 × $\frac{割引日数}{365日}$ ＝ 割引料

電　ラウンドセレクターをCUT（S型は↓），小数点セレクターを0に設定

6750000[×].0452[×]28[÷]365[＝]　／
6750000[×]4.52[%] [×]28[÷]365[＝]

(2) ¥35,452

解　$¥7,280,000 \times 0.0395 \times \frac{45日}{365日} = ¥35,452.6\cdots$

（切り捨てにより，¥35,452）

手形金額 × 割引率 × $\frac{割引日数}{365日}$ ＝ 割引料

電　ラウンドセレクターをCUT（S型は↓），小数点セレクターを0に設定

7280000[×].0395[×]45[÷]365[＝]　／
7280000[×]3.95[%] [×]45[÷]365[＝]

(3) ¥11,228

解　$¥1,130,000 \times 0.0585 \times \frac{62日}{365日} = ¥11,228.7\cdots$

（切り捨てにより，¥11,228）

手形金額 × 割引率 × $\frac{割引日数}{365日}$ ＝ 割引料

電　ラウンドセレクターをCUT（S型は↓），小数点セレクターを0に設定

1130000[×].0585[×]62[÷]365[＝]　／
1130000[×]5.85[%] [×]62[÷]365[＝]

(4) ¥64,352

日数の計算

解　（31－14《3月》＋1＋30《4月》＋30《5月》）＝78日（両端入れ）

電　31[－]14[＋]1[＋]30[＋]30[＝]

または，「日数計算条件セレクター」を「両端入れ」に設定し，

C型　3[日数]14[÷]5[日数]30[＝]

S型　3[日数]14[%]5[日数]30[＝]

割引料の計算

解　$¥4,720,000 \times 0.0638 \times \frac{78日}{365日} = ¥64,352.3\cdots$

（切り捨てにより，¥64,352）

手形金額 × 割引率 × $\frac{割引日数}{365日}$ ＝ 割引料

電　ラウンドセレクターをCUT（S型は↓），小数点セレクターを0に設定

4720000[×].0638[×]78[÷]365[＝]　／
4720000[×]6.38[%] [×]78[÷]365[＝]

(5) ¥42,917

日数の計算

解　（31－9《8月》＋1＋30《9月》＋26《10月》）＝79日（両端入れ）

電　31[－]9[＋]1[＋]30[＋]26[＝]

または，「日数計算条件セレクター」を「両端入れ」に設定し，

C型　8[日数]9[÷]10[日数]26[＝]

S型　8[日数]9[%]10[日数]26[＝]

割引料の計算

解　$¥3,560,000 \times 0.0557 \times \frac{79日}{365日} = ¥42,917.9\cdots$

（切り捨てにより，¥42,917）

手形金額 × 割引率 × $\frac{割引日数}{365日}$ ＝ 割引料

[電]　ラウンドセレクターをCUT（S型は↓），小数点セレクターを0に設定

3560000[×].0557[×]79[÷]365[=]　／

3560000[×]5.57[%] [×]79[÷]365[=]

（6）　¥15,833

日数の計算

[解]　$(31-\overset{3月}{31}+1+\overset{4月}{28})$ ＝29日（両端入れ）

[電]　31[−]31[+] 1 [+]28[=]

または，「日数計算条件セレクター」を「両端入れ」に設定し，

C型　3[日数]31[÷] 4[日数]28[=]

S型　3[日数]31[%] 4[日数]28[=]

割引料の計算

[解]　$¥5,710,000\times0.0349\times\dfrac{29日}{365日}$ ＝ ¥15,833.1…

（切り捨てにより，¥15,833）

$手形金額 \times 割引率 \times \dfrac{割引日数}{365日} = 割引料$

[電]　ラウンドセレクターをCUT（S型は↓），小数点セレクターを0に設定

5710000[×].0349[×]29[÷]365[=]　／

5710000[×]3.49[%] [×]29[÷]365[=]

＝＝＝＝＝＝＝＝ 例2－例3 対応 ＝＝＝＝＝＝＝＝

（1）　¥2,649,268

[解]　$¥2,680,000\times0.0654\times\dfrac{64日}{365日}$ ＝ ¥30,732.6…

（切り捨てにより，¥30,732）

$手形金額 \times 割引率 \times \dfrac{割引日数}{365日} = 割引料$

¥2,680,000 − ¥30,732 ＝ ¥2,649,268

手形金額 － 割引料 ＝ 手取金

[電]　ラウンドセレクターをCUT（S型は↓），小数点セレクターを0に設定

2680000[M+] [×].0654[×]64[÷]365（[=]）[M-] [MR]　／

2680000[M+] [×]6.54[%] [×]64[÷]365（[=]）[M-] [MR]

※S型は[MR]の代わりに[RM]　※答案記入後，[MC]（S型は[CM]）

（2）　¥8,218,738

[解]　$¥8,230,000\times0.0135\times\dfrac{37日}{365日}$ ＝ ¥11,262.6…

（切り捨てにより，¥11,262）

$手形金額 \times 割引率 \times \dfrac{割引日数}{365日} = 割引料$

¥8,230,000 − ¥11,262 ＝ ¥8,218,738

手形金額 － 割引料 ＝ 手取金

[電]　ラウンドセレクターをCUT（S型は↓），小数点セレクターを0に設定

8230000[M+] [×].0135[×]37[÷]365（[=]）[M-] [MR]　／

8230000[M+] [×]1.35[%] [×]37[÷]365（[=]）[M-] [MR]

※S型は[MR]の代わりに[RM]　※答案記入後，[MC]（S型は[CM]）

（3）　¥1,036,440

[解]　$¥1,040,000\times0.0245\times\dfrac{51日}{365日}$ ＝ ¥3,560.2…

（切り捨てにより，¥3,560）

$手形金額 \times 割引率 \times \dfrac{割引日数}{365日} = 割引料$

¥1,040,000 − ¥3,560 ＝ ¥1,036,440

手形金額 － 割引料 ＝ 手取金

[電]　ラウンドセレクターをCUT（S型は↓），小数点セレクターを0に設定

1040000[M+] [×].0245[×]51[÷]365（[=]）[M-] [MR]　／

1040000[M+] [×]2.45[%] [×]51[÷]365（[=]）[M-] [MR]

※S型は[MR]の代わりに[RM]　※答案記入後，[MC]（S型は[CM]）

（4）　¥9,264,198

日数の計算

[解]　$(30-\overset{11月}{26}+1+\overset{12月}{31}+\overset{1月}{13})$ ＝49日（両端入れ）

[電]　30[−]26[+] 1 [+]31[+]13[=]

または，「日数計算条件セレクター」を「両端入れ」に設定し，

C型　11[日数]26[÷] 1[日数]13[=]

S型　11[日数]26[%] 1[日数]13[=]

手取金の計算

[解]　$¥9,320,000\times0.0446\times\dfrac{49日}{365日}$ ＝ ¥55,802.5…

（切り捨てにより，¥55,802）

$手形金額 \times 割引率 \times \dfrac{割引日数}{365日} = 割引料$

¥9,320,000 − ¥55,802 ＝ ¥9,264,198

手形金額 － 割引料 ＝ 手取金

[電]　ラウンドセレクターをCUT（S型は↓），小数点セレクターを0に設定

9320000[M+] [×].0446[×]49[÷]365（[=]）[M-] [MR]　／

9320000[M+] [×]4.46[%] [×]49[÷]365（[=]）[M-] [MR]

※S型は[MR]の代わりに[RM]　※答案記入後，[MC]（S型は[CM]）

（5）　¥4,871,646

日数の計算

[解]　$(30-\overset{4月}{28}+1+\overset{5月}{31}+\overset{6月}{30}+\overset{7月}{17})$ ＝81日（両端入れ）

[電]　30[−]28[+] 1 [+]31[+]30[+]17[=]

または，「日数計算条件セレクター」を「両端入れ」に設定し，

C型　4[日数]28[÷] 7[日数]17[=]

S型　4[日数]28[%] 7[日数]17[=]

手取金の計算

[解]　$¥4,910,000\times0.0352\times\dfrac{81日}{365日}$ ＝ ¥38,354.4…

（切り捨てにより，¥38,354）

$手形金額 \times 割引率 \times \dfrac{割引日数}{365日} = 割引料$

¥4,910,000 − ¥38,354 ＝ ¥4,871,646

手形金額 － 割引料 ＝ 手取金

電　ラウンドセレクターをCUT（S型は↓），小数点セレクターを0に設定
4910000[M+] [×].0352[×]81[÷]365（[=]）[M-] [MR]　／
4910000[M+] [×]3.52[%] [×]81[÷]365（[=]）[M-] [MR]
※S型は[MR]の代わりに[RM]　※答案記入後，[MC]（S型は[CM]）

（6）¥1,306,913

日数の計算

解　（30－19《6月》＋1＋31《7月》＋12《8月》）＝55日（両端入れ）
電　30[－]19[＋]1[＋]31[＋]12[=]
または，「日数計算条件セレクター」を「両端入れ」に設定し，
C型　6[日数]19[÷]8[日数]12[=]
S型　6[日数]19[%]8[日数]12[=]

手取金の計算

解　¥1,320,000×0.0658×$\frac{55日}{365日}$＝¥13,087.8…
（切り捨てにより，¥13,087）
手形金額 × 割引率 × $\frac{割引日数}{365日}$ ＝ 割引料
¥1,320,000－¥13,087＝¥1,306,913
手形金額 － 割引料 ＝ 手取金
電　ラウンドセレクターをCUT（S型は↓），小数点セレクターを0に設定
1320000[M+] [×].0658[×]55[÷]365（[=]）[M-] [MR]　／
1320000[M+] [×]6.58[%] [×]55[÷]365（[=]）[M-] [MR]
※S型は[MR]の代わりに[RM]　※答案記入後，[MC]（S型は[CM]）

5．複利終価（p.24）

＝＝＝＝＝＝＝＝＝ 例1－例2 対応 ＝＝＝＝＝＝＝＝＝

（1）¥5,617,498

解　3％，12期…1.4257 6089
¥3,940,000×1.42576089＝¥5,617,497.9…（¥5,617,498）
元金 × 複利終価率 ＝ 複利終価
電　ラウンドセレクターを5/4，小数点セレクターを0に設定
3940000[×]1.42576089[=]

（2）¥10,150,119

解　5％，8期…1.4774 5544
¥6,870,000×1.47745544＝¥10,150,118.8…（¥10,150,119）
元金 × 複利終価率 ＝ 複利終価
電　ラウンドセレクターを5/4，小数点セレクターを0に設定
6870000[×]1.47745544[=]

（3）¥2,405,417

解　4.5％，10期…1.5529 6942
¥4,350,000×1.55296942＝¥6,755,416.9…（¥6,755,417）
元金 × 複利終価率 ＝ 複利終価
¥6,755,417－¥4,350,000＝¥2,405,417
電　ラウンドセレクターを5/4，小数点セレクターを0に設定
4350000[M-] [×]1.55296942[M+] [MR]

（4）¥9,956,119

解　7％，15期…2.7590 3154
¥5,660,000×2.75903154＝¥15,616,118.5…（¥15,616,119）
元金 × 複利終価率 ＝ 複利終価
¥15,616,119－¥5,660,000＝¥9,956,119
電　ラウンドセレクターを5/4，小数点セレクターを0に設定
5660000[M-] [×]2.75903154[M+] [MR]

（5）¥1,723,762

解　3.5％，9期…1.3628 9735
¥4,750,000×1.36289735＝¥6,473,762.4…（¥6,473,762）
元金 × 複利終価率 ＝ 複利終価
¥6,473,762－¥4,750,000＝¥1,723,762
電　ラウンドセレクターを5/4，小数点セレクターを0に設定
4750000[M-] [×]1.36289735[M+] [MR]

＝＝＝＝＝＝＝＝＝ 例3－例4 対応 ＝＝＝＝＝＝＝＝＝

（1）¥5,805,719

解　3％，10期…1.3439 1638
¥4,320,000×1.34391638＝¥5,805,718.7…（¥5,805,719）
元金 × 複利終価率 ＝ 複利終価
電　ラウンドセレクターを5/4，小数点セレクターを0に設定
4320000[×]1.34391638[=]

（2）¥4,171,107

解　2％，8期…1.1716 5938
¥3,560,000×1.17165938＝¥4,171,107.3…（¥4,171,107）
元金 × 複利終価率 ＝ 複利終価
電　ラウンドセレクターを5/4，小数点セレクターを0に設定
3560000[×]1.17165938[=]

（3）¥1,524,452

解　2.5％，8期…1.2184 0290
¥6,980,000×1.21840290＝¥8,504,452.2…（¥8,504,452）
元金 × 複利終価率 ＝ 複利終価
¥8,504,452－¥6,980,000＝¥1,524,452
電　ラウンドセレクターを5/4，小数点セレクターを0に設定
6980000[M-] [×]1.21840290[M+] [MR]

（4）¥484,482

解　3％，11期…1.3842 3387
¥350,000×1.38423387＝¥484,481.85（¥484,482）
元金 × 複利終価率 ＝ 複利終価

電　ラウンドセレクターを5/4，小数点セレクターを０に設定
350000[×]1.38423387[=]

（５）¥1,045,393

解　３％，７期…1.2298 7387
¥850,000×1.22987387＝¥1,045,392.7…（¥1,045,393）
元金 × 複利終価率 ＝ 複利終価

電　ラウンドセレクターを5/4，小数点セレクターを０に設定
850000[×]1.22987387[=]

（６）¥219,943

解　3.5%，13期…1.5639 5606
¥390,000×1.56395606＝¥609,942.8…（¥609,943）
元金 × 複利終価率 ＝ 複利終価
¥609,943－¥390,000＝¥219,943

電　ラウンドセレクターを5/4，小数点セレクターを０に設定
390000[M-][×]1.56395606[M+][MR]

６．複利現価（p.28）

＝＝＝＝＝＝＝＝＝ 例１－例２ 対応 ＝＝＝＝＝＝＝＝＝

（１）¥7,494,817

解　2.5%，９期…0.8007 2836
¥9,360,000×0.80072836＝¥7,494,817.4（¥7,494,817）
元金 × 複利現価率 ＝ 複利現価

電　ラウンドセレクターを5/4，小数点セレクターを０に設定
9360000[×].80072836[=]

（２）¥5,041,100

解　3.5%，14期…0.6177 8179
¥8,160,000×0.61778179＝¥5,041,099.4…（¥5,041,100）
元金 × 複利現価率 ＝ 複利現価

電　8160000[×].61778179[=]（¥100未満切り上げに注意）

（３）¥3,100,400

解　5.5%，７期…0.6874 3681
¥4,510,000×0.68743681＝¥3,100,340.01…（¥3,100,400）
元金 × 複利現価率 ＝ 複利現価

電　4510000[×].68743681[=]（¥100未満切り上げに注意）

（４）¥5,417,800

解　2.5%，７期…0.8412 6524
¥6,440,000×0.84126524＝¥5,417,748.1…（¥5,417,800）
元金 × 複利現価率 ＝ 複利現価

電　6440000[×].84126524[=]（¥100未満切り上げに注意）

（５）¥1,668,793

解　３％，11期…0.7224 2128
¥2,310,000×0.72242128＝¥1,668,793.1…（¥1,668,793）
元金 × 複利現価率 ＝ 複利現価

電　ラウンドセレクターを5/4，小数点セレクターを０に設定
2310000[×].72242128[=]

（６）¥6,574,300

解　3.5%，９期…0.7337 3097
¥8,960,000×0.73373097＝¥6,574,229.4…（¥6,574,300）
元金 × 複利現価率 ＝ 複利現価

電　8960000[×].73373097[=]（¥100未満切り上げに注意）

７．減価償却（p.30）

＝＝＝＝＝＝＝＝＝ 例１－例２ 対応 ＝＝＝＝＝＝＝＝＝

（１）¥1,053,000

解　38年，定額法….027
¥3,250,000×0.027×12＝¥1,053,000
償却限度額 × 求める期数 ＝ 求めたい期の減価償却累計額

電　3250000[×].027[×]12[=]

（２）¥3,625,720

解　22年，定額法….046
¥5,630,000×0.046×14＝¥3,625,720
償却限度額 × 求める期数 ＝ 求めたい期の減価償却累計額

電　5630000[×].046[×]14[=]

（３）¥2,679,680

解　14年，定額法….072
¥6,320,000×0.072×８＝¥3,640,320
¥6,320,000－¥3,640,320＝¥2,679,680
（取得原価－１期前の減価償却累計額＝求めたい期の期首帳簿価額）

電　6320000[M+][×].072[×]８[M-][MR]

（４）¥2,376,000

解　25年，定額法….040
¥3,960,000×0.04×10＝¥1,584,000
¥3,960,000－¥1,584,000＝¥2,376,000
（取得原価－１期前の減価償却累計額＝求めたい期の期首帳簿価額）

電　3960000[M+][×].04[×]10[M-][MR]

＝＝＝＝＝＝＝＝＝＝ 例3対応 ＝＝＝＝＝＝＝＝＝＝

（1） 20年，定額法….050

期数	期首帳簿価額	償却限度額	減価償却累計額
1	9,650,000	482,500	482,500
2	9,167,500	482,500	965,000
3	8,685,000	482,500	1,447,500
4	8,202,500	482,500	1,930,000

[解] 20年，定額法….050
1期の償却限度額・減価償却累計額…
¥9,650,000×0.05＝¥482,500
2期の減価償却累計額¥482,500＋¥482,500＝¥965,000
3期の減価償却累計額¥965,000＋¥482,500＝¥1,447,500
4期の減価償却累計額¥1,447,500＋¥482,500＝¥1,930,000

2期の期首帳簿価額　¥9,650,000－¥482,500＝¥9,167,500
3期の期首帳簿価額　¥9,167,500－¥482,500＝¥8,685,000
4期の期首帳簿価額　¥8,685,000－¥482,500＝¥8,202,500

[電] 9650000[×].05[=][M+]（482,500）
2期以降の減価償却累計額 …
C型 [MR]482500[+][+][=]（[=]を繰り返す）
S型 482500[+][RM][=]（[=]を繰り返す）

2期以降の期首帳簿価額 …
C型 [MR]482500[−][−]9650000[=]（[=]を繰り返す）
S型 9650000[−][RM][=]（[=]を繰り返す）

（2） 22年，定額法….046

期数	期首帳簿価額	償却限度額	減価償却累計額
1	7,500,000	345,000	345,000
2	7,155,000	345,000	690,000
3	6,810,000	345,000	1,035,000
4	6,465,000	345,000	1,380,000

[解] 22年，定額法….046
1期の償却限度額・減価償却累計額…
¥7,500,000×0.046＝¥345,000
2期の減価償却累計額¥345,000＋¥345,000＝¥690,000
3期の減価償却累計額¥690,000＋¥345,000＝¥1,035,000
4期の減価償却累計額¥1,035,000＋¥345,000＝¥1,380,000

2期の期首帳簿価額　¥7,500,000－¥345,000＝¥7,155,000
3期の期首帳簿価額　¥7,155,000－¥345,000＝¥6,810,000
4期の期首帳簿価額　¥6,810,000－¥345,000＝¥6,465,000

[電] 7500000[×].046[=][M+]（345,000）
2期以降の減価償却累計額 …
C型 [MR] 345000[+][+][=]（[=]を繰り返す）
S型 345000[+][RM][=]（[=]を繰り返す）

2期以降の期首帳簿価額 …
C型 [MR] 345000[−][−]7500000[=]（[=]を繰り返す）
S型 7500000[−][RM][=]（[=]を繰り返す）

（3） 35年，定額法….029

期数	期首帳簿価額	償却限度額	減価償却累計額
1	8,520,000	247,080	247,080
2	8,272,920	247,080	494,160
3	8,025,840	247,080	741,240
4	7,778,760	247,080	988,320

[解] 35年，定額法….029
1期の償却限度額・減価償却累計額…
¥8,520,000×0.029＝¥247,080
2期の減価償却累計額¥247,080＋¥247,080＝¥494,160
3期の減価償却累計額¥494,160＋¥247,080＝¥741,240
4期の減価償却累計額¥741,240＋¥247,080＝¥988,320

2期の期首帳簿価額　¥8,520,000－¥247,080＝¥8,272,920
3期の期首帳簿価額　¥8,272,920－¥247,080＝¥8,025,840
4期の期首帳簿価額　¥8,025,840－¥247,080＝¥7,778,760

[電] 8520000[×].029[=][M+]（247,080）
2期以降の減価償却累計額 …
C型 [MR] 247080[+][+][=]（[=]を繰り返す）
S型 247080[+][RM][=]（[=]を繰り返す）

8. 売買・損益の計算①（p.34）

＝＝＝＝＝＝＝＝ 例1－例3 対応 ＝＝＝＝＝＝＝＝

（1）¥241,800

[解] $\text{¥}780 \times \frac{310\text{冊}}{1\text{冊}} = \underline{\text{¥}241,800}$

$\text{建値} \times \frac{\text{取引数量}}{\text{単位数量（建）}} = \text{商品代金}$

[電] 780[×]310（[÷]1）[=]

（2）¥190,400

[解] $\text{¥}1,700 \times \frac{560\text{本}}{5\text{本}} = \underline{\text{¥}190,400}$

$\text{建値} \times \frac{\text{取引数量}}{\text{単位数量（建）}} = \text{商品代金}$

[電] 1700[×]560[÷]5[=]

（3）¥855,400

[解] $\text{¥}910 \times \frac{940\text{m}}{1\text{m}} = \underline{\text{¥}855,400}$

$\text{建値} \times \frac{\text{取引数量}}{\text{単位数量（建）}} = \text{商品代金}$

電　910[×]940（[÷]1）[=]

（4）¥172,500

解　$¥4,600 \times \frac{\text{750組}}{\text{20組}} = ¥172,500$

$\text{建値} \times \frac{\text{取引数量}}{\text{単位数量（建）}} = \text{商品代金}$

電　4600[×]750[÷]20[=]

（5）¥1,860,000

取引数量の計算

解　250ダース＝12個×250＝3,000個

電　12[×]250[=]

商品代金の計算

解　$¥620 \times \frac{\text{3,000個}}{\text{1個}} = ¥1,860,000$

$\text{建値} \times \frac{\text{取引数量}}{\text{単位数量（建）}} = \text{商品代金}$

電　620[×]3000（[÷]1）[=]

（6）¥345,600

取引数量の計算

解　8グロス＝12ダース×8＝96ダース

電　12[×]8[=]

商品代金の計算

解　$¥3,600 \times \frac{\text{96ダース}}{\text{1ダース}} = ¥345,600$

$\text{建値} \times \frac{\text{取引数量}}{\text{単位数量（建）}} = \text{商品代金}$

電　3600[×]96（[÷]1）[=]

（7）770着

解　$¥2,300 \times \frac{\text{取引数量}}{\text{5着}} = ¥354,200$

$\text{建値} \times \frac{\text{取引数量}}{\text{単位数量（建）}} = \text{商品代金}$

この式を変形すると，

$\text{取引数量} = ¥354,200 \times \frac{\text{5着}}{¥2,300}$

$\text{取引数量} = \text{商品代金} \times \frac{\text{単位数量（建）}}{\text{建値}}$

よって，取引数量＝770着

電　354200[×]5[÷]2300[=]

（8）260ダース

解　$¥205 \times \frac{\text{取引数量}}{\text{1個}} = ¥639,600$

$\text{建値} \times \frac{\text{取引数量}}{\text{単位数量（建）}} = \text{商品代金}$

この式を変形すると，

$\text{取引数量} = ¥639,600 \times \frac{\text{1個}}{¥205}$

$\text{取引数量} = \text{商品代金} \times \frac{\text{単位数量（建）}}{\text{建値}}$

よって，取引数量＝3,120個（260ダース）

電　639600（[×]1）[÷]205[=]（3,120個＝260ダース）

（9）870台

解　$¥8,600 \times \frac{\text{取引数量}}{\text{10台}} = ¥748,200$

$\text{建値} \times \frac{\text{取引数量}}{\text{単位数量（建）}} = \text{商品代金}$

この式を変形すると，

$\text{取引数量} = ¥748,200 \times \frac{\text{10台}}{¥8,600}$

$\text{取引数量} = \text{商品代金} \times \frac{\text{単位数量（建）}}{\text{建値}}$

よって，取引数量＝870台

電　748200[×]10[÷]8600[=]

（10）990kg

解　$¥5,700 \times \frac{\text{取引数量}}{\text{30kg}} = ¥188,100$

$\text{建値} \times \frac{\text{取引数量}}{\text{単位数量（建）}} = \text{商品代金}$

この式を変形すると，

$\text{取引数量} = ¥188,100 \times \frac{\text{30kg}}{¥5,700}$

$\text{取引数量} = \text{商品代金} \times \frac{\text{単位数量（建）}}{\text{建値}}$

よって，取引数量＝990kg

電　188100[×]30[÷]5700[=]

＝＝＝＝＝＝＝＝ 例4－例7 対応 ＝＝＝＝＝＝＝＝

（1）¥411,188

解　$£10.36 \times \frac{\text{270英ガロン}}{\text{1英ガロン}} = £2,797.2$

$\text{建値} \times \frac{\text{取引数量}}{\text{単位数量（建）}} = \text{商品代金}$

¥147×£2,797.2＝¥411,188.4

（4捨5入により，¥411,188）

換算率 × 被換算高 ＝ 換算高

電　ラウンドセレクターを5/4，小数点セレクターを0に設定

10.36[×]270（[÷]1）[×]147[=]

（2）¥525,118

解　$£72.43 \times \frac{\text{50lb}}{\text{1lb}} = £3,621.5$

$\text{建値} \times \frac{\text{取引数量}}{\text{単位数量（建）}} = \text{商品代金}$

¥145×£3,621.5＝¥525,117.5

（4捨5入により，¥525,118）

換算率 × 被換算高 ＝ 換算高

電　ラウンドセレクターを5/4，小数点セレクターを0に設定

72.43[×]50（[÷]1）[×]145[=]

（3）¥873,254

解　$\$38.15 \times \frac{\text{210m}}{\text{1m}} = \$8,011.5$

建値 × $\frac{\text{取引数量}}{\text{単位数量（建）}}$ ＝ 商品代金

¥109×＄8,011.5＝¥873,253.5

（4捨5入により，¥873,254）

換算率 × 被換算高 ＝ 換算高

電 ラウンドセレクターを5/4，小数点セレクターを0に設定

38.15×210（÷1）×109＝

（4）¥317,654

解 ＄127.88× $\frac{1{,}150\text{米トン}}{50\text{米トン}}$ ＝ ＄2,941.24

建値 × $\frac{\text{取引数量}}{\text{単位数量（建）}}$ ＝ 商品代金

¥108×＄2,941.24＝¥317,653.92

（4捨5入により，¥317,654）

換算率 × 被換算高 ＝ 換算高

電 ラウンドセレクターを5/4，小数点セレクターを0に設定

127.88×1150÷50×108＝

（5）¥764,789

解 €72.30× $\frac{820\text{L}}{10\text{L}}$ ＝ €5,928.6

建値 × $\frac{\text{取引数量}}{\text{単位数量（建）}}$ ＝ 商品代金

¥129×€5,928.6＝¥764,789.4

（4捨5入により，¥764,789）

換算率 × 被換算高 ＝ 換算高

電 ラウンドセレクターを5/4，小数点セレクターを0に設定

72.30×820÷10×129＝

（6）¥631,874

解 €348.14× $\frac{300\text{yd}}{20\text{yd}}$ ＝ €5,222.1

建値 × $\frac{\text{取引数量}}{\text{単位数量（建）}}$ ＝ 商品代金

¥121×€5,222.1＝¥631,874.1

（4捨5入により，¥631,874）

換算率 × 被換算高 ＝ 換算高

電 ラウンドセレクターを5/4，小数点セレクターを0に設定

348.14×300÷20×121＝

（7）¥19,511

解 ¥590,000× $\frac{30\text{kg}\div 907.2\text{kg}}{1\text{米トン}}$ ＝ ¥19,510.5…

（4捨5入により，¥19,511）

建値 × $\frac{\text{取引数量}}{\text{単位数量（建）}}$ ＝ 商品代金

電 ラウンドセレクターを5/4，小数点セレクターを0に設定

590000×30÷907.2（÷1）＝

（8）¥34,777

解 ¥530× $\frac{60\text{m}\div 0.9144\text{m}}{1\text{ yd}}$ ＝ ¥34,776.9…

（4捨5入により，¥34,777）

建値 × $\frac{\text{取引数量}}{\text{単位数量（建）}}$ ＝ 商品代金

電 ラウンドセレクターを5/4，小数点セレクターを0に設定

530×60÷.9144（÷1）＝

（9）¥51,678

解 ¥9,780× $\frac{20\text{L}\div 3.785\text{L}}{1\text{米ガロン}}$ ＝ ¥51,677.6…

（4捨5入により，¥51,678）

建値 × $\frac{\text{取引数量}}{\text{単位数量（建）}}$ ＝ 商品代金

電 ラウンドセレクターを5/4，小数点セレクターを0に設定

9780×20÷3.785（÷1）＝

（10）¥41,179

解 ¥46,800× $\frac{40\text{L}\div 4.546\text{L}}{10\text{英ガロン}}$ ＝ ¥41,179.0…

（4捨5入により，¥41,179）

建値 × $\frac{\text{取引数量}}{\text{単位数量（建）}}$ ＝ 商品代金

電 ラウンドセレクターを5/4，小数点セレクターを0に設定

46800×40÷4.546÷10＝

（11）¥83,554

解 ¥75,800× $\frac{50\text{kg}\div 0.4536\text{kg}}{100\text{lb}}$ ＝ ¥83,553.7…

（4捨5入により，¥83,554）

建値 × $\frac{\text{取引数量}}{\text{単位数量（建）}}$ ＝ 商品代金

電 ラウンドセレクターを5/4，小数点セレクターを0に設定

75800×50÷.4536÷100＝

（12）¥18,012

解 ¥6,100,000× $\frac{30\text{kg}\div 1{,}016\text{kg}}{10\text{英トン}}$ ＝ ¥18,011.8…

（4捨5入により，¥18,012）

建値 × $\frac{\text{取引数量}}{\text{単位数量（建）}}$ ＝ 商品代金

電 ラウンドセレクターを5/4，小数点セレクターを0に設定

6100000×30÷1016÷10＝

8．売買・損益の計算②（p.38）

＝＝＝＝＝＝＝＝ 例8－例9 対応 ＝＝＝＝＝＝＝＝

（1）¥301,000

解 ¥290,000＋¥11,000＝¥301,000

商品代金 ＋ 仕入諸掛 ＝ 仕入原価（諸掛込原価）

電 290000＋11000＝

（2）¥449,000

解 ¥430,000＋¥19,000＝¥449,000

商品代金 ＋ 仕入諸掛 ＝ 仕入原価（諸掛込原価）

電 430000＋19000＝

(3) ¥598,700

【解】 ¥570,000＋（¥22,300＋¥6,400）＝¥598,700
商品代金 ＋ 仕入諸掛 ＝ 仕入原価（諸掛込原価）

【電】 570000[+]22300[+]6400[=]

(4) ¥835,200

【解】 ¥2,650 × $\frac{310\text{足}}{1\text{足}}$ ＋¥13,700＝¥835,200
建値 × $\frac{\text{取引数量}}{\text{単位数量（建）}}$ ＋仕入諸掛＝仕入原価（諸掛込原価）

【電】 2650[×]310（[÷]1）[+]13700[=]

(5) ¥221,280

【解】 ¥4,960 × $\frac{1{,}720\text{袋}}{40\text{袋}}$ ＋¥8,000＝¥221,280
建値 × $\frac{\text{取引数量}}{\text{単位数量（建）}}$ ＋仕入諸掛＝仕入原価（諸掛込原価）

【電】 4960[×]1720[÷]40[+]8000[=]

(6) ¥525,000

【解】 ¥8,700 × $\frac{580\text{ダース}}{10\text{ダース}}$ ＋¥20,400＝¥525,000
建値 × $\frac{\text{取引数量}}{\text{単位数量（建）}}$ ＋仕入諸掛＝仕入原価（諸掛込原価）

【電】 8700[×]580[÷]10[+]20400[=]

(7) ¥370,000

【解】 ¥39,000 × $\frac{450\text{箱}}{50\text{箱}}$ ＋¥19,000＝¥370,000
建値 × $\frac{\text{取引数量}}{\text{単位数量（建）}}$ ＋仕入諸掛＝仕入原価（諸掛込原価）

【電】 39000[×]450[÷]50[+]19000[=]

＝＝＝＝＝＝＝＝ 例10－例12 対応 ＝＝＝＝＝＝＝＝

(1) ¥41,400

【解】 ¥230,000×0.18＝¥41,400
仕入原価 × 見込利益率 ＝ 見込利益額

【電】 230000[×].18[=] ／ 230000[×]18[%]

(2) ¥74,880

【解】 ¥3,900 × $\frac{800\text{本}}{10\text{本}}$ ＝¥312,000
建値 × $\frac{\text{取引数量}}{\text{単位数量（建）}}$ ＝ 仕入原価
¥312,000×0.24＝¥74,880
仕入原価 × 見込利益率 ＝ 見込利益額

【電】 3900[×]800[÷]10[×].24[=] ／ 3900[×]800[÷]10[×]24[%]

(3) ¥87,550

【解】 ¥489,000＋¥26,000＝¥515,000
商品代金 ＋ 仕入諸掛 ＝ 仕入原価（諸掛込原価）
¥515,000×0.17＝¥87,550
仕入原価 × 見込利益率 ＝ 見込利益額

【電】 489000[+]26000[×].17[=] ／ 489000[+]26000[×]17[%]

(4) ¥157,000

【解】 仕入原価×0.26＝¥40,820
仕入原価 × 見込利益率 ＝ 見込利益額
この式を変形すると，
仕入原価＝¥40,820÷0.26
仕入原価 ＝ 見込利益額 ÷ 見込利益率
よって，仕入原価＝¥157,000

【電】 40820[÷].26[=] ／ 40820[÷]26[%]

(5) ¥270,000

【解】 仕入原価×0.22＝¥59,400
仕入原価 × 見込利益率 ＝ 見込利益額
この式を変形すると，
仕入原価＝¥59,400÷0.22
仕入原価 ＝ 見込利益額 ÷ 見込利益率
よって，仕入原価＝¥270,000

【電】 59400[÷].22[=] ／ 59400[÷]22[%]

(6) ¥990,000

【解】 仕入原価×0.135＝¥133,650
仕入原価 × 見込利益率 ＝ 見込利益額
この式を変形すると，
仕入原価＝¥133,650÷0.135
仕入原価 ＝ 見込利益額 ÷ 見込利益率
よって，仕入原価＝¥990,000

【電】 133650[÷].135[=] ／ 133650[÷]13.5[%]

(7) 2割3分

【解】 ¥240,000×見込利益率＝¥55,200
仕入原価 × 見込利益率 ＝ 見込利益額
この式を変形すると，
見込利益率＝¥55,200÷¥240,000
見込利益率 ＝ 見込利益額 ÷ 仕入原価
よって，見込利益率＝0.23（2割3分）

【電】 55200[÷]240000[%]（23％＝2割3分）

(8) 26％

【解】 ¥310,000×見込利益率＝¥80,600
仕入原価 × 見込利益率 ＝ 見込利益額
この式を変形すると，
見込利益率＝¥80,600÷¥310,000
見込利益率 ＝ 見込利益額 ÷ 仕入原価
よって，見込利益率＝0.26（26％）

【電】 80600[÷]310000[%]

(9) 1割5分

【解】 ¥707,000＋¥13,000＝¥720,000
商品代金 ＋ 仕入諸掛 ＝ 仕入原価（諸掛込原価）

¥720,000×見込利益率＝¥108,000
仕入原価 × 見込利益率 ＝ 見込利益額
この式を変形すると，
見込利益率＝¥108,000÷¥720,000
見込利益率 ＝ 見込利益額 ÷ 仕入原価
よって，見込利益率＝0.15（1割5分）

電 707000＋13000＝108000÷ GT %
（15%＝1割5分）

＝＝＝＝＝＝＝＝＝ 例13－例15 対応 ＝＝＝＝＝＝＝＝＝

（1）¥971,100

解 ¥830,000×（1＋0.17）＝¥971,100
仕入原価 ×（1 ＋ 見込利益率）＝ 予定売価

電 共通 830000×1.17＝ ／ 830000×117%
C型 830000×17% ＋
S型 830000×17% ＋ ＝ ／ 830000＋17%

（2）¥831,450

解 ¥690,000×（1＋0.205）＝¥831,450
仕入原価 ×（1 ＋ 見込利益率）＝ 予定売価

電 共通 690000×1.205＝ ／ 690000×120.5%
C型 690000×20.5% ＋
S型 690000×20.5% ＋ ＝ ／ 690000＋20.5%

（3）¥508,500

解 ¥433,000＋¥17,000＝¥450,000
商品代金 ＋ 仕入諸掛 ＝ 仕入原価（諸掛込原価）
¥450,000×（1＋0.13）＝¥508,500
仕入原価 ×（1 ＋ 見込利益率）＝ 予定売価

電 共通 433000＋17000×1.13＝ ／
433000＋17000×113%
C型 433000＋17000×13% ＋
S型 433000＋17000×13% ＋ ＝ ／
433000＋17000＋13%

（4）¥650,000

解 仕入原価×（1＋0.27）＝¥825,500
仕入原価 ×（1 ＋ 見込利益率）＝ 予定売価
この式を変形すると，
仕入原価＝¥825,500÷（1＋0.27）
仕入原価 ＝ 予定売価 ÷（1 ＋ 見込利益率）
よって，仕入原価＝¥650,000

電 825500÷1.27＝ ／ 825500÷127%

（5）¥230,000

解 仕入原価×（1＋0.14）＝¥262,200
仕入原価 ×（1 ＋ 見込利益率）＝ 予定売価
この式を変形すると，
仕入原価＝¥262,200÷（1＋0.14）
仕入原価 ＝ 予定売価 ÷（1 ＋ 見込利益率）
よって，仕入原価＝¥230,000

電 262200÷1.14＝ ／ 262200÷114%

（6）¥400,000

解 仕入原価×（1＋0.175）＝¥470,000
仕入原価 ×（1 ＋ 見込利益率）＝ 予定売価
この式を変形すると，
仕入原価＝¥470,000÷（1＋0.175）
仕入原価 ＝ 予定売価 ÷（1 ＋ 見込利益率）
よって，仕入原価＝¥400,000

電 470000÷1.175＝ ／ 470000÷117.5%

（7）25%

解 （¥950,000－¥760,000）÷¥760,000＝0.25（25%）
「¥190,000（増加量）は¥760,000の何パーセントか」という割合の計算と捉えることができる。
そのため，比較量（¥190,000）÷基準量（¥760,000）＝割合より，上記の式となる。

電 950000－760000÷760000%

（8）2割2分

解 ¥108,000＋¥7,000＝¥115,000
商品代金 ＋ 仕入諸掛 ＝ 仕入原価（諸掛込原価）
（¥140,300－¥115,000）÷¥115,000＝0.22（2割2分）
「¥25,300（増加量）は¥115,000の何割何分か」という割合の計算と捉えることができる。
そのため，比較量（¥25,300）÷基準量（¥115,000）＝割合より，上記の式となる。

電 108000＋7000＝140300－ GT ÷ GT %（22%＝2割2分）

（9）26%

解 （¥630,000－¥500,000）÷¥500,000＝0.26（26%）
「¥130,000（増加量）は¥500,000の何パーセントか」という割合の計算と捉えることができる。
そのため，比較量（¥130,000）÷基準量（¥500,000）＝割合より，上記の式となる。

電 630000－500000÷500000%

＝＝＝＝＝＝＝＝＝ 例16－例17 対応 ＝＝＝＝＝＝＝＝＝

（1）¥133,380

解 $¥650 \times \frac{1,140個}{1個} = ¥741,000$
$建値 \times \frac{取引数量}{単位数量（建）} = 仕入原価$
¥741,000×0.18＝¥133,380
仕入原価 × 見込利益率 ＝ 見込利益額
（値引がないので見込利益額＝利益の総額）

電 650×1140（÷1）×.18＝ ／ 650×1140（÷1）×18%

（2）¥230,850

解 $¥35,000 \times \frac{2,300L}{100L} + ¥50,000 = ¥855,000$
$建値 \times \frac{取引数量}{単位数量（建）} + 仕入諸掛 = 仕入原価（諸掛込原価）$

¥855,000×0.27＝¥230,850
仕入原価 × 見込利益率 ＝ 見込利益額
（値引がないので見込利益額＝利益の総額）

電　35000[×]2300[÷]100[+]50000[×].27[=]　／
35000[×]2300[÷]100[+]50000[×]27[%]

(3) ¥90,060

解　$¥6,000\times\frac{3,920\text{袋}}{40\text{袋}}+¥12,400=¥600,400$
$\text{建値}\times\frac{\text{取引数量}}{\text{単位数量（建）}}$＋仕入諸掛＝仕入原価（諸掛込原価）
¥600,400×0.15＝¥90,060
仕入原価 × 見込利益率 ＝ 見込利益額
（値引がないので見込利益額＝利益の総額）

電　6000[×]3920[÷]40[+]12400[×].15[=]　／
6000[×]3920[÷]40[+]12400[×]15[%]

(4) ¥443,520

解　$¥8,800\times\frac{40\text{台}}{1\text{台}}=¥352,000$
$\text{建値}\times\frac{\text{取引数量}}{\text{単位数量（建）}}$ ＝ 仕入原価
¥352,000×（1＋0.26）＝¥443,520
仕入原価 ×（1 ＋ 見込利益率）＝ 予定売価
（値引がないので予定売価＝実売価の総額）

電　共通　8800[×]40（[÷]1）[×]1.26[=]　／
8800[×]40（[÷]1）[×]126[%]
C型　8800[×]40（[÷]1）[×]26[%] [+]
S型　8800[×]40（[÷]1）[×]26[%] [+] [=]　／
8800[×]40（[÷]1）[+]26[%]

(5) ¥1,465,660

解　$¥13,250\times\frac{4,000\text{着}}{50\text{着}}+¥42,000=¥1,102,000$
$\text{建値}\times\frac{\text{取引数量}}{\text{単位数量（建）}}$＋仕入諸掛＝仕入原価（諸掛込原価）
¥1,102,000×（1＋0.33）＝¥1,465,660
仕入原価 ×（1 ＋ 見込利益率）＝ 予定売価
（値引がないので定価＝総売上高）

電　共通　13250[×]4000[÷]50[+]42000[×]1.33[=]　／
13250[×]4000[÷]50[+]42000[×]133[%]
C型　13250[×]4000[÷]50[+]42000[×]33[%] [+]
S型　13250[×]4000[÷]50[+]42000[×]33[%] [+] [=]　／
13250[×]4000[÷]50[+]42000[+]33[%]

(6) ¥883,840

解　1ダース＝12個なので，
$¥960\times\frac{8,400\text{個}}{12\text{個}}+¥18,500=¥690,500$
$\text{建値}\times\frac{\text{取引数量}}{\text{単位数量（建）}}$＋仕入諸掛＝仕入原価（諸掛込原価）
¥690,500×（1＋0.28）＝¥883,840
仕入原価 ×（1 ＋ 見込利益率）＝ 予定売価
（値引がないので予定売価＝実売価の総額）

電　共通　960[×]8400[÷]12[+]18500[×]1.28[=]　／
960[×]8400[÷]12[+]18500[×]128[%]
C型　960[×]8400[÷]12[+]18500[×]28[%] [+]
S型　960[×]8400[÷]12[+]18500[×]28[%] [+] [=]　／
960[×]8400[÷]12[+]18500[+]28[%]

8．売買・損益の計算③（p.46）

＝＝＝＝＝＝＝＝＝ **例18**－**例20** 対応 ＝＝＝＝＝＝＝＝＝

(1) ¥134,400

解　¥840,000×0.16＝¥134,400
予定売価 × 値引率 ＝ 値引額

電　840000[×].16[=]　／　840000[×]16[%]

(2) ¥72,000

解　8掛＝2割引きなので，
¥360,000×0.2＝¥72,000
予定売価 × 値引率 ＝ 値引額

電　360000[×].2[=]　／　360000[×]20[%]

(3) ¥82,810

解　¥490,000＋¥147,000＝¥637,000
仕入原価 ＋ 見込利益額 ＝ 予定売価
¥637,000×0.13＝¥82,810
予定売価 × 値引率 ＝ 値引額

電　490000[+]147000[×].13[=]　／　490000[+]147000[×]13[%]

(4) ¥170,000

解　予定売価×0.17＝¥38,437
予定売価 × 値引率 ＝ 値引額
この式を変形すると，
予定売価＝¥38,437÷0.17
予定売価 ＝ 値引額 ÷ 値引率
よって，予定売価＝¥226,100
また，仕入原価×（1＋0.33）＝¥226,100
仕入原価 ×（1 ＋ 見込利益率）＝ 予定売価
この式を変形すると，
仕入原価＝¥226,100÷（1＋0.33）
仕入原価 ＝ 予定売価 ÷（1 ＋ 見込利益率）
よって，仕入原価＝¥170,000

電　38437[÷].17[÷]1.33[=]　／　38437[÷]17[%] [÷]133[%]

(5) ¥820,000

解　予定売価×0.08＝¥75,440
予定売価 × 値引率 ＝ 値引額
この式を変形すると，
予定売価＝¥75,440÷0.08
予定売価 ＝ 値引額 ÷ 値引率
よって，予定売価＝¥943,000
また，仕入原価＋¥123,000＝¥943,000
仕入原価 ＋ 見込利益額 ＝ 予定売価

この式を変形すると，
仕入原価＝¥943,000－¥123,000
仕入原価 ＝ 予定売価 － 見込利益額
よって，仕入原価＝¥820,000

電 75440÷.08−123000＝ ／ 75440÷８% −123000＝

（６）¥300,000

解 予定売価×0.175＝¥52,500
予定売価 × 値引率 ＝ 値引額
この式を変形すると，
予定売価＝¥52,500÷0.175
予定売価 ＝ 値引額 ÷ 値引率
よって，予定売価＝¥300,000

電 52500÷.175＝ ／ 52500÷17.5%

（７）¥751,000

解 予定売価×0.09＝¥67,590
予定売価 × 値引率 ＝ 値引額
この式を変形すると，
予定売価＝¥67,590÷0.09
予定売価 ＝ 値引額 ÷ 値引率
よって，予定売価＝¥751,000

電 67590÷.09＝ ／ 67590÷９%

（８）13%

解 ¥570,000×値引率＝¥74,100
予定売価 × 値引率 ＝ 値引額
この式を変形すると，
値引率＝¥74,100÷¥570,000
値引率 ＝ 値引額 ÷ 予定売価
よって，値引率＝0.13（13%）

電 74100÷570000%

（９）１割１分

解 ¥760,000×（１＋0.19）＝¥904,400
仕入原価 ×（１ ＋ 見込利益率）＝ 予定売価
¥904,400×値引率＝¥99,484
予定売価 × 値引率 ＝ 値引額
この式を変形すると，
値引率＝¥99,484÷¥904,400
値引率 ＝ 値引額 ÷ 予定売価
よって，値引率＝0.11（１割１分）

電 共通 760000×1.19＝99484÷GT%（11%＝1割1分）
Ｃ型 760000×119%＝99484÷GT%（11%＝1割1分）
Ｓ型 760000×119%99484÷GT%（11%＝1割1分）

＝＝＝＝＝＝＝＝ 例21－例24 対応 ＝＝＝＝＝＝＝＝

（１）¥253,920

解 ¥230,000×（１＋0.38）＝¥317,400
仕入原価 ×（１ ＋ 見込利益率）＝ 予定売価
¥317,400×（１－0.2）＝¥253,920
予定売価 ×（１ － 値引率）＝ 実売価

電 0.2の補数は0.8なので，
共通 230000×1.38×.8＝ ／ 230000×138%×80%
Ｃ型 230000×38%＋×20%−
Ｓ型 230000×38%＋＝×20%−＝ ／
230000＋38%−20%

（２）¥457,500

解 ７掛半＝２割５分引きなので，
¥610,000×（１－0.25）＝¥457,500
予定売価 ×（１ － 値引率）＝ 実売価

電 0.25の補数は0.75なので，
共通 610000×.75＝ ／ 610000×75%
Ｃ型 610000×25%−
Ｓ型 610000×25%−＝ ／ 610000−25%

（３）¥394,740

解 ¥340,000×（１＋0.35）＝¥459,000
仕入原価 ×（１ ＋ 見込利益率）＝ 予定売価
¥459,000×（１－0.14）＝¥394,740
予定売価 ×（１ － 値引率）＝ 実売価

電 0.14の補数は0.86なので，
共通 340000×1.35×.86＝ ／
340000×135%×86%
Ｃ型 340000×35%＋×14%−
Ｓ型 340000×35%＋＝×14%−＝ ／
340000＋35%−14%

（４）¥910,095

解 ¥850,000×（１＋0.29）＝¥1,096,500
仕入原価 ×（１ ＋ 見込利益率）＝ 予定売価
¥1,096,500×（１－0.17）＝¥910,095
予定売価 ×（１ － 値引率）＝ 実売価

電 0.17の補数は0.83なので，
共通 850000×1.29×.83＝ ／
850000×129%×83%
Ｃ型 850000×29%＋×17%−
Ｓ型 850000×29%＋＝×17%−＝ ／
850000＋29%−17%

（５）¥470,000

解 予定売価×（１－0.18）＝¥385,400
予定売価 ×（１ － 値引率）＝ 実売価
この式を変形すると，
予定売価＝¥385,400÷（１－0.18）
予定売価 ＝ 実売価 ÷（１ － 値引率）
よって，予定売価＝¥470,000

電 0.18の補数は0.82なので，
385400÷.82＝ ／ 385400÷82%

(6) ¥600,000

解 予定売価×（1－0.12）＝¥528,000
予定売価 ×（1 － 値引率）＝ 実売価
この式を変形すると，
予定売価＝¥528,000÷（1－0.12）
予定売価 ＝ 実売価 ÷（1 － 値引率）
よって，定価＝¥600,000

電 0.12の補数は0.88なので，
528000÷.88＝ ／ 528000÷88%

(7) 1割6分

解 (¥930,000－¥781,200）÷¥930,000＝0.16（1割6分）
「¥148,800（減少量）は¥930,000の何割何分か」という
割合の計算と捉えることができる。
そのため，比較量（¥148,800）÷基準量（¥930,000）＝割合
より，上記の式となる。

電 930000－781200÷930000%（16%＝1割6分）

(8) 7%

解 （¥260,000－¥241,800）÷¥260,000＝0.07（7%）
「¥18,200（減少量）は¥260,000の何パーセントか」という
割合の計算と捉えることができる。
そのため，比較量（¥18,200）÷基準量（¥260,000）＝割合
より，上記の式となる。

電 260000－241800÷260000%

(9) 6%

解 ¥580,000×（1＋0.24）＝¥719,200
仕入原価 ×（1 ＋ 見込利益率）＝ 予定売価
（¥719,200－¥676,048）÷¥719,200＝0.06（6%）
「¥43,152（減少量）は¥719,200の何パーセントか」という
割合の計算と捉えることができる。
そのため，比較量（¥43,152）÷基準量（¥719,200）＝割合
より，上記の式となる。

電 共通 580000×1.24＝ －676048÷ GT %
C型 580000×124% ＝ －676048÷ GT %
S型 580000×124% －676048÷ GT %

(10) 1割8分

解 ¥370,000×（1＋0.31）＝¥484,700
仕入原価 ×（1 ＋ 見込利益率）＝ 予定売価
（¥484,700－¥397,454）÷¥484,700＝0.18（1割8分）
「¥87,246（減少量）は¥484,700の何割何分か」という
割合の計算と捉えることができる。
そのため，比較量（¥87,246）÷基準量（¥484,700）＝割合
より，上記の式となる。

電 共通 370000×1.31＝ －397454÷ GT %
（18%＝1割8分）
C型 370000×131% ＝ －397454÷ GT %
（18%＝1割8分）
S型 370000×131% －397454÷ GT %
（18%＝1割8分）

(11) ¥850,000

解 予定売価が不明のため，予定売価をxとおくと，
実売価＝予定売価×（1－値引率）より，
実売価＝0.92xとなる。
¥680,000×1.15＝¥782,000（実売価）
よって，0.92x＝¥782,000（実売価）
x＝¥850,000（予定売価）

電 680000×1.15÷.92＝

(12) ¥1,300,000

解 予定売価が不明のため，予定売価をxとおくと，
実売価＝予定売価×（1－値引率）より，
実売価＝0.8xとなる。
¥800,000×1.3＝¥1,040,000（実売価）
よって，0.8x＝¥1,040,000（実売価）
x＝¥1,300,000（予定売価）

電 800000×1.3÷.8＝

8. 売買・損益の計算④（p.50）

＝＝＝＝＝＝＝＝＝ 例25－例26 対応 ＝＝＝＝＝＝＝＝＝

(1) ¥780,000

解 仕入原価×（1＋0.24）＝¥967,200
仕入原価 ×（1 ＋ 利益率）＝ 実売価
この式を変形すると，
仕入原価＝¥967,200÷（1＋0.24）
仕入原価 ＝ 実売価 ÷（1 ＋ 利益率）
よって，仕入原価＝¥780,000

電 967200÷1.24＝ ／ 967200÷124%

(2) ¥327,000

解 仕入原価×（1－0.16）＝¥274,680
仕入原価 ×（1 － 損失率）＝ 実売価
この式を変形すると，
仕入原価＝¥274,680÷（1－0.16）
仕入原価 ＝ 実売価 ÷（1 － 損失率）
よって，仕入原価＝¥327,000

電 0.16の補数は0.84なので，
274680÷.84＝ ／ 274680÷84%

(3) ¥819,200

解 ¥640,000×（1＋0.28）＝¥819,200
仕入原価 ×（1 ＋ 利益率）＝ 実売価

電 共通 640000×1.28＝ ／ 640000×128%
C型 640000×28% ＋
S型 640000×28% ＋ ＝ ／ 640000＋28%

(4) ¥482,300

解 ¥530,000×（1－0.09）＝¥482,300

仕入原価 ×（1 − 損失率）＝ 実売価

電　0.09の補数は0.91なので，

共通　530000×.91=　／　530000×91%

C型　530000×9%−

S型　530000×9%−=　／　530000−9%

（5）¥74,800

解　¥220,000×0.34＝¥74,800

仕入原価 × 利益率 ＝ 利益額

電　220000×.34=　／　220000×34%

（6）¥178,500

解　¥850,000×0.21＝¥178,500

仕入原価 × 損失率 ＝ 損失額

電　850000×.21=　／　850000×21%

＝＝＝＝＝＝＝＝＝ 例27－例29 対応 ＝＝＝＝＝＝＝＝＝

（1）¥846,000

解　仕入原価×0.35＝¥296,100

仕入原価 × 利益率 ＝ 利益額

この式を変形すると，

仕入原価＝¥296,100÷0.35

仕入原価 ＝ 利益額 ÷ 利益率

よって，仕入原価＝¥846,000

電　296100÷.35=　／　296100÷35%

（2）¥940,000

解　仕入原価×0.17＝¥159,800

仕入原価 × 損失率 ＝ 損失額

この式を変形すると，

仕入原価＝¥159,800÷0.17

仕入原価 ＝ 損失額 ÷ 損失率

よって，仕入原価＝¥940,000

電　159800÷.17=　／　159800÷17%

（3）2割7分

解　（¥203,200－¥160,000）÷¥160,000＝0.27（2割7分）

「¥43,200（増加量）は¥160,000の何割何分か」という割合の計算と捉えることができる。

そのため，比較量（¥43,200）÷基準量（¥160,000）＝割合より，上記の式となる。

電　203200−160000÷160000%（27%＝2割7分）

（4）19%

解　（¥480,000－¥388,800）÷¥480,000＝0.19（19%）

「¥91,200（減少量）は¥480,000の何パーセントか」という割合の計算と捉えることができる。

そのため，比較量（¥91,200）÷基準量（¥480,000）＝割合より，上記の式となる。

電　480000−388800÷480000%

（5）22%

解　¥310,000×利益率＝¥68,200

仕入原価 × 利益率 ＝ 利益額

この式を変形すると，

利益率＝¥68,200÷¥310,000

利益率 ＝ 利益額 ÷ 仕入原価

よって，利益率＝0.22（22%）

電　68200÷310000%

（6）1割7分

解　¥790,000×損失率＝¥134,300

仕入原価 × 損失率 ＝ 損失額

この式を変形すると，

損失率＝¥134,300÷¥790,000

損失率 ＝ 損失額 ÷ 仕入原価

よって，損失率＝0.17（1割7分）

電　134300÷790000%（17%＝1割7分）

8．売買・損益の計算⑤（p.54）

＝＝＝＝＝＝＝＝＝ 例30－例31 対応 ＝＝＝＝＝＝＝＝＝

（1）¥34,320

解　¥1,320,000×0.026＝¥34,320

売買価額 × 売り主の手数料率 ＝ 売り主の手数料

電　1320000×.026=　／　1320000×2.6%

（2）¥79,420

解　¥4,180,000×0.019＝¥79,420

売買価額 × 売り主の手数料率 ＝ 売り主の手数料

電　4180000×.019=　／　4180000×1.9%

（3）¥6,688,500

解　¥6,860,000×（1－0.025）＝¥6,688,500

売買価額 ×（1 − 売り主の手数料率）＝ 売り主の手取金

電　0.025の補数は0.975なので，

共通　6860000×.975=　／　6860000×97.5%

C型　6860000×2.5%−

S型　6860000×2.5%−=　／　6860000−2.5%

（4）¥3,630,000

解　¥3,750,000×（1－0.032）＝¥3,630,000

売買価額 ×（1 − 売り主の手数料率）＝ 売り主の手取金

電　0.032の補数は0.968なので，

共通　3750000×.968=　／　3750000×96.8%

C型　3750000×3.2%−

S型　3750000×3.2%−=　／　3750000−3.2%

＝＝＝＝＝＝＝＝＝ 例32 － 例34 対応 ＝＝＝＝＝＝＝＝＝

（1）¥54,360

解　¥3,020,000×0.018＝¥54,360
売買価額 × 買い主の手数料率 ＝ 買い主の手数料

電　3020000×.018＝　／　3020000×1.8%

（2）¥83,720

解　¥2,990,000×0.028＝¥83,720
売買価額 × 買い主の手数料率 ＝ 買い主の手数料

電　2990000×.028＝　／　2990000×2.8%

（3）¥7,721,400

解　¥7,570,000×（1＋0.02）＝¥7,721,400
売買価額 ×（1＋ 買い主の手数料率）＝ 買い主の支払総額

電　共通　7570000×1.02＝　／　7570000×102%
C型　7570000×2%＋
S型　7570000×2%＋＝　／　7570000＋2%

（4）¥9,661,400

解　¥9,380,000×（1＋0.03）＝¥9,661,400
売買価額 ×（1＋ 買い主の手数料率）＝ 買い主の支払総額

電　共通　9380000×1.03＝　／　9380000×103%
C型　9380000×3%＋
S型　9380000×3%＋＝　／　9380000＋3%

（5）¥293,220

解　¥5,430,000×（0.027＋0.027）＝¥293,220
売買価額 ×（売り主の手数料率 ＋ 買い主の手数料率）
＝ 仲立人の手数料合計

電　.027＋.027×5430000＝　／　2.7＋2.7×5430000%

（6）¥259,160

解　¥8,360,000×（0.016＋0.015）＝¥259,160
売買価額 ×（売り主の手数料率 ＋ 買い主の手数料率）
＝ 仲立人の手数料合計

電　.016＋.015×8360000＝　／　1.6＋1.5×8360000%

第１回模擬試験問題　解答・解説（本冊 p.90）

（A）乗算問題　　珠算・電卓採点箇所　● 電卓のみ採点箇所

1	¥1,060,332
2	¥609,727
3	¥16,966,672
4	¥7,436
5	¥54,696,980

¥18,636,731	●1.45%	●25.41%
	0.83%	
	23.13%	
●¥54,704,416	0.01%	74.59%
	●74.58%	
●¥73,341,147		

6	€547.61
7	€7,623.54
8	€271,947.66
9	€19,234.74
10	€16,871.14

珠算各10点，100点満点

●€280,118.81	0.17%	88.58%
	2.41%	
	●86.00%	
€36,105.88	●6.08%	●11.42%
	5.34%	
●€316,224.69		

電卓各５点，100点満点

（B）除算問題

1	¥25,989
2	¥2
3	¥4,325
4	¥1,465
5	¥198

●¥30,316	81.27%	94.80%
	●0.01%	
	13.52%	
¥1,663	4.58%	●5.20%
	●0.62%	
●¥31,979		

6	$4.07
7	$186.33
8	$1.21
9	$213.68
10	$950.65

珠算各10点，100点満点

$191.61	●0.30%	●14.13%
	13.74%	
	0.09%	
●$1,164.33	●15.76%	85.87%
	70.11%	
●$1,355.94		

電卓各５点，100点満点

（C）見取算問題

No.	1	2	3	4	5
計	¥62,887,284	¥79,924,221	¥651,762	¥3,343,077	¥360,870
小計	¥143,463,267			●¥3,703,947	
合計	●¥147,167,214				
答え比率	42.73%	●54.31%	0.44%	●2.27%	0.25%
小計比率	●97.48%			2.52%	

No.	6	7	8	9	10
計	£293,446.26	£1,586,131.15	£138,711.06	£39,857.25	£1,230,952.59
小計	●£2,018,288.47			£1,270,809.84	
合計	●£3,289,098.31				
答え比率	8.92%	48.22%	●4.22%	1.21%	●37.43%
小計比率	61.36%			●38.64%	

珠算各10点，100点満点　　電卓各５点，100点満点

ビジネス計算部門

(1) ¥10,852

(2) 391米ガロン

(3) ¥3,450,000

(4) ¥9,350,000

(5) ¥510,000

(6) ¥3,412,480

(7) ¥4,900,780

(8) 1割3分

(9) ¥5,019,389

(10) ¥589,889

(11) 1年1か月間

(12) 600個

(13) ¥210,500

(14) ¥7,330,347

(15) ¥666,409

(16) 1.96%

(17) ¥6,505,020

(18) ¥5,661,800

(19) ¥18,373

(20) *

(20)

期数	期首帳簿価額	償却限度額	減価償却累計額
1	3,570,000	257,040	257,040
2	3,312,960	257,040	514,080
3	3,055,920	257,040	771,120
4	2,798,880	257,040	1,028,160

第1回ビジネス計算部門解説

(1) ¥10,852

解 $¥3,920,000 \times 0.0215 \times \dfrac{47日}{365日} = ¥10,852.4\cdots$

(切り捨てにより，¥10,852)

手形金額 × 割引率 × $\dfrac{割引日数}{365日}$ = 割引料

電 ラウンドセレクターをCUT（S型は↓），小数点セレクターを0に設定

3920000×.0215×47÷365= ／

3920000×2.15% ×47÷365=

(2) 391米ガロン

解 1,480L ÷3.785L =391.0…米ガロン

(4捨5入により，391米ガロン)

被換算高 ÷ 換算率 = 換算高

電 ラウンドセレクターを5/4，小数点セレクターを0に設定

1480÷3.785=

(3) ¥3,450,000

解 予定売価が不明のため，予定売価をxとおくと，

売価＝予定売価×（1－値引率）より，

実売価＝$0.77x$となる。

¥2,310,000×1.15＝¥2,656,500（実売価）

よって，$0.77x$ ＝¥2,656,500（実売価）

x ＝¥3,450,000（予定売価）

電 2310000×1.15÷.77=

(4) ¥9,350,000

解 元金×0.0526× $\dfrac{219日}{365日}$ ＝¥295,086

元金 × 年利率 × $\dfrac{日数}{365日}$ = 利息

この式を変形すると，

元金＝¥295,086×365÷219÷0.0526

元金 = 利息 × 365 ÷ 日数 ÷ 年利率

よって，元金＝¥9,350,000

電 295086×365÷219÷.0526= ／

295086×365÷219÷5.26%

(5) ¥510,000

解 仕入原価×（1－0.21）＝¥402,900

仕入原価 ×（1 － 損失率） = 実売価

この式を変形すると，

仕入原価＝¥402,900÷（1－0.21）

仕入原価 = 実売価 ÷（1 － 損失率）

よって，仕入原価＝¥510,000

電　0.21の補数は0.79なので，

402900[÷].79[=]　／　402900[÷]79[%]

（６）¥3,412,480

解　39年，定額法….026

¥4,960,000×0.026×12＝¥1,547,520

¥4,960,000－¥1,547,520＝¥3,412,480

（取得原価－１期前の減価償却累計額＝求めたい期の期首帳簿価額）

電　4960000[M+] [×].026[×]12[M-] [MR]

（７）¥4,900,780

日数の計算

解　（30《4月》－18＋31《5月》＋25《6月》）＝68日（片落とし）

電　30[−]18[+]31[+]25[=]

または,「日数計算条件セレクター」を「片落とし」に設定し,

Ｃ型　4[日数]18[÷] 6[日数]25[=]

Ｓ型　4[日数]18[%] 6[日数]25[=]

元利合計の計算

解　$¥4,850,000 \times 0.0562 \times \dfrac{68日}{365日} = ¥50,780.1\cdots$

（切り捨てにより，¥50,780）

$元金 \times 年利率 \times \dfrac{日数}{365日} = 利息$

¥4,850,000＋¥50,780＝¥4,900,780

元金＋利息＝元利合計

電　ラウンドセレクターをCUT（Ｓ型は↓），小数点セレクターを０に設定

4850000[M+] [×].0562[×]68[÷]365（[=]）[M+] [MR]　／

4850000[M+] [×]5.62[%] [×]68[÷]365（[=]）[M+] [MR]

※S型は[MR]の代わりに[RM]　※答案記入後，[MC]（S型は[CM]）

（８）１割３分

解　（¥910,000－¥791,700）÷¥910,000＝0.13（１割３分）

「¥118,300（減少量）は¥910,000の何割何分か」という割合の計算と捉えることができる。

そのため，比較量（¥118,300）÷基準量（¥910,000）＝割合より，上記の式となる。

電　910000[−]791700[÷]910000[%]（13％＝１割３分）

（９）¥5,019,389

解　２％，９期 … 1.1950 9257

¥4,200,000×1.19509257＝¥5,019,388.7…（¥5,019,389）

元金×複利終価率＝複利終価

電　ラウンドセレクターを5/4，小数点セレクターを０に設定

4200000[×]1.19509257[=]

（10）¥589,889

解　$¥610 \times \dfrac{3,270本}{1本} + ¥39,400 = ¥2,034,100$

$建値 \times \dfrac{取引数量}{単位数量（建）} + 仕入諸掛 = 仕入原価（諸掛込原価）$

¥2,034,100×0.29＝¥589,889

仕入原価×見込利益率＝見込利益額

（値引がないので見込利益額＝利益の総額）

電　610[×]3270（[÷]１）[+]39400[×].29[=]　／

610[×]3270（[÷]１）[+]39400[×]29[%]

（11）１年１か月間

解　$¥4,860,000 \times 0.0652 \times \dfrac{月数}{12か月} = ¥343,278$

この式を変形すると，

月数＝¥343,278×12÷0.0652÷¥4,860,000

月数＝利息×12÷年利率÷元金

よって，月数＝13か月（１年１か月）

電　343278[×]12[÷].0652[÷]4860000[=]　／

343278[×]12[÷]6.52[%] [÷]4860000[=]

（12）600個

解　$¥8,240 \times \dfrac{取引数量}{5個} = ¥988,800$

$建値 \times \dfrac{取引数量}{単位数量（建）} = 商品代金$

この式を変形すると，

$取引数量 = ¥988,800 \times \dfrac{5個}{¥8,240}$

$取引数量 = 商品代金 \times \dfrac{単位数量（建）}{建値}$

よって，取引数量＝600個

電　988800[×]５[÷]8240[=]

（13）¥210,500

解　基準量×（１＋0.24）＝¥261,020

基準量×（１＋増加率）＝割増の結果

この式を変形すると，

基準量＝¥261,020÷（１＋0.24）

基準量＝割増の結果÷（１＋増加率）

よって，基準量＝¥210,500

電　261020[÷]1.24[=]　／　261020[÷]124[%]

（14）¥7,330,347

日数の計算

解　（31－21《7月》＋１＋31《8月》＋15《9月》）＝57日（両端入れ）

電　31[−]21[+]１[+]31[+]15[=]

または,「日数計算条件セレクター」を「両端入れ」に設定し,

Ｃ型　7[日数]21[÷] 9[日数]15[=]

Ｓ型　7[日数]21[%] 9[日数]15[=]

手取金の計算

解　$¥7,360,000 \times 0.0258 \times \dfrac{57日}{365日} = ¥29,653.7\cdots$

（切り捨てにより，¥29,653）

$手形金額 \times 割引率 \times \dfrac{割引日数}{365日} = 割引料$

￥7,360,000－￥29,653＝￥7,330,347
手形金額 － 割引料 ＝ 手取金

電　ラウンドセレクターをCUT（Ｓ型は↓），小数点セレクターを０に設定
7360000[M+] [×].0258[×]57[÷]365 ([=]) [M-] [MR] ／
7360000[M+] [×]2.58[%] [×]57[÷]365 ([=]) [M-] [MR]
※S型は[MR]の代わりに[RM]　※答案記入後，[MC]（S型は[CM]）

(15) ￥666,409

解　$£330.56 \times \frac{140\text{英トン}}{10\text{英トン}} = £4,627.84$
建値 × $\frac{\text{取引数量}}{\text{単位数量（建）}}$ ＝ 商品代金
￥144×£4,627.84＝￥666,408.96
（４捨５入により，￥666,409）
換算率 × 被換算高 ＝ 換算高

電　ラウンドセレクターを5/4，小数点セレクターを０に設定
330.56[×]140[÷]10[×]144[=]

(16) 1.96%

月数の計算

解　１年３か月＝（12か月×１）＋３か月＝15か月

電　12（[×]１）[+]３[=]

年利率の計算

解　$￥5,280,000 \times \text{年利率} \times \frac{15\text{か月}}{12\text{か月}} = ￥129,360$
元金 × 年利率 × $\frac{\text{月数}}{12\text{か月}}$ ＝ 利息
この式を変形すると，
年利率＝￥129,360×12÷15÷￥5,280,000
年利率 ＝ 利息 × 12 ÷ 月数 ÷ 元金
よって，年利率＝0.0196（1.96%）

電　129360[×]12[÷]15[÷]5280000[%]

(17) ￥6,505,020

解　￥6,390,000×（１＋0.018）＝￥6,505,020
売買価額×（１ ＋ 買い主の手数料率）＝買い主の支払総額

電　共通　6390000[×]1.018[=] ／ 6390000[×]101.8[%]
Ｃ型　6390000[×]1.8[%] [+]
Ｓ型　6390000[×]1.8[%] [+] [=] ／ 6390000[+]1.8[%]

(18) ￥5,661,800

解　2.5%，７期… 0.8412 6524
￥6,730,000×0.84126524＝￥5,661,715.0…（￥5,661,800）

電　6730000[×].84126524[=]（￥100未満切り上げに注意）

(19) ￥18,373

解　$￥840 \times \frac{20\text{m} \div 0.9144\text{m}}{1\text{ yd}} = ￥18,372.7\cdots$
（４捨５入により，￥18,373）
建値 × $\frac{\text{取引数量}}{\text{単位数量（建）}}$ ＝ 商品代金

電　ラウンドセレクターを5/4，小数点セレクターを０に設定
840[×]20[÷].9144（[÷]１）[=]

(20)

期数	期首帳簿価額	償却限度額	減価償却累計額
1	3,570,000	257,040	257,040
2	3,312,960	257,040	514,080
3	3,055,920	257,040	771,120
4	2,798,880	257,040	1,028,160

解　14年，定額法….072
償却限度額・１期の減価償却累計額…
￥3,570,000 × 0.072 ＝ ￥257,040
２期の減価償却累計額　￥257,040＋￥257,040＝￥514,080
３期の減価償却累計額　￥514,080＋￥257,040＝￥771,120
４期の減価償却累計額　￥771,120＋￥257,040＝￥1,028,160

２期の期首帳簿価額　￥3,570,000－￥257,040＝￥3,312,960
３期の期首帳簿価額　￥3,312,960－￥257,040＝￥3,055,920
４期の期首帳簿価額　￥3,055,920－￥257,040＝￥2,798,880

電　3570000[×].072[=] [M+]（￥257,040）
２期以降の減価償却累計額 …
Ｃ型　[MR]257040[+] [+] [=]　（[=]を繰り返す）
Ｓ型　257040[+] [RM] [=]　（[=]を繰り返す）

２期以降の期首帳簿価額 …
Ｃ型　[MR]257040[−] [−]3570000[=]　（[=]を繰り返す）
Ｓ型　3570000[−] [RM] [=]　（[=]を繰り返す）

第２回模擬試験問題　解答・解説（本冊 p.98）

（A）乗算問題

珠算・電卓採点箇所　● 電卓のみ採点箇所

No.	答	小計	答え比率	小計比率
1	¥3,238,488	●¥23,724,758	●10.38%	76.05%
2	¥481,390		1.54%	
3	¥20,004,880		64.13%	
4	¥277,864	¥7,469,872	●0.89%	●23.95%
5	¥7,192,008		23.06%	
合計		●¥31,194,630		

No.	答	小計	答え比率	小計比率
6	$6,202.78	$113,639.69	0.89%	●16.26%
7	$92,517.15		●13.24%	
8	$14,919.76		2.13%	
9	$188,343.69	●$585,360.69	●26.94%	83.74%
10	$397,017.00		56.80%	
合計		●$699,000.38		

珠算各10点，100点満点　　電卓各５点，100点満点

（B）除算問題

No.	答	小計	答え比率	小計比率
1	¥25,989	¥30,360	83.89%	●98.00%
2	¥2		0.01%	
3	¥4,369		●14.10%	
4	¥320	●¥620	1.03%	2.00%
5	¥300		●0.97%	
合計		●¥30,980		

No.	答	小計	答え比率	小計比率
6	£4.05	●£199.93	0.30%	14.97%
7	£194.73		14.58%	
8	£1.15		●0.09%	
9	£213.68	£1,135.50	●16.00%	●85.03%
10	£921.82		69.03%	
合計		●£1,335.43		

珠算各10点，100点満点　　電卓各５点，100点満点

（C）見取算問題

No.	1	2	3	4	5
計	¥3,518,685	¥132,362,515	¥9,885,402	¥102,796,985	¥110,286
小計	¥145,766,602			●¥102,907,271	
合計	●¥248,673,873				
答え比率	1.41%	●53.23%	3.98%	●41.34%	0.04%
小計比率	●58.62%			41.38%	

No.	6	7	8	9	10
計	€3,143,756.97	€1,780,362.00	€325,502.95	€330,413.22	€68,441.38
小計	€5,249,621.92			●€398,854.60	
合計	●€5,648,476.52				
答え比率	55.66%	31.52%	●5.76%	5.85%	●1.21%
小計比率	92.94%			●7.06%	

珠算各10点，100点満点　　電卓各５点，100点満点

ビジネス計算部門

（１）　¥135,776

（２）　¥66,323

（３）　¥1,170,000

（４）　¥40,926

（５）　¥4,499,360

（６）　２割８分

（７）　¥9,650,000

（８）　¥767,520

（９）　¥2,968,815

（10）　¥491,040

（11）　６か月（間）

（12）　294,120台

（13）　760箱

（14）　¥4,905,231

（15）　¥2,962,378

（16）　¥2,569,350

（17）　¥483,907

（18）　¥611,900

（19）　¥8,253,500

（20）　*

（20）

期数	期首帳簿価額	償却限度額	減価償却累計額
1	7,760,000	302,640	302,640
2	7,457,360	302,640	605,280
3	7,154,720	302,640	907,920
4	6,852,080	302,640	1,210,560

第２回ビジネス計算部門解説

（１）¥135,776

解　¥142×￡956.17＝¥135,776.14
（４捨５入により，¥135,776）
換算率 × 被換算高 ＝ 換算高

電　ラウンドセレクターを5/4，小数点セレクターを０に設定
142×956.17＝

（２）¥66,323

解　¥3,790,000×0.0218×$\frac{293日}{365日}$＝¥66,323.9…
（切り捨てにより，¥66,323）
元金 × 年利率 × $\frac{日数}{365日}$ ＝ 利息

電　ラウンドセレクターをCUT（Ｓ型は↓），小数点セレクターを０に設定
3790000×.0218×293÷365＝　／
3790000×2.18%　×293÷365＝

（３）¥1,170,000

解　予定売価が不明のため，予定売価をxとおくと，
実売価＝予定売価×（１－値引率）より，
実売価＝0.92xとなる。
¥920,000×1.17＝¥1,076,400（実売価）
よって，0.92x＝¥1,170,000（実売価）
x＝¥1,170,000（予定売価）

電　920000×1.17÷.92＝

（４）¥40,926

日数の計算

解　（30－$\overset{\text{11月}}{7}$＋1＋$\overset{\text{12月}}{31}$＋$\overset{\text{1月}}{23}$）＝78日（両端入れ）

電　30－7＋1＋31＋23＝
または，「日数計算条件セレクター」を「両端入れ」に設定し，
Ｃ型　11日数7÷1日数23＝
Ｓ型　11日数7%1日数23＝

割引料の計算

解　¥7,630,000×0.0251×$\frac{78日}{365日}$＝¥40,926.0…
（切り捨てにより，¥40,926）
手形金額 × 割引率 × $\frac{割引日数}{365日}$ ＝ 割引料

電　ラウンドセレクターをCUT（Ｓ型は↓），小数点セレクターを０に設定
7630000×.0251×78÷365＝　／
7630000×2.51%　×78÷365＝

(5) ¥4,499,360

[解] 13年，定額法….077

¥9,760,000×0.077×7＝¥5,260,640

¥9,760,000−¥5,260,640＝¥4,499,360

（取得原価−1期前の減価償却累計額＝求めたい期の期首帳簿価額）

[電] 9760000[M+] [×].077[×]7[M−] [MR]

(6) 2割8分

[解] (¥486,400−¥380,000)÷¥380,000＝0.28（2割8分）

「¥106,400（増加量）は¥380,000の何割何分か」という割合の計算と捉えることができる。

そのため，比較量（¥106,400）÷基準量（¥380,000）＝割合より，上記の式となる。

[電] 486400[−]380000[÷]380000[%]（28％＝2割8分）

(7) ¥9,650,000

[解] 元金×0.0324×$\frac{\text{7か月}}{\text{12か月}}$＝¥182,385

元金×年利率×$\frac{\text{月数}}{\text{12か月}}$＝利息

この式を変形すると，

元金＝¥182,385×12÷7÷0.0324

元金＝利息×12÷月数÷年利率

よって，元金＝¥9,650,000

[電] 182385[×]12[÷]7[÷].0324[=] ／

182385[×]12[÷]7[÷]3.24[%]

(8) ¥767,520

[解] ¥1,780×$\frac{\text{340枚}}{\text{1枚}}$＋¥18,800＝¥624,000

建値×$\frac{\text{取引数量}}{\text{単位数量（建）}}$＋仕入諸掛＝仕入原価（諸掛込原価）

¥624,000×（1＋0.23）＝¥767,520

仕入原価×（1＋見込利益率）＝予定売価

（値引がないので予定売価＝実売価の総額）

[電] 共通 1780[×]340（[÷]1）[+]18800[×]1.23[=] ／

1780[×]340（[÷]1）[+]18800[×]123[%]

C型 1780[×]340（[÷]1）[+]18800[×]23[%][+]

S型 1780[×]340（[÷]1）[+]18800[×]23[%][+][=] ／

1780[×]340（[÷]1）[+]18800[+]23[%]

(9) ¥2,968,815

[解] 2.5％，6期…1.1596 9342

¥2,560,000×1.15969342＝¥2,968,815.15…（¥2,968,815）

元金×複利終価率＝複利終価

[電] ラウンドセレクターを5/4，小数点セレクターを0に設定

2560000[×]1.15969342[=]

(10) ¥491,040

[解] ¥450,000×（1＋0.24）＝¥558,000

仕入原価×（1＋見込利益率）＝予定売価

¥558,000×（1−0.12）＝¥491,040

予定売価×（1−値引率）＝実売価

[電] 0.12の補数は0.88なので，

共通 450000[×]1.24[×].88[=] ／

450000[×]124[%][×]88[%]

C型 450000[×]24[%][+][×]12[%][−]

S型 450000[×]24[%][+][=][×]12[%][−][=] ／

450000[+]24[%][−]12[%]

(11) 6か月（間）

[解] ¥2,760,000×0.0562×$\frac{\text{月数}}{\text{12か月}}$＝¥77,556

元金×年利率×$\frac{\text{月数}}{\text{12か月}}$＝利息

この式を変形すると，

月数＝¥77,556×12÷0.0562÷¥2,760,000

月数＝利息×12÷年利率÷元金

よって，月数＝6か月

[電] 77556[×]12[÷].0562[÷]2760000[=]（6か月）／

77556[×]12[÷]5.62[%][÷]2760000[=]（6か月）

(12) 294,120台

[解] 342,000台×（1−0.14）＝294,120台

基準量×（1−減少率）＝割引の結果

[電] 0.14の補数は0.86なので，

共通 342000[×].86[=] ／ 342000[×]86[%]

C型 342000[×]14[%][−]

S型 342000[×]14[%][−][=] ／ 342000[−]14[%]

(13) 760箱

[解] ¥2,970×$\frac{\text{取引数量}}{\text{4箱}}$＝¥564,300

建値×$\frac{\text{取引数量}}{\text{単位数量（建）}}$＝商品代金

この式を変形すると，

取引数量＝¥564,300×$\frac{\text{4箱}}{\text{¥2,970}}$

取引数量＝商品代金×$\frac{\text{単位数量（建）}}{\text{建値}}$

よって，取引数量＝760箱

[電] 564300[×]4[÷]2970[=]

(14) ¥4,905,231

日数の計算

[解] （31−3《8月》＋1＋30《9月》＋29《10月》）＝88日（両端入れ）

[電] 31[−]3[+]1[+]30[+]29[=]

または，「日数計算条件セレクター」を「両端入れ」に設定し，

C型 8[日数]3[÷]10[日数]29[=]

S型 8[日数]3[%]10[日数]29[=]

手取金の計算

[解] ¥4,960,000×0.0458×$\frac{\text{88日}}{\text{365日}}$＝¥54,769.2…

（切り捨てにより，¥54,769）

手形金額 × 割引率 × $\frac{\text{割引日数}}{\text{365日}}$ ＝ 割引料

¥4,960,000 − ¥54,769 ＝ ¥4,905,231

手形金額 − 割引料 ＝ 手取金

[電] ラウンドセレクターをCUT（S型は↓），小数点セレクターを0に設定

4960000[M+] [×].0458[×]88[÷]365 （[=]） [M-] [MR] ／

4960000[M+] [×]4.58[%] [×]88[÷]365 （[=]） [M-] [MR]

※S型は[MR]の代わりに[RM]　※答案記入後，[MC]（S型は[CM]）

(15) ¥2,962,378

[解] $203.46 × $\frac{\text{1,400米トン}}{\text{10米トン}}$ ＝ $28,484.4

建値 × $\frac{\text{取引数量}}{\text{単位数量（建）}}$ ＝ 商品代金

¥104 × $28,484.4 ＝ ¥2,962,377.6

（4捨5入により，¥2,962,378）

換算率 × 被換算高 ＝ 換算高

[電] ラウンドセレクターを5/4，小数点セレクターを0に設定

203.46[×]1400[÷]10[×]104[=]

(16) ¥2,569,350

[解] ¥2,530,000 × 0.0397 × $\frac{\text{143日}}{\text{365日}}$ ＝ ¥39,350.8…

（切り捨てにより，¥39,350）

元金 × 年利率 × $\frac{\text{日数}}{\text{365日}}$ ＝ 利息

¥2,530,000 ＋ ¥39,350 ＝ ¥2,569,350

元金 ＋ 利息 ＝ 元利合計

[電] ラウンドセレクターをCUT（S型は↓），小数点セレクターを0に設定

2530000[M+] [×].0397[×]143[÷]365 （[=]） [M+] [MR] ／

2530000[M+] [×]3.97[%] [×]143[÷]365 （[=]） [M+] [MR]

※S型は[MR]の代わりに[RM]　※答案記入後，[MC]（S型は[CM]）

(17) ¥483,907

[解] ¥4,390 × $\frac{\text{50kg ÷ 0.4536kg}}{\text{1 lb}}$ ＝ ¥483,906.5…

（4捨5入により，¥483,907）

建値 × $\frac{\text{取引数量}}{\text{単位数量（建）}}$ ＝ 商品代金

[電] ラウンドセレクターを5/4，小数点セレクターを0に設定

4390[×]50[÷].4536 （[÷]1） [=]

(18) ¥611,900

[解] 5.5%，7期…0.6874 3681

¥890,000 × 0.68743681 ＝ ¥611,818.7…（¥611,900）

元金×複利現価率＝複利現価

[電] 890000[×].68743681[=]（¥100未満切り上げに注意）

(19) ¥8,253,500

[解] ¥8,500,000 ×（1 − 0.029）＝ ¥8,253,500

売買価額 ×（1 − 売り主の手数料率）＝ 売り主の手取金

[電] 0.029の補数は0.971なので，

共通　8500000[×].971[=]　／　8500000[×]97.1[%]

C型　8500000[×]2.9[%] [−]

S型　8500000[×]2.9[%] [−] [=]　／　8500000[−]2.9[%]

(20)

期数	期首帳簿価額	償却限度額	減価償却累計額
1	7,760,000	302,640	302,640
2	7,457,360	302,640	605,280
3	7,154,720	302,640	907,920
4	6,852,080	302,640	1,210,560

[解] 26年，定額法….039。

償却限度額・1期の減価償却累計額…

¥7,760,000 × 0.039 ＝ ¥302,640

2期の減価償却累計額　¥302,640 ＋ ¥302,640 ＝ ¥605,280

3期の減価償却累計額　¥605,280 ＋ ¥302,640 ＝ ¥907,920

4期の減価償却累計額　¥907,920 ＋ ¥302,640 ＝ ¥1,210,560

2期の期首帳簿価額　¥7,760,000 − ¥302,640 ＝ ¥7,457,360

3期の期首帳簿価額　¥7,457,360 − ¥302,640 ＝ ¥7,154,720

4期の期首帳簿価額　¥7,154,720 − ¥302,640 ＝ ¥6,852,080

[電] 7760000[×].039[=] [M+]（302,640）

2期以降の減価償却累計額 …

C型　[MR]302640[+] [+] [=]　（[=]を繰り返す）

S型　302640[+] [RM] [=]　（[=]を繰り返す）

2期以降の期首帳簿価額 …

C型　[MR]302640[−] [−]7760000[=]　（[=]を繰り返す）

S型　7760000[−] [RM] [=]　（[=]を繰り返す）

第3回模擬試験問題　解答・解説（本冊 p.106）

（A）乗算問題　　［　　　］珠算・電卓採点箇所　● 電卓のみ採点箇所

No.	答	小計	構成比	小計構成比
1	¥7,780,882	●¥27,631,788	23.08%	81.95%
2	¥14,017,248		41.57%	
3	¥5,833,658		●17.30%	
4	¥5,398,288	¥6,086,186	16.01%	●18.05%
5	¥687,898		●2.04%	
		●¥33,717,974		

No.	答	小計	構成比	小計構成比
6	£271.02	£60,993.30	0.05%	●11.27%
7	£13,254.29		●2.45%	
8	£47,467.99		8.77%	
9	£286,321.20	●£480,316.48	●52.89%	88.73%
10	£193,995.28		35.84%	
		●£541,309.78		

珠算各10点，100点満点　　電卓各5点，100点満点

（B）除算問題

No.	答	小計	構成比	小計構成比
1	¥2,132	¥5,484	20.99%	●54.00%
2	¥3,282		32.32%	
3	¥70		●0.69%	
4	¥3,237	●¥4,671	31.88%	46.00%
5	¥1,434		●14.12%	
		●¥10,155		

No.	答	小計	構成比	小計構成比
6	€20.60	●€297.29	4.50%	64.99%
7	€30.16		6.59%	
8	€246.53		●53.89%	
9	€152.45	€160.17	●33.33%	●35.01%
10	€7.72		1.69%	
		●€457.46		

珠算各10点，100点満点　　電卓各5点，100点満点

（C）見取算問題

No.	1	2	3	4	5
計	¥9,322,533	¥129,279,564	¥43,168,875	¥808,425	¥375,561
小計	¥181,770,972			●¥1,183,986	
合計	●¥182,954,958				
答え比率	5.10%	●70.66%	23.60%	●0.44%	0.21%
小計比率	●99.35%			0.65%	

No.	6	7	8	9	10
計	$1,039,416.93	$333,074.30	$633,590.55	$108,314.25	$2,356,676.37
小計	$2,006,081.78			●$2,464,990.62	
合計	●$4,471,072.40				
答え比率	●23.25%	7.45%	14.17%	2.42%	●52.71%
小計比率	●44.87%			55.13%	

珠算各10点，100点満点　　電卓各5点，100点満点

ビジネス計算部門

(1)	¥43,495	(11)	３か月間
(2)	3,704lb	(12)	¥340,000
(3)	¥1,300,000	(13)	1,120袋
(4)	¥6,975,367	(14)	¥4,117,653
(5)	¥5,859,880	(15)	¥951,390
(6)	¥554,625	(16)	3.96%
(7)	¥5,840,000	(17)	¥6,856,100
(8)	¥335,575	(18)	¥3,927,420
(9)	¥1,277,644	(19)	¥31,496
(10)	1割4分	(20)	*

(20)

期数	期首帳簿価額	償却限度額	減価償却累計額
1	8,650,000	233,550	233,550
2	8,416,450	233,550	467,100
3	8,182,900	233,550	700,650
4	7,949,350	233,550	934,200

第３回ビジネス計算部門解説

（1）¥43,495

解 ¥7,940,000×0.0215×$\frac{93日}{365日}$ = ¥43,495.9…

（切り捨てにより，¥43,495）

手形金額 × 割引率 × $\frac{割引日数}{365日}$ = 割引料

電 ラウンドセレクターをCUT（Ｓ型は↓），小数点セレクターを０に設定

7940000×.0215×93÷365= ／

7940000×2.15% ×93÷365=

（2）3,704 lb

解 1,680kg÷0.4536kg＝3,703.7…lb

（４捨５入により，3,704lb）

被換算高 ÷ 換算率 ＝ 換算高

電 ラウンドセレクターを5/4，小数点セレクターを０に設定

1680÷.4536=

（3）¥1,300,000

解 予定売価が不明のため，予定売価をxとおくと，

実売価＝予定売価×（１－値引率）より，

実売価＝0.84xとなる。

¥840,000×1.3＝¥1,092,000（実売価）

よって，0.84x＝¥1,092,000（実売価）

x＝¥1,300,000（予定売価）

電 840000×1.3÷.84=

（4）¥6,975,367

月数の計算

解 １年５か月＝（12か月×１）＋５か月＝17か月

電 12（×１）+５=

元利合計の計算

解 ¥6,520,000×0.0493×$\frac{17か月}{12か月}$ ＝¥455,367.6…

（切り捨てにより，¥455,367）

元金 × 年利率 × $\frac{月数}{12か月}$ ＝ 利息

¥6,520,000＋¥455,367＝¥6,975,367

元金 ＋ 利息 ＝ 元利合計

電 ラウンドセレクターをCUT（Ｓ型は↓），小数点セレクターを０に設定

6520000M+ ×.0493×17÷12（=）M+ MR ／

6520000M+ ×4.93% ×17÷12（=）M+ MR

※S型はMRの代わりにRM　※答案記入後，MC（S型はCM）

（５）<u>¥5,859,880</u>

解　17年，定額法….059

¥7,640,000×0.059×13＝<u>¥5,859,880</u>

償却限度額 × 求める期数 ＝ 求めたい期の減価償却累計額

電　7640000[×].059[×]13[＝]

（６）<u>¥554,625</u>

解　¥510,000×（１＋0.25）＝¥637,500

仕入原価 ×（１ ＋ 見込利益率）＝ 予定売価

¥637,500×（１－0.13）＝<u>¥554,625</u>

予定売価 ×（１ － 値引率）＝ 実売価

電　0.13の補数は0.87なので，

共通　510000[×]1.25[×].87[＝]　／

510000[×]125[%][×]87[%]

Ｃ型　510000[×]25[%][＋][×]13[%][－]

Ｓ型　510000[×]25[%][＋][＝][×]13[%][－][＝]　／

510000[＋]25[%][－]13[%]

（７）<u>¥5,840,000</u>

解　元金×0.0695×$\frac{69日}{365日}$＝¥76,728

元金 × 年利率 × $\frac{日数}{365日}$ ＝ 利息

この式を変形すると，

元金＝¥76,728×365÷69÷0.0695

元金 ＝ 利息 × 365 ÷ 日数 ÷ 年利率

よって，元金＝<u>¥5,840,000</u>

電　76728[×]365[÷]69[÷].0695[＝]　／

76728[×]365[÷]69[÷]6.95[%]

（８）<u>¥335,575</u>

解　¥2,560×$\frac{410箱}{1箱}$＋¥32,900＝¥1,082,500

建値×$\frac{取引数量}{単位数量（建）}$＋仕入諸掛＝仕入原価（諸掛込原価）

¥1,082,500×0.31＝<u>¥335,575</u>

仕入原価 × 見込利益率 ＝ 見込利益額

（値引がないので見込利益額＝利益の総額）

電　2560[×]410（[÷]１）[＋]32900[×].31[＝]　／

2560[×]410（[÷]１）[＋]32900[×]31[%]

（９）<u>¥1,277,644</u>

解　2.5%，12期 … 1.3448 8882

¥950,000×1.34488882＝¥1,277,644.3…（<u>¥1,277,644</u>）

元金×複利終価率＝複利終価

電　ラウンドセレクターを5/4，小数点セレクターを０に設定

950000[×]1.34488882[＝]

（10）<u>１割４分</u>

解　（¥570,000－¥490,200）÷¥570,000＝0.14（<u>１割４分</u>）

「¥79,800（減少量）は¥570,000の何割何分か」という割合の計算と捉えることができる。

そのため，比較量（¥79,800）÷ 基準量（¥570,000）＝ 割合より，上記の式となる。

電　570000[－]490200[÷]570000[%]（14%＝１割４分）

（11）<u>３か月間</u>

解　¥8,640,000×0.0458×$\frac{月数}{12か月}$＝¥98,928

この式を変形すると，

月数＝¥98,928×12÷0.0458÷¥8,640,000

月数＝利息×12÷年利率÷元金

よって，月数＝３か月

電　98928[×]12[÷].0458[÷]8640000[＝]　／

98928[×]12[÷]4.58[%][÷]8640000[＝]

（12）<u>¥340,000</u>

解　基準量×（１＋0.12）＝¥380,800

基準量 ×（１ ＋ 増加率）＝ 割増の結果

この式を変形すると，

基準量＝¥380,800÷（１＋0.12）

基準量 ＝ 割増の結果 ÷（１ ＋ 増加率）

よって，基準量＝<u>¥340,000</u>

電　380800[÷]1.12[＝]　／　380800[÷]112[%]

（13）<u>1,120袋</u>

解　¥3,120×$\frac{取引数量}{7袋}$＝¥499,200

建値 × $\frac{取引数量}{単位数量（建）}$ ＝ 商品代金

この式を変形すると，

取引数量＝¥499,200×$\frac{7袋}{¥3,120}$

取引数量 ＝ 商品代金 × $\frac{単位数量（建）}{建値}$

よって，取引数量＝<u>1,120袋</u>

電　499200[×]７[÷]3120[＝]

（14）<u>¥4,117,653</u>

日数の計算

解　（30－8《11月》＋１＋8《12月》）＝31日（両端入れ）

電　30[－]８[＋]１[＋]８[＝]

または，「日数計算条件セレクター」を「両端入れ」に設定し，

Ｃ型　11[日数]８[÷]12[日数]８[＝]

Ｓ型　11[日数]８[%]12[日数]８[＝]

手取金の計算

解　¥4,130,000×0.0352×$\frac{31日}{365日}$＝¥12,347.0…

（切り捨てにより，¥12,347）

手形金額 × 割引率 × $\frac{割引日数}{365日}$ ＝ 割引料

¥4,130,000－¥12,347＝<u>¥4,117,653</u>

手形金額 － 割引料 ＝ 手取金

電　ラウンドセレクターをCUT（Ｓ型は↓），小数点セレクターを０に設定

4130000[M+] [×].0352[×]31[÷]365 （[=]） [M-] [MR] ／
4130000[M+] [×]3.52[%] [×]31[÷]365 （[=]） [M-] [MR]
※S型は[MR]の代わりに[RM]　※答案記入後，[MC]（S型は[CM]）

(15) ¥951,390

解　£87.46 × $\frac{\text{740英ガロン}}{\text{10英ガロン}}$ = £6,472.04
建値 × $\frac{\text{取引数量}}{\text{単位数量（建）}}$ = 商品代金
¥147 × £6,472.04 = ¥951,389.88
（４捨５入により，¥951,390）
換算率 × 被換算高 = 換算高

電　ラウンドセレクターを5/4，小数点セレクターを０に設定
87.46[×]740[÷]10[×]147[=]

(16) 3.96%

解　¥7,980,000 × 年利率 × $\frac{\text{4か月}}{\text{12か月}}$ = ¥105,336
元金 × 年利率 × $\frac{\text{月数}}{\text{12か月}}$ = 利息
この式を変形すると，
年利率 = ¥105,336 × 12 ÷ ４ ÷ ¥7,980,000
年利率 = 利息 × 12 ÷ 月数 ÷ 元金
よって，年利率 = 0.0396（3.96%）

電　105336[×]12[÷]４[÷]7980000[%]

(17) ¥6,856,100

解　4.5%，８期… 0.7031 8513
¥9,750,000 × 0.70318513 = ¥6,856,055.01…（¥6,856,100）

電　9750000[×].70318513[=]（¥100未満切り上げに注意）

(18) ¥3,927,420

解　¥3,780,000 ×（１ + 0.039）= ¥3,927,420
売買価額 ×（１ + 買い主の手数料率）= 買い主の支払総額

電　共通　3780000[×]1.039[=]　／　3780000[×]103.9[%]
Ｃ型　3780000[×]3.9[%] [+]
Ｓ型　3780000[×]3.9[%] [+] [=]　／　3780000[+]3.9[%]

(19) ¥31,496

解　¥7,200 × $\frac{\text{40m} \div \text{0.9144m}}{\text{10yd}}$ = ¥31,496.0…
（４捨５入により，¥31,496）

建値 × $\frac{\text{取引数量}}{\text{単位数量（建）}}$ = 商品代金

電　ラウンドセレクターを5/4，小数点セレクターを０に設定
7200[×]40[÷].9144[÷]10[=]

(20)

期数	期首帳簿価額	償却限度額	減価償却累計額
1	8,650,000	233,550	233,550
2	8,416,450	233,550	467,100
3	8,182,900	233,550	700,650
4	7,949,350	233,550	934,200

解　38年，定額法….027
償却限度額・１期の減価償却累計額…
¥8,650,000 × .027 = ¥233,550
２期の減価償却累計額　¥233,550 + ¥233,550 = ¥467,100
３期の減価償却累計額　¥467,100 + ¥233,550 = ¥700,650
４期の減価償却累計額　¥700,650 + ¥233,550 = ¥934,200

２期の期首帳簿価額　¥8,650,000 − ¥233,550 = ¥8,416,450
３期の期首帳簿価額　¥8,416,450 − ¥233,550 = ¥8,182,900
４期の期首帳簿価額　¥8,182,900 − ¥233,550 = ¥7,949,000

電　8650000[×].027[=] [M+]（233,550）
２期以降の減価償却累計額 …
Ｃ型　[MR]233550[+] [+] [=]　（[=]を繰り返す）
Ｓ型　233550[+] [RM] [=]　（[=]を繰り返す）

２期以降の期首帳簿価額 …
Ｃ型　[MR]233550[−] [−]8650000[=]　（[=]を繰り返す）
Ｓ型　8650000[−] [RM] [=]　（[=]を繰り返す）

第4回模擬試験問題　解答・解説（本冊 p.114）

（A）乗算問題　　□ 珠算・電卓採点箇所　● 電卓のみ採点箇所

1	¥10,067,146	●¥33,972,300	18.29%	61.71%
2	¥6,706,846		●12.18%	
3	¥17,198,308		31.24%	
4	¥20,113,747	¥21,080,067	●36.54%	●38.29%
5	¥966,320		1.76	
		●¥55,052,367		

6	€1,869,262.80	€2,357,327.82	●67.47%	●85.09%
7	€58,199.94		2.10%	
8	€429,865.08		15.52%	
9	€51,430.74	●€413,129.94	1.86%	14.91%
10	€361,699.20		●13.06%	
		●€2,770,457.76		

珠算各10点，100点満点　　電卓各5点，100点満点

（B）除算問題

1	¥2,142	¥2,761	●43.55%	●56.13%
2	¥549		11.16%	
3	¥70		1.42%	
4	¥1,528	●¥2,158	31.06%	43.87%
5	¥630		●12.81%	
		●¥4,919		

6	$20.60	●$2,440.25	0.81%	96.06%
7	$30.16		●1.19%	
8	$2,389.49		94.07%	
9	$92.27	$99.99	3.63%	●3.94%
10	$7.72		●0.30%	
		●$2,540.24		

珠算各10点，100点満点　　電卓各5点，100点満点

（C）見取算問題

No.	1	2	3	4	5
計	¥586,521	¥290,215,782	¥33,811	¥31,940,397	¥567,702
小計	¥290,836,114			●¥32,508,099	
合計	●¥323,344,213				
答え比率	0.18%	89.75%	●0.01%	●9.88%	0.18%
小計比率	●89.95%			10.05%	

No.	6	7	8	9	10
計	£567,012.15	£1,289,350.94	£1,209,499.02	£176,988.77	£1,440,344.43
小計	●£3,065,862.11			£1,617,333.20	
合計	●£4,683,195.31				
答え比率	12.11%	●27.53%	25.83%	3.78%	●30.76%
小計比率	●65.47%			34.53%	

珠算各10点，100点満点　　電卓各5点，100点満点

ビジネス計算部門

(1)	¥46,825	(11)	¥4,280,000
(2)	¥44,727	(12)	¥9,956,119
(3)	¥2,102,760	(13)	¥496,123
(4)	¥26,038	(14)	¥8,362,572
(5)	¥620,000	(15)	1,440本
(6)	¥2,500,000	(16)	124日（間）
(7)	¥7,528,841	(17)	¥1,763,370
(8)	¥605,360	(18)	¥696,700
(9)	14%（減少）	(19)	¥23,479
(10)	¥731,160	(20)	＊

(20)

期数	期首帳簿価額	償却限度額	減価償却累計額
1	6,570,000	249,660	249,660
2	6,320,340	249,660	499,320
3	6,070,680	249,660	748,980
4	5,821,020	249,660	998,640

第４回ビジネス計算部門解説

(１) ¥46,825

[解] ¥110×＄425.68＝¥46,824.8
（４捨５入により，¥46,825）
換算率 × 被換算高 ＝ 換算高

[電] ラウンドセレクターを5/4，小数点セレクターを０に設定
110[×]425.68[=]

(２) ¥44,727

日数の計算

[解] $(\underline{28-\overset{2月}{15}+1}+\overset{3月}{31}+\overset{4月}{12})$ ＝57日（両端入れ）

[電] 28[−]15[+]１[+]31[+]12[=]
または，「日数計算条件セレクター」を「両端入れ」に設定し，
C型　2[日数]15[÷]４[日数]12[=]
S型　2[日数]15[%]４[日数]12[=]

割引料の計算

[解] $¥6,240,000\times0.0459\times\frac{57日}{365日}=¥44,727.9\cdots$
（切り捨てにより，¥44,727）
手形金額 × 割引率 × $\frac{割引日数}{365日}$ ＝ 割引料

[電] ラウンドセレクターをCUT（S型は↓），小数点セレクターを０に設定
6240000[×].0459[×]57[÷]365[=]　／
6240000[×]4.59[%]　[×]57[÷]365[=]

(３) ¥2,102,760

[解] 17年，定額法….059
¥5,940,000×0.059×６＝¥2,102,760
償却限度額 × 求める期数 ＝ 求めたい期の減価償却累計額

[電] 5940000[×].059[×]６[=]

(４) ¥26,038

[解] $¥1,920,000\times0.0375\times\frac{132日}{365日}=¥26,038.3\cdots$
（切り捨てにより，¥26,038）
元金 × 年利率 × $\frac{日数}{365日}$ ＝ 利息

[電] ラウンドセレクターをCUT（S型は↓），小数点セレクターを０に設定
1920000[×].0375[×]132[÷]365[=]　／
1920000[×]3.75[%]　[×]132[÷]365[=]

（５）¥620,000

解　仕入原価×（１＋0.17）＝¥725,400
仕入原価 ×（１ ＋ 利益率）＝ 実売価
この式を変形すると，
仕入原価＝¥725,400÷（１＋0.17）
仕入原価 ＝ 実売価 ÷（１ ＋ 利益率）
よって，仕入原価＝¥620,000

電　725400[÷]1.17[=]　／　725400[÷]117[%]

（６）¥2,500,000

解　予定売価が不明のため，予定売価をxとおくと，
実売価＝予定売価×（１－値引率）より，
実売価＝0.7xとなる。
¥1,400,000×1.25＝¥1,750,000（実売価）
よって，0.7x＝¥1,750,000（実売価）
x＝¥2,500,000（予定売価）

電　1400000[×]1.25[÷].7[=]

（７）¥7,528,841

日数の計算

解　（$\overset{9月}{30-12}+\overset{10月}{31}+\overset{11月}{30}+\overset{12月}{25}$）＝104日（片落とし）

電　30[−]12[+]31[+]30[+]25[=]
または，「日数計算条件セレクター」を「片落とし」に設定し，
Ｃ型　9[日数]12[÷]12[日数]25[=]
Ｓ型　9[日数]12[%]12[日数]25[=]

元利合計の計算

解　¥7,490,000×0.0182×$\frac{104日}{365日}$＝¥38,841.2…
（切り捨てにより，¥38,841）
元金 × 年利率 × $\frac{日数}{365日}$ ＝ 利息
¥7,490,000＋¥38,841＝¥7,528,841
元金 ＋ 利息 ＝ 元利合計

電　ラウンドセレクターをCUT（Ｓ型は↓），小数点セレクターを０に設定
7490000[M+] [×].0182[×]104[÷]365（[=]）[M+] [MR]　／
7490000[M+] [×]1.82[%] [×]104[÷]365（[=]）[M+] [MR]
※Ｓ型は[MR]の代わりに[RM]　※答案記入後，[MC]（Ｓ型は[CM]）

（８）¥605,360

解　¥540,000＋¥104,000＝¥644,000
仕入原価 ＋ 見込利益額 ＝ 予定売価
¥644,000×（１－0.06）＝¥605,360
予定売価 ×（１ － 値引率）＝ 実売価

電　0.06の補数は0.94なので，
共通　540000[+]104000[×].94[=]　／
540000[+]104000[×]94[%]
Ｃ型　540000[+]104000[×]６[%] [−]
Ｓ型　540000[+]104000[×]６[%] [−] [=]　／
540000[+]104000[−]６[%]

（９）14%（減少）

解　（¥910,000－¥782,600）÷¥910,000＝0.14（14%）
「¥127,400（減少量）は¥910,000の何パーセントか」という割合の計算と捉えることができる。
そのため，比較量（¥127,400）÷基準量（¥910,000）＝割合より，上記の式となる。

電　910000[−]782600[÷]910000[%]

（10）¥731,160

解　¥390×$\frac{1,300\text{kg}}{1\text{ kg}}$＋¥34,600＝¥541,600
建値×$\frac{取引数量}{単位数量（建）}$＋仕入諸掛＝仕入原価（諸掛込原価）
¥541,600×（１＋0.35）＝¥731,160
仕入原価 ×（１ ＋ 見込利益率）＝ 定価
（値引がないので定価＝総売上高）

電　共通　390[×]1300（[÷]１）[+]34600[×]1.35[=]　／
390[×]1300（[÷]１）[+]34600[×]135[%]
Ｃ型　390[×]1300（[÷]１）[+]34600[×]35[%] [+]
Ｓ型　390[×]1300（[÷]１）[+]34600[×]35[%] [+] [=]　／
390[×]1300（[÷]１）[+]34600[+]35[%]

（11）¥4,280,000

解　元金×0.0072×$\frac{8か月}{12か月}$＝¥20,544
元金 × 年利率 × $\frac{月数}{12か月}$ ＝ 利息
この式を変形すると，
元金＝¥20,544×12÷８÷0.0072
元金 ＝ 利息 × 12 ÷ 月数 ÷ 年利率
よって，元金＝¥4,280,000

電　20544[×]12[÷]８[÷].0072[=]／20544[×]12[÷]８[÷]0.72[%]

（12）¥9,956,119

解　７％，15期…2.7590 3154
¥5,660,000×2.75903154＝¥15,616,118.5…（¥15,616,119）
元金 × 複利終価率 ＝ 複利終価
¥15,616,119－¥5,660,000＝¥9,956,119

電　ラウンドセレクターを5/4，小数点セレクターを０に設定
5660000[M−] [×]2.75903154[M+] [MR]

（13）¥496,123

解　€86.75×$\frac{430\text{L}}{10\text{L}}$＝€3,730.25
建値 × $\frac{取引数量}{単位数量（建）}$ ＝ 商品代金
¥133×€3,730.25＝¥496,123.25
（４捨５入により，¥496,123）
換算率 × 被換算高 ＝ 換算高

電　ラウンドセレクターを5/4，小数点セレクターを０に設定
86.75[×]430[÷]10[×]133[=]

(14) ¥8,362,572

解 ¥8,450,000×0.0415×$\frac{91\text{日}}{365\text{日}}$ = ¥87,428.5…

（切り捨てにより，¥87,428）

手形金額 × 割引率 × $\frac{\text{割引日数}}{365\text{日}}$ = 割引料

¥8,450,000－¥87,428＝¥8,362,572

手形金額 － 割引料 ＝ 手取金

電 ラウンドセレクターをCUT（Ｓ型は↓），小数点セレクターを０に設定

8450000 M+ × .0415 × 91 ÷ 365 （=） M- MR ／

8450000 M+ × 4.15 % × 91 ÷ 365 （=） M- MR

※S型はMRの代わりにRM　※答案記入後，MC（S型はCM）

(15) 1,440本

解 ¥1,740×$\frac{\text{取引数量}}{6\text{本}}$ = ¥417,600

建値 × $\frac{\text{取引数量}}{\text{単位数量（建）}}$ = 商品代金

この式を変形すると，

取引数量＝¥417,600×$\frac{6\text{本}}{¥1,740}$

取引数量 ＝ 商品代金 × $\frac{\text{単位数量（建）}}{\text{建値}}$

よって，取引数量＝1,440本

電 417600 × 6 ÷ 1740 =

(16) 124日（間）

解 ¥8,760,000×0.0125×$\frac{\text{日数}}{365\text{日}}$ = ¥37,200

元金 × 年利率 × $\frac{\text{日数}}{365\text{日}}$ = 利息

この式を変形すると，

日数＝¥37,200×365÷0.0125÷¥8,760,000

日数＝利息×365÷年利率÷元金

よって，日数＝124日

電 37200 × 365 ÷ .0125 ÷ 8760000 = ／

37200 × 365 ÷ 1.25 % ÷ 8760000 =

(17) ¥1,763,370

解 ¥1,890,000×（１－0.067）＝¥1,763,370

売買価額 ×（1 － 売り主の手数料率）＝ 売り主の手取金

電 0.067の補数は0.933なので，

共通　1890000 × .933 = ／ 1890000 × 93.3 %

Ｃ型　1890000 × 6.7 % －

Ｓ型　1890000 × 6.7 % － = ／ 1890000 － 6.7 %

(18) ¥696,700

解 2.5%，９期…0.8007 2836

¥870,000×0.80072836＝¥696,633.6…（¥696,700）

元金×複利現価率＝複利現価

電 870000 × .80072836 = （¥100未満切り上げに注意）

(19) ¥23,479

解 ¥710,000×$\frac{30\text{kg}\div 907.2\text{kg}}{1\text{米トン}}$ = ¥23,478.8…

（４捨５入により，¥23,479）

建値 × $\frac{\text{取引数量}}{\text{単位数量（建）}}$ = 商品代金

電 ラウンドセレクターを5/4，小数点セレクターを０に設定

710000 × 30 ÷ 907.2 （÷ 1） =

(20)

期数	期首帳簿価額	償却限度額	減価償却累計額
1	6,570,000	249,660	249,660
2	6,320,340	249,660	499,320
3	6,070,680	249,660	748,980
4	5,821,020	249,660	998,640

解 27年，定額法….038。

償却限度額・１期の減価償却累計額…

¥6,570,000 × 0.038 ＝ ¥249,660

２期の減価償却累計額　¥249,660＋¥249,660＝¥499,320

３期の減価償却累計額　¥499,320＋¥249,660＝¥748,980

４期の減価償却累計額　¥748,980＋¥249,660＝¥998,640

２期の期首帳簿価額　¥6,570,000－¥249,660＝¥6,320,340

３期の期首帳簿価額　¥6,320,340－¥249,660＝¥6,070,680

４期の期首帳簿価額　¥6,070,680－¥249,660＝¥5,821,020

電 6570000 × .038 = M+ （249,660）

２期以降の減価償却累計額 …

Ｃ型　MR 249660 + + = （=を繰り返す）

Ｓ型　249660 + RM = （=を繰り返す）

２期以降の期首帳簿価額 …

Ｃ型　MR 249660 － － 6570000 = （=を繰り返す）

Ｓ型　6570000 － RM = （=を繰り返す）

第５回模擬試験問題　解答・解説（本冊 p.122）

（A）乗算問題　　□ 珠算・電卓採点箇所　● 電卓のみ採点箇所

1	¥12,873,922	¥15,916,671	●28.82%	●35.64%
2	¥1,034,189		2.32%	
3	¥2,008,560		4.50%	
4	¥3,348,589	●¥28,747,065	7.50%	64.36%
5	¥25,398,476		●56.87%	
		●¥44,663,736		

6	$24,670.89	●$5,474,204.77	0.18%	41.00%
7	$4,880,110.69		●36.55%	
8	$569,423.19		4.26%	
9	$1,625,348.24	$7,877,602.24	●12.17%	●59.00%
10	$6,252,254.00		46.83%	
		●$13,351,807.01		

珠算各10点，100点満点　　電卓各５点，100点満点

（B）除算問題

1	¥356	¥736	37.87%	78.30%
2	¥147		15.64%	
3	¥233		●24.79%	
4	¥158	●¥204	●16.81%	●21.70%
5	¥46		4.89%	
		●¥940		

6	£142.88	●£375.37	8.06%	●21.17%
7	£109.64		●6.18%	
8	£122.85		6.93%	
9	£27.30	£1,397.61	1.54%	78.83%
10	£1,370.31		●77.29%	
		●£1,772.98		

珠算各10点，100点満点　　電卓各５点，100点満点

（C）見取算問題

No.	1	2	3	4	5
計	¥2,080,683	¥7,641,675	¥111,415,012	¥139,780,359	¥89,941
小計	●¥121,137,370			¥139,870,300	
合計	●¥261,007,670				
答え比率	0.80%	●2.93%	42.69%	●53.55%	0.03%
小計比率	●46.41%			53.59%	

No.	6	7	8	9	10
計	€2,678,043.33	€164,162.87	€1,599,446.25	€2,160,829.65	€66,041.46
小計	€4,441,652.45			●€2,226,871.11	
合計	●€6,668,523.56				
答え比率	40.16%	2.46%	●23.99%	32.40%	●0.99%
小計比率	66.61%			●33.39%	

珠算各10点，100点満点　　電卓各５点，100点満点

ビジネス計算部門

（１）　¥1,395,000

（２）　¥61,260

（３）　¥2,560,000

（４）　¥1,380,182

（５）　¥824,000

（６）　34,444L

（７）　¥5,110,000

（８）　840足

（９）　¥3,806,035

（10）　¥75,096

（11）　2割4分（増加）

（12）　1.64%

（13）　39%

（14）　¥3,891,247

（15）　¥472,403

（16）　¥546,720

（17）　¥50,561

（18）　¥171,588

（19）　¥344,127

（20）　＊

（20）

期数	期首帳簿価額	償却限度額	減価償却累計額
1	7,650,000	198,900	198,900
2	7,451,100	198,900	397,800
3	7,252,200	198,900	596,700
4	7,053,300	198,900	795,600

第５回ビジネス計算部門解説

（１）¥1,395,000

解　40年，定額法….025
¥4,650,000×0.025×12＝¥1,395,000
償却限度額 × 求める期数 ＝ 求めたい期の減価償却累計額

電　4650000×.025×12＝

（２）¥61,260

解　$¥9,820,000 \times 0.0495 \times \frac{46日}{365日} = ¥61,260.6\cdots$
（切り捨てにより，¥61,260）
$手形金額 \times 割引率 \times \frac{割引日数}{365日} = 割引料$

電　ラウンドセレクターをCUT（Ｓ型は↓），小数点セレクターを０に設定
9820000×.0495×46÷365＝　／
9820000×4.95%　×46÷365＝

（３）¥2,560,000

解　予定売価が不明のため，予定売価をxとおくと，
実売価＝予定売価×（１－値引率）より，
実売価＝0.92xとなる。
¥1,840,000×1.28＝¥2,355,200（実売価）
よって，0.92x＝¥2,355,200（実売価）
x＝¥2,560,000（予定売価）

電　1840000×1.28÷.92＝

（４）¥1,380,182

月数の計算

解　１年５か月＝（12か月×１）＋５か月＝17か月

電　12（×１）＋５＝

元利合計の計算

解　$¥1,240,000 \times 0.0798 \times \frac{17か月}{12か月} = ¥140,182$
$元金 \times 年利率 \times \frac{月数}{12か月} = 利息$
¥1,240,000＋¥140,182＝¥1,380,182
元金 ＋ 利息 ＝ 元利合計

電　1240000 M+ ×.0798×17÷12（＝）M+ MR　／
1240000 M+ ×7.98%　×17÷12（＝）M+ MR
※Ｓ型はMRの代わりにRM　※答案記入後，MC（Ｓ型はCM）

（５）¥824,000

解　仕入原価×（１－0.15）＝¥700,400
仕入原価 ×（１ － 損失率）＝ 実売価
この式を変形すると，

仕入原価＝￥700,400÷（１－0.15）
仕入原価 ＝ 実売価 ÷（１ － 損失率）
よって，仕入原価＝<u>￥824,000</u>

電 0.15の補数は0.85なので，
700400[÷].85[=] ／ 700400[÷]85[%]

（６）<u>34,444L</u>

解 3.785L×9,100米ガロン＝34,443.5L
（４捨５入により，<u>34,444L</u>）
換算率 × 被換算高 ＝ 換算高

電 ラウンドセレクターを5/4，小数点セレクターを０に設定
3.785[×]9100[=]

（７）<u>￥5,110,000</u>

解 元金×0.0435×$\frac{\text{107日}}{\text{365日}}$＝￥65,163
元金 × 年利率 × $\frac{\text{日数}}{\text{365日}}$ ＝ 利息
この式を変形すると，
元金＝￥65,163×365÷107÷0.0435
元金 ＝ 利息 × 365 ÷ 日数 ÷ 年利率
よって，元金＝<u>￥5,110,000</u>

電 65163[×]365[÷]107[÷].0435[=] ／
65163[×]365[÷]107[÷]4.35[%]

（８）<u>840足</u>

解 ￥815×$\frac{\text{取引数量}}{\text{5足}}$＝￥136,920
建値 × $\frac{\text{取引数量}}{\text{単位数量（建）}}$ ＝ 商品代金
この式を変形すると，
取引数量＝￥136,920×$\frac{\text{5足}}{\text{￥815}}$
取引数量 ＝ 商品代金 × $\frac{\text{単位数量（建）}}{\text{建値}}$
よって，取引数量＝<u>840足</u>

電 136920[×]５[÷]815[=]

（９）<u>￥3,806,035</u>

解 2.5%，12期…1.3448 8882
￥2,830,000×1.34488882＝￥3,806,035.36（<u>￥3,806,035</u>）
元金×複利終価率＝複利終価

電 ラウンドセレクターを5/4，小数点セレクターを０に設定
2830000[×]1.34488882[=]

（10）<u>￥75,096</u>

解 ￥4,235×$\frac{\text{140箱}}{\text{1箱}}$＋￥32,900＝￥625,800
建値×$\frac{\text{取引数量}}{\text{単位数量（建）}}$＋仕入諸掛＝仕入原価（諸掛込原価）
￥625,800×0.12＝<u>￥75,096</u>
仕入原価 × 見込利益率 ＝ 見込利益額
（値引がないので見込利益額＝利益の総額）

電 4235[×]140（[÷]１）[+]32900[×].12[=] ／
4235[×]140（[÷]１）[+]32900[×]12[%]

（11）<u>２割４分（増加）</u>

解 （229,400人－185,000人）÷185,000人＝0.24（<u>２割４分</u>）
「44,400人（増加量）は185,000人の何割何分か」という
割合の計算と捉えることができる。
そのため，比較量（44,400人）÷基準量（185,000人）＝割合
より，上記の式となる。

電 229400[−]185000[÷]185000[%]（24%＝２割４分）

（12）<u>1.64%</u>

解 ￥7,260,000×年利率×$\frac{\text{8か月}}{\text{12か月}}$＝￥79,376
元金 × 年利率 × $\frac{\text{月数}}{\text{12か月}}$ ＝ 利息
この式を変形すると，
年利率＝￥79,376×12÷８÷￥7,260,000
年利率 ＝ 利息 ×12÷月数÷元金
よって，年利率＝0.0164（<u>1.64%</u>）

電 79376[×]12[÷]８[÷]7260000[%]

（13）<u>39%</u>

解 （￥710,000－￥433,100）÷￥710,000＝0.39（<u>39%</u>）
「￥276,900（減少量）は￥710,000の何パーセントか」という
割合の計算と捉えることができる。
そのため，比較量（￥276,900）÷基準量（￥710,000）＝割合
より，上記の式となる。

電 710000[−]433100[÷]710000[%]

（14）<u>￥3,891,247</u>

日数の計算

解 （$\underline{30-\overset{\text{9月}}{28}+1}+\underline{\overset{\text{10月}}{31}}+\underline{\overset{\text{11月}}{7}}$）＝41日（両端入れ）

電 30[−]28[+]１[+]31[+]７[=]
または，「日数計算条件セレクター」を「両端入れ」に設定し，
C型 ９[日数]28[÷]11[日数]７[=]
S型 ９[日数]28[%]11[日数]７[=]

手取金の計算

解 ￥3,920,000×0.0653×$\frac{\text{41日}}{\text{365日}}$＝￥28,753.4…
（切り捨てにより，￥28,753）
手形金額 × 割引率 × $\frac{\text{割引日数}}{\text{365日}}$ ＝ 割引料
￥3,920,000－￥28,753＝<u>￥3,891,247</u>
手形金額 － 割引料 ＝ 手取金

電 ラウンドセレクターをCUT（S型は↓），小数点セレクターを０に設定
3920000[M+][×].0653[×]41[÷]365（[=]）[M−][MR] ／
3920000[M+][×]6.53[%][×]41[÷]365（[=]）[M−][MR]
※S型は[MR]の代わりに[RM] ※答案記入後，[MC]（S型は[CM]）

(15) ¥472,403

[解] €351.49 × $\frac{120\text{kg}}{10\text{kg}}$ = €4,217.88

建値 × $\frac{\text{取引数量}}{\text{単位数量（建）}}$ = 商品代金

¥112 × €4,217.88 = ¥472,402.56

（４捨５入により，¥472,403）

換算率 × 被換算高 = 換算高

[電] ラウンドセレクターを5/4，小数点セレクターを０に設定

351.49[×]120[÷]10[×]112[=]

(16) ¥546,720

[解] ¥8,160,000 ×（0.039 + 0.028）= ¥546,720

売買価額 ×（売り主の手数料率 ＋ 買い主の手数料率）

= 仲立人の手数料合計

[電] .039[+].028[×]8160000[=]　/　3.9[+]2.8[×]8160000[%]

(17) ¥50,561

[解] ¥4,570,000 × 0.0641 × $\frac{63\text{日}}{365\text{日}}$ = ¥50,561.7…

（切り捨てにより，¥50,561）

元金 × 年利率 × $\frac{\text{日数}}{365\text{日}}$ = 利息

[電] ラウンドセレクターをCUT（Ｓ型は↓），小数点セレクターを０に設定

4570000[×].0641[×]63[÷]365[=]　/

4570000[×]6.41[%] [×]63[÷]365[=]

(18) ¥171,588

[解] ¥52,300 × $\frac{30\text{m} \div 0.9144\text{m}}{10\text{yd}}$ = ¥171,587.9…

（４捨５入により，¥171,588）

建値 × $\frac{\text{取引数量}}{\text{単位数量（建）}}$ = 商品代金

[電] ラウンドセレクターを5/4，小数点セレクターを０に設定

52300[×]30[÷].9144[÷]10[=]

(19) ¥344,127

[解] 3.5%，12期…0.6617 8330

¥520,000 × 0.66178330 = ¥344,127.3…（¥344,127）

元金 × 複利現価率 = 複利現価

[電] ラウンドセレクターを5/4，小数点セレクターを０に設定

520000[×].66178330[=]

(20)

期数	期首帳簿価額	償却限度額	減価償却累計額
1	7,650,000	198,900	198,900
2	7,451,100	198,900	397,800
3	7,252,200	198,900	596,700
4	7,053,300	198,900	795,600

[解] 39年，定額法….026

償却限度額・１期の減価償却累計額…

¥7,650,000 × 0.026 = ¥198,900

２期の減価償却累計額　¥198,900 + ¥198,900 = ¥397,800

３期の減価償却累計額　¥397,800 + ¥198,900 = ¥596,700

４期の減価償却累計額　¥596,700 + ¥198,900 = ¥795,600

２期の期首帳簿価額　¥7,650,000 − ¥198,900 = ¥7,451,100

３期の期首帳簿価額　¥7,451,100 − ¥198,900 = ¥7,252,200

４期の期首帳簿価額　¥7,252,200 − ¥198,900 = ¥7,053,300

[電] 7650000[×].026[=] [M+]（198,900）

２期以降の減価償却累計額…

Ｃ型　[MR]198900[+] [+] [=]　（[=]を繰り返す）

Ｓ型　198900[+] [RM] [=]　（[=]を繰り返す）

２期以降の期首帳簿価額…

Ｃ型　[MR]198900[−] [−]7650000[=]　（[=]を繰り返す）

Ｓ型　7650000 [−] [RM] [=]　（[=]を繰り返す）

第6回模擬試験問題　解答・解説（本冊 p.130）

（本冊 p.130）

（A）乗算問題　　□ 珠算・電卓採点箇所　● 電卓のみ採点箇所

No.	答え	小計	答え比率	小計比率
1	¥786,451,810	●¥829,470,631	●84.87%	89.51%
2	¥748,134		0.08%	
3	¥42,270,687		4.56%	
4	¥97,208,000	¥97,220,958	●10.49%	●10.49%
5	¥12,958		0.00%	
		●¥926,691,589		

No.	答え	小計	答え比率	小計比率
6	£158.82	£3,768,369.85	0.00%	●34.40%
7	£17,731.28		0.16%	
8	£3,750,479.75		●34.24%	
9	£7,173,984.25	●£7,184,859.67	●65.50%	65.60%
10	£10,875.42		0.10%	
		●£10,953,229.52		

珠算各10点，100点満点　　電卓各5点，100点満点

（B）除算問題

No.	答え	小計	答え比率	小計比率
1	¥54	¥887	4.83%	79.34%
2	¥236		21.11%	
3	¥597		●53.40%	
4	¥144	●¥231	12.88%	●20.66%
5	¥87		●7.78%	
		●¥1,118		

No.	答え	小計	答え比率	小計比率
6	€3.30	●€33.27	3.11%	●31.36%
7	€20.59		●19.41%	
8	€9.38		8.84%	
9	€70.56	€72.83	●66.50%	68.64%
10	€2.27		2.14%	
		●€106.10		

珠算各10点，100点満点　　電卓各5点，100点満点

（C）見取算問題

No.	1	2	3	4	5
計	¥73,219,824	¥429,241	¥29,323,548	¥4,440,141	¥114,111
小計	¥102,972,613			●¥4,554,252	
合計	●¥107,526,865				
答え比率	68.09%	●0.40%	27.27%	●4.13%	0.11%
小計比率	●95.76%			4.24%	

No.	6	7	8	9	10
計	$37,204.20	$3,472,871.49	$156,180.03	$2,399,886.27	$1,028,773.27
小計	$3,666,255.72			●$3,428,659.54	
合計	●$7,094,915.26				
答え比率	●0.52%	48.95%	2.20%	33.83%	●14.50%
小計比率	●51.67%			48.33%	

珠算各10点，100点満点　　電卓各5点，100点満点

ビジネス計算部門

(1) ¥101,207
(2) ¥2,320,000
(3) ¥79,615
(4) ¥6,531,555
(5) ¥26,005,720
(6) 3割5分
(7) 1年4か月（間）
(8) ¥836,780
(9) ¥590,339
(10) 152,520人
(11) 1.45%
(12) ¥373,326
(13) 5,200枚
(14) ¥3,931,185
(15) ¥181,831
(16) ¥23,530
(17) ¥4,711,000
(18) ¥2,047,320
(19) ¥28,351
(20) *

(20)

期数	期首帳簿価額	償却限度額	減価償却累計額
1	8,690,000	512,710	512,710
2	8,177,290	512,710	1,025,420
3	7,664,580	512,710	1,538,130
4	7,151,870	512,710	2,050,840

第6回ビジネス計算部門解説

(1) ¥101,207

解　¥113×€895.64＝¥101,207.32
（4捨5入により，¥101,207）
換算率 × 被換算高 ＝ 換算高

電　ラウンドセレクターを5/4，小数点セレクターを0に設定
113[×]895.64[=]

(2) ¥2,320,000

解　予定売価が不明のため，予定売価をxとおくと，
実売価＝予定売価×（1－値引率）より，
実売価＝$0.6x$となる。
¥1,200,000×1.16＝¥1,392,000（実売価）
よって，$0.6x$＝¥1,392,000（実売価）
x＝¥2,320,000（予定売価）

電　1200000[×]1.16[÷].6[=]

(3) ¥79,615

日数の計算

解　$(31-\overset{10\text{月}}{4}+1+\overset{11\text{月}}{30}+\overset{12\text{月}}{10})=68$日（両端入れ）

電　31[－]4[＋]1[＋]30[＋]10[=]
または，「日数計算条件セレクター」を「両端入れ」に設定し，
C型　10[日数]4[÷]12[日数]10[=]
S型　10[日数]4[%]12[日数]10[=]

割引料の計算

解　$¥5,180,000\times0.0825\times\dfrac{68\text{日}}{365\text{日}}=¥79,615.8\cdots$
（切り捨てにより，¥79,615）
$\text{手形金額}\times\text{割引率}\times\dfrac{\text{割引日数}}{365\text{日}}=\text{割引料}$

電　ラウンドセレクターをCUT（S型は↓），小数点セレクターを0に設定
5180000[×].0825[×]68[÷]365[=]　／
5180000[×]8.25[%]　[×]68[÷]365[=]

(4) ¥6,531,555

日数の計算

解　$(\overset{4\text{月}}{30}-12+\overset{5\text{月}}{31}+\overset{6\text{月}}{30}+\overset{7\text{月}}{18})=97$日（片落とし）

電　30[－]12[＋]31[＋]30[＋]18[=]
または，「日数計算条件セレクター」を「片落とし」に設定し，
C型　4[日数]12[÷]7[日数]18[=]
S型　4[日数]12[%]7[日数]18[=]

元利合計の計算

解　$¥6,470,000\times0.0358\times\dfrac{97\text{日}}{365\text{日}}=¥61,555.4\cdots$

（切り捨てにより，¥61,555）

元金 × 年利率 × $\frac{\text{日数}}{\text{365日}}$ ＝ 利息

¥6,470,000＋¥61,555＝¥6,531,555

元金 ＋ 利息 ＝ 元利合計

[電] ラウンドセレクターをCUT（S型は↓），小数点セレクターを0に設定

6470000[M+] [×].0358[×]97[÷]365 （[=]） [M+] [MR] ／

6470000[M+] [×]3.58[%] [×]97[÷]365 （[=]） [M+] [MR]

※S型は[MR]の代わりに[RM]　※答案記入後，[MC]（S型は[CM]）

（5） ¥26,005,720

[解] 28年，定額法….036

¥38,470,000×0.036× 9 ＝¥12,464,280

¥38,470,000－¥12,464,280＝¥26,005,720

（取得原価－1期前の減価償却累計額＝求めたい期の期首帳簿価額）

[電] 38470000[M+] [×].036[×] 9 [M−] [MR]

（6） 3割5分

[解] （¥245,700－¥182,000）÷¥182,000＝0.35（3割5分）

「¥63,700（増加量）は¥182,000の何割何分か」という割合の計算と捉えることができる。

そのため，比較量（¥63,700）÷基準量（¥182,000）＝割合より，上記の式となる。

[電] 245700[−]182000[÷]182000[%]（35％＝3割5分）

（7） 1年4か月（間）

[解] ¥4,260,000×0.0352×$\frac{\text{月数}}{\text{12か月}}$＝¥199,936

元金 × 年利率 × $\frac{\text{月数}}{\text{12か月}}$ ＝ 利息

この式を変形すると，

月数＝¥199,936×12÷0.0352÷¥4,260,000

月数＝利息×12÷年利率÷元金

よって，月数＝16か月（1年4か月）

[電] 199936[×]12[÷].0352[÷]60000[=]

（16か月＝1年4か月）／

199936[×]12[÷]3.52[%] [÷]60000[=]

（16か月＝1年4か月）

（8） ¥836,780

[解] ¥860,000＋¥113,000＝¥973,000

仕入原価 ＋ 見込利益額 ＝ 予定売価

¥973,000×（1－0.14）＝¥836,780

予定売価 ×（1 － 値引率）＝ 実売価

[電] 0.14の補数は0.86なので，

共通　860000[+]113000[×].86[=] ／

　　　860000[+]113000[×]86[%]

C型　860000[+]113000[×]14[%] [−]

S型　860000[+]113000[×]14[%] [−] [=] ／

　　　860000[+]113000[−]14[%]

（9） ¥590,339

[解] 3％，7期…1.2298 7387

¥480,000 × 1.22987387 × 590,339.4…（¥590,339）

元金×複利終価率＝複利終価

[電] ラウンドセレクターを5/4，小数点セレクターを0に設定

480000[×]1.22987387[=]

（10） 152,520人

[解] 123,000人×（1＋0.24）＝152,520人

基準量 ×（1 ＋ 増加率）＝ 割増の結果

[電] 共通　123000[×]1.24[=] ／ 123000[×]124[%]

C型　123000[×]24[%] [+]

S型　123000[×]24[%] [+] [=] ／ 123000[+]24[%]

（11） 1.45％

[解] ¥3,840,000×年利率×$\frac{\text{292日}}{\text{365日}}$＝¥44,544

元金 × 年利率 × $\frac{\text{日数}}{\text{365日}}$ ＝ 利息

この式を変形すると，

年利率＝¥44,544×365÷292÷¥3,840,000

年利率 ＝ 利息 × 365 ÷ 日数 ÷ 元金

よって，年利率＝0.0145（1.45％）

[電] 44544[×]365[÷]292[÷]3840000[%]

（12） ¥373,326

[解] ¥830×$\frac{\text{9,300冊}}{\text{30冊}}$＋¥32,100＝¥289,400

建値×$\frac{\text{取引数量}}{\text{単位数量（建）}}$＋仕入諸掛＝仕入原価（諸掛込原価）

¥289,400×（1＋0.29）＝¥373,326

仕入原価 ×（1 ＋ 見込利益率）＝ 予定売価

（値引がないので定価＝総売上高）

[電] 共通　830[×]9300[÷]30[+]32100[×]1.29[=] ／

　　　830[×]9300[÷]30[+]32100[×]129[%]

C型　830[×]9300[÷]30[+]32100[×]29[%] [+]

S型　830[×]9300[÷]30[+]32100[×]29[%] [+] [=] ／

　　　830[×]9300[÷]30[+]32100[+]29[%]

（13） 5,200枚

[解] ¥3,450×$\frac{\text{取引数量}}{\text{10枚}}$＝¥1,794,000

建値 × $\frac{\text{取引数量}}{\text{単位数量（建）}}$ ＝ 商品代金

この式を変形すると，

取引数量＝¥1,794,000×$\frac{\text{10枚}}{\text{¥3,450}}$

取引数量 ＝ 商品代金 × $\frac{\text{単位数量（建）}}{\text{建値}}$

よって，取引数量＝5,200枚

[電] 1794000[×]10[÷]3450[=]

(14) ¥3,931,185

日数の計算

解　$(31-\overset{\text{1月}}{21}+1+\overset{\text{2月}}{28}+\overset{\text{3月}}{25})$ ＝64日（両端入れ）

電　31[−]21[+]1[+]28[+]25[=]

または，「日数計算条件セレクター」を「両端入れ」に設定し，

C型　1[日数]21[÷]3[日数]25[=]

S型　1[日数]21[%]3[日数]25[=]

手取金の計算

解　¥3,960,000×0.0415× $\frac{\text{64日}}{\text{365日}}$ ＝¥28,815.7…

（切り捨てにより，¥28,815）

手形金額 × 割引率 × $\frac{\text{割引日数}}{\text{365日}}$ ＝ 割引料

¥3,960,000－¥28,815＝¥3,931,185

手形金額 － 割引料 ＝ 手取金

電　ラウンドセレクターをCUT（S型は↓），小数点セレクターを０に設定

3960000[M+] [×].0415[×]64[÷]365（[=]）[M−] [MR]　／

3960000[M+] [×]4.15[%] [×]64[÷]365（[=]）[M−] [MR]

※S型は[MR]の代わりに[RM]　※答案記入後，[MC]（S型は[CM]）

(15) ¥181,831

解　£32.78× $\frac{\text{430英ガロン}}{\text{10英ガロン}}$ ＝£1,409.54

建値 × $\frac{\text{取引数量}}{\text{単位数量（建）}}$ ＝ 商品代金

¥129×£1,409.54＝¥181,830.66

（４捨５入により，¥181,831）

換算率 × 被換算高 ＝ 換算高

電　ラウンドセレクターを5/4，小数点セレクターを０に設定

32.78[×]430[÷]10[×]129[=]

(16) ¥23,530

解　¥2,960,000×0.0234× $\frac{\text{124日}}{\text{365日}}$ ＝¥23,530.7…

（切り捨てにより，¥23,530）

元金 × 年利率 × $\frac{\text{日数}}{\text{365日}}$ ＝ 利息

電　ラウンドセレクターをCUT（S型は↓），小数点セレクターを０に設定

2960000[×].0234[×]124[÷]365[=]　／

2960000[×]2.34[%] [×]124[÷]365[=]

(17) ¥4,711,000

解　２％，９期… 0.8367 5527

¥5,630,000×0. 83675527＝¥4,710,932.1701（¥4,711,000）

電　5630000[×].83675527[=]（¥100未満切り上げに注意）

(18) ¥2,047,320

解　¥1,980,000×（１＋0.034）＝¥2,047,320

売買価額 ×（１＋買い主の手数料率）＝買い主の支払総額

電　共通　1980000[×]1.034[=]　／　1980000[×]103.4[%]

C型　1980000[×]3.4[%] [+]

S型　1980000[×]3.4[%] [+] [=]　／　1980000[+]3.4[%]

(19) ¥28,351

解　¥643× $\frac{\text{20kg÷0.4536kg}}{\text{1 lb}}$ ＝¥28,350.9…

（４捨５入により，¥28,351）

建値 × $\frac{\text{取引数量}}{\text{単位数量（建）}}$ ＝ 商品代金

電　ラウンドセレクターを5/4，小数点セレクターを０に設定

643[×]20[÷].4536（[÷]１）[=]

(20)

期数	期首帳簿価額	償却限度額	減価償却累計額
1	8,690,000	512,710	512,710
2	8,177,290	512,710	1,025,420
3	7,664,580	512,710	1,538,130
4	7,151,870	512,710	2,050,840

解　17年，定額法….059

償却限度額・１期の減価償却累計額…

¥8,690,000 × 0.059 ＝ ¥512,710

２期の減価償却累計額　¥512,710＋¥512,710＝¥1,025,420

３期の減価償却累計額　¥1,025,420＋¥512,710＝¥1,538,130

４期の減価償却累計額　¥1,538,130＋¥512,710＝¥2,050,840

２期の期首帳簿価額　¥8,690,000－¥512,710＝¥8,177,290

３期の期首帳簿価額　¥8,177,290－¥512,710＝¥7,664,580

４期の期首帳簿価額　¥7,664,580－¥512,710＝¥7,151,870

電　8690000[×].059[=] [M+]（512,710）

２期以降の減価償却累計額…

C型　[MR]512710[+] [+] [=]　（[=]を繰り返す）

S型　512710[+] [RM] [=]　（[=]を繰り返す）

２期以降の期首帳簿価額…

C型　[MR]512710[−] [−]8690000[=]　（[=]を繰り返す）

S型　8690000 [−] [RM] [=]　（[=]を繰り返す）

第７回模擬試験問題　解答・解説（本冊 p.138）

（A）乗算問題　　□ 珠算・電卓採点箇所　● 電卓のみ採点箇所

1	¥10,382,472
2	¥6,764,481
3	¥848,456
4	¥10,099,124
5	¥3,845,332

¥17,995,409	32.51%	56.34%
	●21.18%	
	2.66%	
●¥13,944,456	●31.62%	●43.66%
	12.04%	
●¥31,939,865		

6	€243.53
7	€663,591.60
8	€1,718,837.46
9	€3,650.87
10	€283,880.31

珠算各10点，100点満点

●€2,382,672.59	●0.01%	●89.23%
	24.85%	
	64.37%	
€287,531.18	0.14%	10.77%
	●10.63%	
●€2,670,203.77		

電卓各５点，100点満点

（B）除算問題

1	¥178
2	¥98
3	¥663
4	¥184
5	¥185

¥939	13.61%	●71.79%
	7.49%	
	●50.69%	
●¥369	14.07%	28.21%
	●14.14%	
●¥1,308		

6	$12.27
7	$91.91
8	$12.27
9	$69.24
10	$14.88

珠算各10点，100点満点

●$116.45	●6.12%	58.06%
	45.82%	
	6.12%	
$84.12	●34.52%	●41.94%
	7.42%	
●$200.57		

電卓各５点，100点満点

（C）見取算問題

No.	1	2	3	4	5
計	¥48,988,395	¥1,103,952	¥139,947,480	¥285,798	¥2,113,290
小計	¥190,039,827			●¥2,399,088	
合計	●¥192,438,915				
答え比率	●25.46%	0.57%	72.72%	0.15%	●1.10%
小計比率	●98.75%			1.25%	

No.	6	7	8	9	10
計	£65,975.77	£1,798,480.80	£3,438,481.43	£361,863.99	£2,210,087.43
小計	£5,302,938.00			●£2,571,951.42	
合計	●£7,874,889.42				
答え比率	0.84%	●22.84%	43.66%	●4.60%	28.06%
小計比率	●67.34%			32.66%	

珠算各10点，100点満点　　電卓各５点，100点満点

ビジネス計算部門

(１)	¥8,977,838	(11)	¥7,420,000
(２)	¥19,505	(12)	190ダース
(３)	¥2,300,000	(13)	698,145トン
(４)	8,936kg	(14)	¥4,485,960
(５)	¥4,752,000	(15)	¥1,272,847
(６)	¥388,833	(16)	¥71,931
(７)	¥191,444	(17)	¥7,210,350
(８)	¥1,524,452	(18)	¥1,418,800
(９)	2割3分	(19)	225日（間）
(10)	¥271,712	(20)	*

(20)

期数	期首帳簿価額	償却限度額	減価償却累計額
1	9,210,000	331,560	331,560
2	8,878,440	331,560	663,120
3	8,546,880	331,560	994,680
4	8,215,320	331,560	1,326,240

第７回ビジネス計算部門解説

(１) ¥8,977,838

月数の計算

[解] １年２か月＝（12か月×１）＋２か月＝14か月

[電] 12（[×]１）[+]２[=]

元利合計の計算

[解] $¥8,590,000 \times 0.0387 \times \frac{14か月}{12か月} = ¥387,838.5\cdots$

（切り捨てにより，¥387,838）

$元金 \times 年利率 \times \frac{月数}{12か月} = 利息$

¥8,590,000＋¥387,838＝¥8,977,838

元金 ＋ 利息 ＝ 元利合計

[電] ラウンドセレクターをCUT（Ｓ型は↓），小数点セレクターを０に設定

8590000[M+] [×].0387[×]14[÷]12（[=]）[M+] [MR] ／

8590000[M+] [×]3.87[%] [×]14[÷]12（[=]）[M+] [MR]

※S型は[MR]の代わりに[RM]　※答案記入後，[MC]（S型は[CM]）

(２) ¥19,505

[解] $¥5,730,000 \times 0.0175 \times \frac{71日}{365日} = ¥19,505.5\cdots$

（切り捨てにより，¥19,505）

$手形金額 \times 割引率 \times \frac{割引日数}{365日} = 割引料$

[電] ラウンドセレクターをCUT（Ｓ型は↓），小数点セレクターを０に設定

5730000[×].0175[×]71[÷]365[=]　／

5730000[×]1.75[%] [×]71[÷]365[=]

(３) ¥2,300,000

[解] 予定売価が不明のため，予定売価をxとおくと，

実売価＝予定売価×（１－値引率）より，

実売価＝$0.63x$となる。

¥1,260,000×1.15＝¥1,449,000（実売価）

よって，$0.63x$＝¥1,449,000（実売価）

x＝¥2,300,000（予定売価）

[電] 1260000[×]1.15[÷].63[=]

(４) 8,936kg

[解] 0.4536kg×19,700lb＝8,935.92kg

（４捨５入により，8,936kg）

換算率 × 被換算高 ＝ 換算高

[電] ラウンドセレクターを5/4，小数点セレクターを０に設定

.4536[×]19700[=]

（５）¥4,752,000

[解] 20年，定額法….050

¥8,640,000×0.050×９＝¥3,888,000

¥8,640,000－¥3,888,000＝¥4,752,000

（取得原価－１期前の減価償却累計額＝求めたい期の期首帳簿価額）

[電] 8640000[M+] [×].050[×]９[M-] [MR]

（６）¥388,833

[解] ¥370,000×（１＋0.13）＝¥418,100

仕入原価 ×（１ ＋ 見込利益率）＝ 予定売価

¥418,100×（１－0.07）＝¥388,833

予定売価 ×（１ － 値引率）＝ 実売価

[電] 0.07の補数は0.93なので，

共通　370000[×]1.13[×].93[=]　／

370000[×]113[%] [×]93[%]

Ｃ型　370000[×]13[%] [+] [×]７[%] [－]

Ｓ型　370000[×]13[%] [+] [=] [×]７[%] [－] [=]　／

370000[+]13[%] [－]７[%]

（７）¥191,444

[解] ¥3,950,000×0.0728×$\frac{243\text{日}}{365\text{日}}$＝¥191,444.05…

（切り捨てにより，¥191,444）

元金 × 年利率 × $\frac{\text{日数}}{365\text{日}}$ ＝ 利息

[電] ラウンドセレクターをCUT（Ｓ型は↓），小数点セレクターを０に設定

3950000[×].0728[×]243[÷]365[=]　／

3950000[×]7.28[%] [×]243[÷]365[=]

（８）¥1,524,452

[解] 2.5%，８期…1.2184 0290

¥6,980,000×1.21840290＝¥8,504,452.2…（¥8,504,452）

元金 × 複利終価率 ＝ 複利終価

¥8,504,452－¥6,980,000＝¥1,524,452

[電] ラウンドセレクターを5/4，小数点セレクターを０に設定

6980000[M-] [×]1.21840290[M+] [MR]

（９）２割３分

[解] （¥653,000－¥502,810）÷¥653,000＝0.23（２割３分）

「¥150,190（減少量）は¥653,000の何割何分か」という割合の計算と捉えることができる。

そのため，比較量（¥150,190）÷基準量（¥653,000）＝割合より，上記の式となる。

[電] 653000[－]502810[÷]653000[%]（23%＝２割３分）

（10）¥271,712

[解] ¥3,240×$\frac{290\text{組}}{1\text{組}}$＋¥30,800＝¥970,400

建値×$\frac{\text{取引数量}}{\text{単位数量（建）}}$＋仕入諸掛＝仕入原価（諸掛込原価）

¥970,400×0.28＝¥271,712

仕入原価 × 見込利益率 ＝ 見込利益額

（値引がないので見込利益額＝利益の総額）

[電] 3240[×]290（[÷]１）[+]30800[×].28[=]　／

3240[×]290（[÷]１）[+]30800[×]28[%]

（11）¥7,420,000

[解] 元金×0.0106×$\frac{9\text{か月}}{12\text{か月}}$＝¥58,989

元金 × 年利率 × $\frac{\text{月数}}{12\text{か月}}$ ＝ 利息

この式を変形すると，

元金＝¥58,989×12÷９÷0.0106

元金 ＝ 利息 ×12÷月数÷年利率

よって，元金＝¥7,420,000

[電] 58989[×]12[÷]９[÷].0106[=]／58989[×]12[÷]９[÷]1.06[%]

（12）190ダース

[解] ¥319×$\frac{\text{取引数量}}{1\text{個}}$＝¥727,320

建値 × $\frac{\text{取引数量}}{\text{単位数量（建）}}$ ＝ 商品代金

この式を変形すると，

取引数量＝¥727,320×$\frac{1\text{個}}{¥319}$

取引数量 ＝ 商品代金 × $\frac{\text{単位数量（建）}}{\text{建値}}$

よって，取引数量＝2,280個（190ダース）

[電] 727320（[×]１）[÷]319[=]（2,280個＝190ダース）

（13）698,145トン

[解] 763,000トン×（１－0.085）＝698,145トン

基準量 ×（１ － 減少率）＝ 割引の結果

[電] 0.085の補数は0.915なので，

共通　763000[×].915[=]　／　763000[×]91.5[%]

Ｃ型　763000[×]8.5[%] [－]

Ｓ型　763000[×]8.5[%] [－] [=]　／　763000[－]8.5[%]

（14）¥4,485,960

日数の計算

[解] （30－15《9月》＋１＋31《10月》＋29《11月》）＝76日（両端入れ）

[電] 30[－]15[+]１[+]31[+]29[=]

または，「日数計算条件セレクター」を「両端入れ」に設定し，

Ｃ型　９[日数]15[÷]11[日数]29[=]

Ｓ型　９[日数]15[%]11[日数]29[=]

手取金の計算

[解] ¥4,510,000×0.0256×$\frac{76\text{日}}{365\text{日}}$＝¥24,040.1…

（切り捨てにより，¥24,040）

手形金額 × 割引率 × $\frac{\text{割引日数}}{365\text{日}}$ ＝ 割引料

¥4,510,000－¥24,040＝¥4,485,960

手形金額 － 割引料 ＝ 手取金

[電] ラウンドセレクターをCUT（Ｓ型は↓），小数点セレクター

を０に設定

4510000 M+ × .0256 × 76 ÷ 365 （=） M- MR　／

4510000 M+ × 2.56 % × 76 ÷ 365 （=） M- MR

※S型は MR の代わりに RM　※答案記入後，MC（S型は CM）

(15) ¥1,272,847

解　$€918.36 \times \frac{90\text{lb}}{10\text{lb}} = €8,265.24$

$\text{建値} \times \frac{\text{取引数量}}{\text{単位数量（建）}} = \text{商品代金}$

¥154 × €8,265.24 = ¥1,272,846.96

（４捨５入により，¥1,272,847）

換算率 × 被換算高 ＝ 換算高

電　ラウンドセレクターを5/4，小数点セレクターを０に設定

918.36 × 90 ÷ 10 × 154 =

(16) ¥71,931

解　$¥6,540 \times \frac{50\text{L} \div 4.546\text{L}}{1\text{英ガロン}} = ¥71,931.3\cdots$

（４捨５入により，¥71,931）

$\text{建値} \times \frac{\text{取引数量}}{\text{単位数量（建）}} = \text{商品代金}$

電　ラウンドセレクターを5/4，小数点セレクターを０に設定

6540 × 50 ÷ 4.546（÷ １）=

(17) ¥7,210,350

解　¥7,350,000 ×（１－0.019）＝ ¥7,210,350

売買価額 ×（１ － 売り主の手数料率）＝ 売り主の手取金

電　0.019の補数は0.981なので，

共通　7350000 × .981 =　／　7350000 × 98.1 %

Ｃ型　7350000 × 1.9 % －

Ｓ型　7350000 × 1.9 % － =　／　7350000 － 1.9 %

(18) ¥1,418,800

解　２％，11期…0.8042 6304

¥1,764,000 × 0.80426304 = ¥1,418,720.0…（¥1,418,800）

元金 × 複利現価率 × 複利現価

電　1764000 × .80426304 =（¥100未満切り上げに注意）

(19) 225日（間）

解　$¥2,190,000 \times 0.0635 \times \frac{\text{日数}}{365\text{日}} = ¥85,725$

$\text{元金} \times \text{年利率} \times \frac{\text{日数}}{365\text{日}} = \text{利息}$

この式を変形すると，

日数 = ¥85,725 × 365 ÷ 0.0635 ÷ ¥2,190,000

日数 = 利息 × 365 ÷ 年利率 ÷ 元金

よって，日数 = 225日

電　85725 × 365 ÷ .0635 ÷ 2190000 =　／

85725 × 365 ÷ 6.35 % ÷ 2190000 =

(20)

期数	期首帳簿価額	償却限度額	減価償却累計額
1	9,210,000	331,560	331,560
2	8,878,440	331,560	663,120
3	8,546,880	331,560	994,680
4	8,215,320	331,560	1,326,240

解　28年，定額法….036

償却限度額・１期の減価償却累計額…

¥9,210,000 × 0.036 ＝ ¥331,560

２期の減価償却累計額　¥331,560 + ¥331,560 = ¥663,120

３期の減価償却累計額　¥663,120 + ¥331,560 = ¥994,680

４期の減価償却累計額　¥994,680 + ¥331,560 = ¥1,326,240

２期の期首帳簿価額　¥9,210,000 − ¥331,560 = ¥8,878,440

３期の期首帳簿価額　¥8,878,440 − ¥331,560 = ¥8,546,880

４期の期首帳簿価額　¥8,546,880 − ¥331,560 = ¥8,215,320

電　9210000 × .036 = M+（331,560）

２期以降の減価償却累計額…

Ｃ型　MR 331560 + + =　（= を繰り返す）

Ｓ型　331560 + RM =　（= を繰り返す）

２期以降の期首帳簿価額…

Ｃ型　MR 331560 － － 9210000 =　（= を繰り返す）

Ｓ型　9210000 － RM =　（= を繰り返す）

第８回模擬試験問題　解答・解説（本冊 p.146）

（A）乗算問題

□ 珠算・電卓採点箇所　● 電卓のみ採点箇所

1	¥42,311,944	¥93,677,696	35.52%	●78.65%
2	¥21,862,694		18.36%	
3	¥29,503,058		●24.77%	
4	¥6,960,940	●¥25,427,020	●5.84%	21.35%
5	¥18,466,080		15.50%	
		●¥119,104,716		

6	$1,299,473.00	●$8,348,778.33	●15.49%	99.50%
7	$2,290,212.21		27.29%	
8	$4,759,093.12		56.72%	
9	$31,293.15	$42,223.71	0.37%	●0.50%
10	$10,930.56		●0.13%	
		●$8,391,002.04		

珠算各10点，100点満点　　電卓各５点，100点満点

（B）除算問題

1	¥12,015	●¥19,900	53.61%	88.79%
2	¥5,789		●25.83%	
3	¥2,096		9.35%	
4	¥2,082	¥2,513	9.29%	●11.21%
5	¥431		●1.92%	
		●¥22,413		

6	£123.67	£1,177.68	8.46%	●80.55%
7	£996.21		68.14%	
8	£57.80		●3.95%	
9	£275.57	●£284.28	18.85%	19.45%
10	£8.71		●0.60%	
		●£1,461.96		

珠算各10点，100点満点　　電卓各５点，100点満点

（C）見取算問題

No.	1	2	3	4	5
計	¥114,239,502	¥311,354	¥32,092,488	¥10,938,204	¥97,695
小計	●¥146,643,344			¥11,035,899	
合計	●¥157,679,243				
答え比率	72.45%	0.20%	●20.35%	●6.94%	0.06%
小計比率	●93.00%			7.00%	

No.	6	7	8	9	10
計	€42,768.36	€3,550,686.75	€237,500.64	€3,528,129.60	€459,868.37
小計	€3,830,955.75			●€3,987,997.97	
合計	●€7,818,953.72				
答え比率	0.55%	●45.41%	3.04%	45.12%	●5.88%
小計比率	●49.00%			51.00%	

珠算各10点，100点満点　　電卓各５点，100点満点

ビジネス計算部門

（１）　¥134,932

（２）　¥53,711

（３）　¥1,180,000

（４）　¥9,084,764

（５）　39%

（６）　¥4,985,100

（７）　¥4,300,000

（８）　¥256,608

（９）　¥962,323

（10）　¥1,460,890

（11）　2.46%

（12）　4割2分（増加）

（13）　3,200kg

（14）　¥3,858,687

（15）　¥36,947

（16）　¥32,336

（17）　¥412,800

（18）　¥6,719,100

（19）　¥48,556

（20）　＊

（20）

期数	期首帳簿価額	償却限度額	減価償却累計額
1	7,930,000	237,900	237,900
2	7,692,100	237,900	475,80
3	7,454,200	237,900	713,700
4	7,216,300	237,900	951,600

第８回ビジネス計算部門解説

（１）¥134,932

[解] ¥156×£864.95＝¥134,932.2
（４捨５入により，¥134,932）
換算率 × 被換算高 ＝ 換算高

[電] ラウンドセレクターを5/4，小数点セレクターを０に設定
156[×]864.95[=]

（２）¥53,711

日数の計算

[解] $(\underline{31-\overset{10月}{9}+1}+\overset{11月}{\underline{29}})$ ＝52日（両端入れ）

[電] 31[−]9[+]1[+]29[=]

または，「日数計算条件セレクター」を「両端入れ」に設定し，
C型　10[日数]9[÷]11[日数]29[=]
S型　10[日数]9[%]11[日数]29[=]

割引料の計算

[解] $¥6,830,000\times0.0552\times\dfrac{52日}{365日}=¥53,711.8\cdots$
（切り捨てにより，¥53,711）
$手形金額\times割引率\times\dfrac{割引日数}{365日}=割引料$

[電] ラウンドセレクターをCUT（S型は↓），小数点セレクターを０に設定
6830000[×].0552[×]52[÷]365[=]　／
6830000[×]5.52[%][×]52[÷]365[=]

（３）¥1,180,000

[解] 予定売価が不明のため，予定売価をxとおくと，
実売価＝予定売価×（１－値引率）より，
実売価＝$0.84x$となる。
¥840,000×1.18＝¥991,200（実売価）
よって，$0.84x$ ＝¥991,200（実売価）
x ＝¥1,180,000（予定売価）

[電] 840000[×]1.18[÷].84[=]

（４）¥9,084,764

日数の計算

[解] $(\underline{\overset{5月}{31}-14}+\overset{6月}{\underline{30}}+\overset{7月}{\underline{31}}+\overset{8月}{\underline{29}})$ ＝107日（片落とし）

[電] 31[−]14[+]30[+]31[+]29[=]

または，「日数計算条件セレクター」を「片落とし」に設定し，
C型　5[日数]14[÷]8[日数]29[=]
S型　5[日数]14[%]8[日数]29[=]

元利合計の計算

[解] ¥8,960,000×0.0475×$\frac{\text{107日}}{\text{365日}}$ = ¥124,764.9…

(切り捨てにより，¥124,764)

元金 × 年利率 × $\frac{\text{日数}}{\text{365日}}$ = 利息

¥8,960,000 + ¥124,764 = ¥9,084,764

元金 + 利息 = 元利合計

[電] ラウンドセレクターをCUT（Ｓ型は↓），小数点セレクターを０に設定

8960000[M+] [×].0475[×]107[÷]365 ([=]) [M+] [MR] ／

8960000[M+] [×]4.75[%] [×]107[÷]365 ([=]) [M+] [MR]

※S型は[MR]の代わりに[RM] ※答案記入後，[MC]（S型は[CM]）

（５） 39%

[解] (¥1,128,680 − ¥812,000) ÷ ¥812,000 = 0.39 (39%)

「¥316,680（増加量）は¥812,000の何パーセントか」という割合の計算と捉えることができる。

そのため，比較量（¥316,680）÷ 基準量（¥812,000）= 割合より，上記の式となる。

[電] 1128680[−]812000[÷]812000[%]

（６） ¥4,985,100

[解] 35年，定額法….029

¥28,650,000×0.029×６ = ¥4,985,100

償却限度額 × 求める期数 = 求めたい期の減価償却累計額

[電] 28650000[×].029[×]６[=]

（７） ¥4,300,000

[解] 元金×0.0219×$\frac{\text{85日}}{\text{365日}}$ = ¥21,930

元金 × 年利率 × $\frac{\text{日数}}{\text{365日}}$ = 利息

この式を変形すると，

元金 = ¥21,930×365÷85÷0.0219

元金 = 利息 × 365 ÷ 日数 ÷ 年利率

よって，元金 = ¥4,300,000

[電] 21930[×]365[÷]85[÷].0219[=] ／

21930[×]365[÷]85[÷]2.19[%]

（８） ¥256,608

[解] ¥198,000×（１＋0.35）＝¥267,300

仕入原価 ×（１ ＋ 見込利益率）＝ 予定売価

¥267,300×（１−0.04）＝¥256,608

予定売価 ×（１ − 値引率）＝ 実売価

[電] 0.04の補数は0.96なので，

共通 198000[×]1.35[×].96[=] ／

198000[×]135[%] [×]96[%]

Ｃ型 198000[×]35[%] [+] [×]４[%] [−]

Ｓ型 198000[×]35[%] [+] [=] [×]４[%] [−] [=] ／

198000[+]35[%] [−]４[%]

（９） ¥962,323

[解] ６%，７期 … 1.5036 3026

¥640,000 × 1.50363026 × ¥962,323.3…(¥962,323)

元金×複利終価率＝複利終価

[電] ラウンドセレクターを5/4，小数点セレクターを０に設定

640000[×]1.50363026[=]

(10) ¥1,460,890

取引数量の計算

[解] 20ダース＝12個×20＝240個

[電] 12[×]20[=]

総売上高の計算

[解] ¥4,200×$\frac{\text{240個}}{\text{1個}}$ ＋ ¥43,000＝¥1,051,000

建値×$\frac{\text{取引数量}}{\text{単位数量（建）}}$＋仕入諸掛＝仕入原価（諸掛込原価）

¥1,051,000×（１＋0.39）＝¥1,460,890

仕入原価 ×（１ ＋ 見込利益率）＝ 予定売価

（値引がないので予定売価＝実売価の総額）

[電] 共通 4200[×]240（[÷]１）[+]43000[×]1.39[=] ／

4200[×]240（[÷]１）[+]43000[×]139[%]

Ｃ型 4200[×]240（[÷]１）[+]43000[×]39[%] [+]

Ｓ型 4200[×]240（[÷]１）[+]43000[×]39[%] [+] [=] ／

4200[×]240（[÷]１）[+]43000[+]39[%]

(11) 2.46%

[解] ¥2,940,000×年利率×$\frac{\text{9か月}}{\text{12か月}}$ ＝¥54,243

元金 × 年利率 × $\frac{\text{月数}}{\text{12か月}}$ ＝ 利息

この式を変形すると，

年利率＝¥54,243×12÷９÷¥2,940,000

年利率 ＝ 利息 × 12 ÷ 月数 ÷ 元金

よって，年利率＝0.0246（2.46%）

[電] 54243[×]12[÷]９[÷]2940000[%]

(12) ４割２分（増加）

[解] (¥191,700 − ¥135,000) ÷ ¥135,000 = 0.42（４割２分）

「¥56,700（増加量）は¥135,000の何割何分か」という割合の計算と捉えることができる。

そのため，比較量（¥56,700）÷基準量（¥135,000）＝割合より，上記の式となる。

[電] 191700[−]135000[÷]135000[%]（42%＝４割２分）

(13) 3,200kg

[解] ¥4,900×$\frac{\text{取引数量}}{\text{50kg}}$ ＝¥313,600

建値 × $\frac{\text{取引数量}}{\text{単位数量（建）}}$ ＝ 商品代金

この式を変形すると，

取引数量＝¥313,600×$\frac{\text{50kg}}{\text{¥4,900}}$

取引数量 ＝ 商品代金 × $\frac{\text{単位数量（建）}}{\text{建値}}$

よって，取引数量＝3,200kg

電　313600×50÷4900=

(14) ¥3,858,687

解　¥3,890,000×0.0354×$\frac{\text{83日}}{\text{365日}}$＝¥31,313.9…

(切り捨てにより，¥31,313)

手形金額 × 割引率 × $\frac{\text{割引日数}}{\text{365日}}$ ＝ 割引料

¥3,890,000－¥31,313＝¥3,858,687

手形金額 － 割引料 ＝ 手取金

電　ラウンドセレクターをCUT（S型は↓），小数点セレクターを 0 に設定

3890000M+ ×.0354×83÷365（=）M- MR ／

3890000M+ ×3.54% ×83÷365（=）M- MR

※S型はMRの代わりにRM　※答案記入後，MC（S型はCM）

(15) ¥36,947

解　€69.45×$\frac{\text{80L}}{\text{20L}}$＝€277.8

建値 × $\frac{\text{取引数量}}{\text{単位数量（建）}}$ ＝ 商品代金

¥133×€277.8＝¥36,947.4

（4 捨 5 入により，¥36,947）

換算率 × 被換算高 ＝ 換算高

電　ラウンドセレクターを5/4，小数点セレクターを 0 に設定

69.45×80÷20×133=

(16) ¥32,336

解　¥7,820,000×0.0351×$\frac{\text{43日}}{\text{365日}}$＝¥32,336.2…

(切り捨てにより，¥32,336)

元金 × 年利率 × $\frac{\text{日数}}{\text{365日}}$ ＝ 利息

電　ラウンドセレクターをCUT（S型は↓），小数点セレクターを 0 に設定

7820000×.0351×43÷365= ／

7820000×3.51% ×43÷365=

(17) ¥412,800

解　¥8,600,000×（0.025＋0.023）＝¥412,800

売買価額 ×（売り主の手数料率 ＋ 買い主の手数料率）

＝ 仲立人の手数料合計

電　.025+.023×8600000= ／ 2.5+2.3×8600000%

(18) ¥6,719,100

解　4.5%，6 期… 0.7678 9574

¥8,750,000×0.76789574＝¥6,719,087.725（¥6,719,100）

電　8750000×.76789574=（¥100未満切り上げに注意）

(19) ¥48,556

解　¥740×$\frac{\text{60m ÷ 0.9144m}}{\text{1 yd}}$＝¥48,556.4…

（4 捨 5 入により，¥48,556）

建値 × $\frac{\text{取引数量}}{\text{単位数量（建）}}$ ＝ 商品代金

電　ラウンドセレクターを5/4，小数点セレクターを 0 に設定

740×60÷.9144（÷1）=

(20)

期数	期首帳簿価額	償却限度額	減価償却累計額
1	7,930,000	237,900	237,900
2	7,692,100	237,900	475,80
3	7,454,200	237,900	713,700
4	7,216,300	237,900	951,600

解　34年，定額法….030

償却限度額・1 期の減価償却累計額…

¥7,930,000 × 0.030 ＝ ¥237,900

2 期の減価償却累計額　¥237,900＋¥237,900＝¥475,800

3 期の減価償却累計額　¥475,800＋¥237,900＝¥713,700

4 期の減価償却累計額　¥713,700＋¥237,900＝¥951,600

2 期の期首帳簿価額　¥7,930,000－¥237,900＝¥7,692,100

3 期の期首帳簿価額　¥7,692,100－¥237,900＝¥7,454,200

4 期の期首帳簿価額　¥7,454,200－¥237,900＝¥7,216,300

電　7930000×.030= M+（237,900）

2 期以降の減価償却累計額…

C型　MR237900+ + =（=を繰り返す）

S型　237900+ RM =（=を繰り返す）

2 期以降の期首帳簿価額…

C型　MR237900- -7930000=（=を繰り返す）

S型　7930000 - RM =（=を繰り返す）

第145回試験問題　解答（本冊 p.154）

（A）乗算問題

珠算・電卓採点箇所　● 電卓のみ採点箇所

1	¥902,448
2	¥7,941,924
3	¥6,378
4	¥336,786
5	¥241,421,202

●¥8,850,750	0.36%	3.53%
	●3.17%	
	0.00%（0%）	
¥241,757,988	0.13%	●96.47%
	●96.33%	
●¥250,608,738		

6	£19,655.07
7	£8.56
8	£644,507.70
9	£22,881.69
10	£94,013.56

珠算各10点，100点満点

£664,171.33	2.52%	●85.03%
	0.00%（0%）	
	●82.52%	
●£116,895.25	●2.93%	14.97%
	12.04%	
●£781,066.58		

電卓各5点，100点満点

（B）除算問題

1	¥41
2	¥70,382
3	¥540
4	¥6,374
5	¥929

¥70,963	0.05%	●90.67%
	●89.93%	
	0.69%	
●¥7,303	●8.14%	9.33%
	1.19%	
●¥78,266		

6	€11.07
7	€0.83
8	€39.48
9	€2.85
10	€609.56

珠算各10点，100点満点

●€51.38	●1.67%	7.74%
	0.13%	
	5.95%	
€612.41	0.43%	●92.26%
	●91.83%	
●€663.79		

電卓各5点，100点満点

（C）見取算問題

No.	1	2	3	4	5
計	¥34,713,020	¥42,976	¥20,634,379	¥62,482,942	¥181,977,210
小計	●¥55,390,375			¥244,460,152	
合計	●¥299,850,527				
答え比率	●11.58%	0.01%	6.88%	20.84%	●60.69%
小計比率	18.47%			●81.53%	

No.	6	7	8	9	10
計	$5,086,929.86	$6,156.80	$34,432.47	$4,084,307.62	$709,594.83
小計	$5,127,519.13			●$4,793,902.45	
合計	●$9,921,421.58				
答え比率	51.27%	●0.06%	0.35%	●41.17%	7.15%
小計比率	●51.68%			48.32%	

珠算各10点，100点満点　　電卓各5点，100点満点

ビジネス計算部門

(1)	¥19,239	(11)	24%（増加）
(2)	€673.94	(12)	¥3,582,462
(3)	¥717,410	(13)	¥967,000
(4)	¥37,087	(14)	¥5,192,215
(5)	4割2分	(15)	¥699,355
(6)	¥2,136,680	(16)	¥4,352,832
(7)	576本	(17)	¥8,062,560
(8)	9か月（間）	(18)	¥7,670,000
(9)	¥85,812	(19)	¥37,800
(10)	¥7,427,615	(20)	＊

(20)

期数	期首帳簿価額	償却限度額	減価償却累計額
1	5,960,000	190,720	190,720
2	5,769,280	190,720	381,440
3	5,578,560	190,720	572,160
4	5,387,840	190,720	762,880

第146回試験問題　解答（本冊 p.162）

□ 珠算・電卓採点箇所　● 電卓のみ採点箇所

（A）乗算問題

No.	答	小計	答え比率	小計比率
1	¥3,998,120	¥10,705,930	●2.44%	●6.54%
2	¥92		0.00%（0%）	
3	¥6,707,718		4.09%	
4	¥152,853,909	●¥153,109,207	93.31%	93.46%
5	¥255,298		●0.16%	
合計		●¥163,815,137		

No.	答	小計	答え比率	小計比率
6	$254,895.57	●$306,963.73	64.30%（64.3%）	77.43%
7	$784.47		0.20%（0.2%）	
8	$51,283.69		●12.94%	
9	$85,669.50	$89,483.04	●21.61%	●22.57%
10	$3,813.54		0.96%	
合計		●$396,446.77		

珠算各10点，100点満点　　電卓各５点，100点満点

（B）除算問題

No.	答	小計	答え比率	小計比率
1	¥5,475	¥6,263	5.52%	●6.32%
2	¥370		●0.37%	
3	¥418		0.42%	
4	¥92,821	●¥92,884	●93.62%	93.68%
5	¥63		0.06%	
合計		●¥99,147		

No.	答	小計	答え比率	小計比率
6	£0.29	●£94.38	0.03%	9.24%
7	£1.02		0.10%（0.1%）	
8	£93.07		●9.11%	
9	£855.36	£927.00（£927）	83.75%	●90.76%
10	£71.64		●7.01%	
合計		●£1,021.38		

珠算各10点，100点満点　　電卓各５点，100点満点

（C）見取算問題

No.	1	2	3	4	5
計	¥135,944,452	¥6,028,181	¥5,846,161	¥875,665	¥220,726
小計	¥147,818,794			●¥1,096,391	
合計	●¥148,915,185				
答え比率	91.29%	●4.05%	3.93%	●0.59%	0.15%
小計比率	●99.26%			0.74%	

No.	6	7	8	9	10
計	€191,388.39	€252,094.27	€952,144.61	€670,295.13	€3,056,954.57
小計	●€1,395,627.27			€3,727,249.70	
合計	●€5,122,876.97				
答え比率	●3.74%	4.92%	18.59%	13.08%	●59.67%
小計比率	27.24%			●72.76%	

珠算各10点，100点満点　　電卓各５点，100点満点

ビジネス計算部門

(1) 4,033kg

(2) 260袋

(3) ¥12,693

(4) ¥794,310

(5) ¥9,594,092

(6) ¥813,505

(7) ¥5,169,945

(8) ¥397,000

(9) ¥6,981,750

(10) ¥4,910,000

(11) ¥37,183

(12) 7割3分（増加）

(13) ¥8,660

(14) ¥456,190

(15) ¥6,127,326

(16) ¥383,460

(17) 2.13%

(18) ¥1,430,600

(19) 9.6%

(20) *

(20)

期数	期首帳簿価額	償却限度額	減価償却累計額
1	4,710,000	178,980	178,980
2	4,531,020	178,980	357,960
3	4,352,040	178,980	536,940
4	4,173,060	178,980	715,920

第147回試験問題　解答（本冊 p.170）

（A）乗算問題

□ 珠算・電卓採点箇所　● 電卓のみ採点箇所

1	¥1,326,780	●¥25,883,113	●0.19%	3.70%（3.7%）
2	¥383		0.00%（0%）	
3	¥24,555,950		3.51%	
4	¥672,974,496	¥673,034,165	96.29%	●96.30%（96.3%）
5	¥59,669		●0.01%	
		●¥698,917,278		

6	€4,600.20	€80,873.61	1.06%	●18.66%
7	€76,173.09		17.58%	
8	€100.32		●0.02%	
9	€5,206.15	●€352,417.09	1.20%（1.2%）	81.34%
10	€347,210.94		●80.13%	
		●€433,290.70		

珠算各10点，100点満点　　電卓各5点，100点満点

（B）除算問題

1	¥474	¥6,116	1.21%	●15.63%
2	¥5,630		●14.38%	
3	¥12		0.03%	
4	¥32,048	●¥33,023	●81.88%	84.37%
5	¥975		2.49%	
		●¥39,139		

6	$69.33	●$72.06	●17.82%	18.52%
7	$0.86		0.22%	
8	$1.87		0.48%	
9	$240.59	$317.10	61.82%	●81.48%
10	$76.51		●19.66%	
		●$389.16		

珠算各10点，100点満点　　電卓各5点，100点満点

（C）見取算問題

No.	1	2	3	4	5
計	¥667,969	¥756,222	¥328,546,894	¥93,485	¥156,547,688
小計	●¥329,971,085			¥156,641,173	
合計	●¥486,612,258				
答え比率	0.14%	0.16%	●67.52%	●0.02%	32.17%
小計比率	67.81%			●32.19%	

No.	6	7	8	9	10
計	£341,237.46	£463,562.26	£919,856.30	£2,397,487.91	£87,902.73
小計	£1,724,656.02			●£2,485,390.64	
合計	●£4,210,046.66				
答え比率	8.11%	●11.01%	21.85%	56.95%	●2.09%
小計比率	●40.97%			59.03%	

珠算各10点，100点満点　　電卓各5点，100点満点

ビジネス計算部門

（1） 2,819m

（2） ￥17,644

（3） 840個

（4） ￥29,334

（5） ￥453,530

（6） ￥7,631,905

（7） ￥933,000

（8） ￥2,744,557

（9） ￥8,050,000

(10) ￥63,492

(11) ￥3,417,050

(12) ￥746,698

(13) 1割2分（減少）

(14) ￥5,397,507

(15) ￥1,272,330

(16) ￥6,337,070

(17) 30.5%

(18) 5か月（間）

(19) ￥4,170,540

(20) ＊

(20)

期数	期首帳簿価額	償却限度額	減価償却累計額
1	9,540,000	868,140	868,140
2	8,671,860	868,140	1,736,280
3	7,803,720	868,140	2,604,420
4	6,935,580	868,140	3,472,560

※各種データのダウンロードファイルを開く際は，以下の８ケタを入力してください。

Tn8qXNZf

また，ダウンロードの手順は次のとおりです。

東京法令出版ホームページ →「とうほう（教育)」→「副教材関連データダウンロード」→「全商ビジネス計算実務検定模擬テスト」→ ダウンロードボタンをクリック

A 1 XTS